# 燃煤电厂
## 超低排放改造 典型案例

RANMEI DIANCHANG
CHAODI PAIFANG GAIZAO DIANXING ANLI

本书编委会 编

## 内 容 提 要

为总结燃煤电厂超低排放改造的经验，进一步指导燃煤电厂污染物排放控制工作，中国华电集团公司组织技术专家对已投运的超低排放工程进行了全面的梳理与总结，选择11项超低排放改造工程作为典型案例，编写完成《燃煤电厂超低排放改造典型案例》。

本书从电厂与环保设施概况、超低排放改造工程进度概况、技术路线选择、投资估算与运行成本分析、性能试验与运行情况等角度入手，对典型的超低排放改造工程进行了全面的介绍，并对各项技术的先进性、适用性、经济性等进行了深入的分析，对改造工程的特色与经验进行了深刻的归纳与总结。

本书技术先进，内容全面，覆盖机组容量从200MW级至1000MW级，可供燃煤电厂从事环保相关工作的技术人员、管理人员阅读使用。

### 图书在版编目（CIP）数据

燃煤电厂超低排放改造典型案例/《燃煤电厂超低排放改造典型案例》编写组编. —北京：中国电力出版社，2017.7
ISBN 978-7-5198-0753-5

Ⅰ. ①燃… Ⅱ. ①燃… Ⅲ. ①燃煤发电厂-烟气排放-案例 Ⅳ. ①TM621

中国版本图书馆CIP数据核字（2017）第112056号

出版发行：中国电力出版社
地　　址：北京市东城区北京站西街19号（邮政编码100005）
网　　址：http://www.cepp.sgcc.com.cn
责任编辑：赵鸣志（zhaomz@126.com）
责任校对：王开云
装帧设计：张俊霞　左　铭
责任印制：蔺义舟

印　　刷：航远印刷有限公司
版　　次：2017年7月第一版
印　　次：2017年7月北京第一次印刷
开　　本：787毫米×1092毫米　16开本
印　　张：15.25
字　　数：343千字
印　　数：0001—2000册
定　　价：58.00元

### 版 权 专 有　侵 权 必 究

本书如有印装质量问题，我社发行部负责退换

# 《燃煤电厂超低排放改造典型案例》
## 编委会

主　　任　　刘传柱

副 主 任　　汪明波　彭桂云

委　　员　（按姓氏笔画排序）

　　　　　　田　亚　刘灿起

　　　　　　朱　跃　蒋志强

主　　编　　田　亚

副 主 编　　蒋志强　朱　跃　刘灿起　李　超

编写人员　　施　峰　张　杨　魏宏鸽　杜　振

　　　　　　王凯亮　张　雪　王丰吉　杨用龙

　　　　　　冯前伟　尤良洲　李　壮　裴煜坤

　　　　　　晋银佳　江建平　刘　强

# 前言

近年来，国内大气环境形势十分严峻，区域性复合型大气污染问题日益突出，空气重污染现象（主要表现为"雾霾"）大范围同时出现的频次也日益增多。为进一步改善环境、降低火电污染物的排放，自2014年起，由国家能源局主导的煤电超低排放工作迅速推进。据统计，截至2016年底，仅五大发电集团实现超低排放的煤电机组容量已达266 863MW，占下属煤电装机容量的55%左右。在此过程中，一大批新型污染物脱除技术得到了充分深入的研究与开发，形成了一批典型的应用案例，有力地支撑和引领了煤电污染物超低排放改造工作。

中国华电集团公司（以下简称华电集团）作为全国性五家国有独资发电集团之一，积极响应国家号召，全面推进下属燃煤机组超低排放改造工作，截至2016年底，实现超低排放的煤电机组容量已达45 315MW，占下属煤电装机容量的51%左右。华电电力科学研究院（以下简称华电电科院）是华电集团下属专门从事火力发电、水电及新能源发电、煤炭检验检测及清洁高效利用、质量标准咨询及检验检测、分布式能源等技术研究与技术服务的专业机构。

近年来，华电电科院在超低排放技术路线以及相关技术服务方面，开展了大量工作，为华电集团下属电厂的超低排放改造工作提供了强有力的技术支持。为总结前期改造项目的经验与成果，进一步指导后续燃煤电厂污染物超低排放改造工作，华电集团和华电电科院组织业内专家，对已投运的超低排放工程进行了全面的梳理与总结，经过充分讨论和筛选，最终选定11项超低排放改造工程作为典型案例，涵盖了当前主流及有显著应用潜力的超低排放技术。

华电电科院及区域公司相关专业技术人员以这些案例为基础，编写了《燃煤电厂超低排放改造典型案例》一书，书中的每一项案例，分别从电厂概况、环保设施概况、超低排放改造工程进度概况、技术路线选择、投资估算与运行成本分析、性能试验与运行情况等方面，对改造工程进行了全面的分析，并在最后对项目特色与经验进行了归纳总结。通过案例，详细地介绍了一批适用于我国当前燃煤电厂超低排放改造的可行技术，并对各项技术的先进性、适用性、经济性等进行了深入的分析，可供后续燃煤电厂超低排放改造工作借鉴。

限于编者水平，书中难免存在疏漏之处，恳请读者批评指正。

编者<br>
2017 年 3 月

# 目 录

前言

## ◎ 200MW 机组超低排放改造案例

案例 1　干湿除尘、脱硫技术结合实现超低排放在某 200MW 机组上应用 ………… 1

案例 2　两炉一塔改造实现超低排放在某 200MW 机组上应用 ………………… 19

## ◎ 300MW 级机组超低排放改造案例

案例 3　高效电源电除尘器联合脱硫协同除尘实现超低排放在某 330MW
机组上应用 ……………………………………………………………… 45

案例 4　自主湿式电除尘器技术在某 350MW 机组上应用 ……………………… 67

案例 5　冷凝式除尘除雾技术在某 350MW 机组上应用 ………………………… 89

## ◎ 600MW 级机组超低排放改造案例

案例 6　烟气流速可调式除雾器在某 600MW 机组上应用 …………………… 116

案例 7　MGGH 技术在某 660MW 机组上应用 ………………………………… 137

案例 8　管束式除尘除雾技术在某 670MW 机组上应用 ……………………… 162

## ◎ 1000MW 级机组超低排放改造案例

案例 9　低低温电除尘器联合脱硫协同除尘实现超低排放在某 1000MW
机组上应用 …………………………………………………………… 179

案例 10　脱硫除尘一体化改造技术在某 1000MW 机组上应用 ……………… 199

案例 11　自主烟道雾化蒸发处理技术实现脱硫废水零排放在某 25MW
机组上应用 …………………………………………………………… 225

# 案例1

## 干湿除尘、脱硫技术结合实现超低排放在某 200MW 机组上应用

**技术路线** ▶▶

半干法脱硫+SNCR 脱硝+电袋除尘器+石灰石-石膏湿法脱硫+湿法电除尘器

# 1 电厂概况

## 1.1 机组概况

某公司21号机组于2003年年底投运,配备2台东方锅炉厂生产的DG 410/9.81—9型循环流化床锅炉(21号和22号锅炉)。该锅炉是高温高压、单汽包、自然循环锅炉,采用循环流化床燃烧方式、高温分离物料、固态排渣、干式输送、平衡通风、半露天布置。锅炉主要由一个膜式水冷壁炉膛、两台旋风分离器、自平衡J型密封回料阀、滚筒式冷渣器和尾部对流烟道组成。

炉膛位于锅炉前部,四周与顶棚布置有膜式水冷壁,底部为水冷布风板和钟罩式风帽,上部与前墙垂直布置三片水冷屏和六片汽冷屏(二级过热器),中部是点火油枪、二次风口、回料口、飞灰再循环口和给煤口,炉膛下部两侧各布置两台风水联合冷渣器,炉膛与尾部对流烟道之间布置两台汽冷旋风分离器,通过自平衡J型密封回料阀连接。炉膛、旋风分离器和自平衡J型密封回料阀构成了热循环回路。尾部对流烟道竖井中,布置有三级过热器、一级过热器、省煤器和空气预热器。

该公司于2010年对22号循环流化床锅炉进行了恢复出力改造,即将炉膛宽度方向尺寸扩大到14 325.6mm,同时将水冷屏加宽到2743.2mm,提高锅炉炉膛辐射吸热量,降低炉膛出口、分离器及尾部各处的烟气温度,降低炉膛内烟气速度,减少炉膛内受热面的磨损,降低排烟温度,减少排烟热损失。21号锅炉于2013年也进行了相应的改造。

## 1.2 设计煤质

锅炉设计煤种和校核煤种的煤质特性见表1-1,灰成分分析见表1-2。

表1-1 设计和校核煤种的煤质特性

| 类别 | 项目 | 符号 | 单位 | 数值 | |
|---|---|---|---|---|---|
| | | | | 设计煤种 | 校核煤种 |
| 燃煤成分 | 收到基碳 | $C_{ar}$ | % | 46.45 | 56.15 |
| | 收到基氢 | $H_{ar}$ | % | 2.14 | 2.28 |
| | 收到基氧 | $O_{ar}$ | % | 3.75 | 2.99 |
| | 收到基氮 | $N_{ar}$ | % | 0.72 | 0.92 |
| | 收到基硫 | $S_{ar}$ | % | 2.05 | 1.69 |
| | 收到基灰分 | $A_{ar}$ | % | 39.59 | 29.4 |
| | 收到基水分 | $M_{ar}$ | % | 5.3 | 6.57 |
| | 干燥无灰基挥发分 | $V_{daf}$ | % | 17.79 | 12.51 |
| | 低位发热量 | $Q_{net,ar}$ | kJ/kg | 17 320 | 21 130 |
| | 哈氏可磨性指数 | HGI | | 66 | 53.3 |
| 灰熔点 | 变形温度 | DT | ℃ | 1300 | 1300 |
| | 软化温度 | ST | ℃ | 1500 | 1500 |
| | 流动温度 | FT | ℃ | 1500 | 1500 |

表 1-2　　　　　　　　　　　　　灰成分分析

| 类别 | 项目 | 符号 | 单位 | 数值 设计煤种 | 数值 校核煤种 |
|---|---|---|---|---|---|
| 灰的成分 | 二氧化硅 | $SiO_2$ | % | 60.09 | 50.56 |
| | 三氧化二铝 | $Al_2O_3$ | % | 22.09 | 33.63 |
| | 三氧化二铁 | $Fe_2O_3$ | % | 7.011 | 5.38 |
| | 氧化钙 | CaO | % | 2.315 | 1.76 |
| | 二氧化钛 | $TiO_2$ | % | 0.987 | 1.36 |
| | 三氧化硫 | $SO_3$ | % | 0.779 | 2 |
| | 氧化钾 | $K_2O$ | % | 1.423 | 0.69 |
| | 氧化钠 | $Na_2O$ | % | 0.264 | 0.34 |
| | 氧化镁 | MgO | % | 0.266 | 0.36 |
| | 二氧化锰 | $MnO_2$ | % | 0.04 | 0.03 |
| | 其他 | | % | 3.01 | 3.89 |

# 2　环保设施概况

## 2.1　脱硝设施

21、22号锅炉脱硝改造工程采用选择性非催化还原（SNCR）工艺，设计煤种、锅炉正常负荷范围、处理100%烟气量、脱硝装置入口$NO_x$浓度130~250mg/m³（标态、干基、6%$O_2$），出口$NO_x$排放浓度不大于100mg/m³，脱硝效率不低于60%。系统主要设计参数及设备规范见表1-3和表1-4。

表 1-3　　　　　　　　　　脱硝装置入口设计参数

| 项目 | 单位 | 数值 | 备注 |
|---|---|---|---|
| 烟气量（单台炉） | m³/h | 480 000 | 标态、干基、6%$O_2$ |
| $O_2$ | % | 5.4 | 干基 |
| $CO_2$ | % | 13.58 | 干基 |
| $N_2$ | % | 80.80 | 干基 |
| $H_2O$ | % | 6.36 | |
| SNCR设计入口烟温 | ℃ | 730~920 | |
| 入口$NO_x$浓度 | mg/m³ | 130~250 | 标态、干基、6%$O_2$ |

表 1-4　　　　　　　　　　脱硝系统主要设备参数

| 序号 | 设备名称 | 规格、型号、材质、参数 | 单位 | 数量 | 备注 |
|---|---|---|---|---|---|
| 一 | 尿素系统（4台炉） | | | | |
| 1 | 尿素溶解罐 | 外形尺寸：φ3500×4000；有效容积：30m³；材质：不锈钢 | 台 | 1 | 包括蒸汽盘管 |

续表

| 序号 | 设备名称 | 规格、型号、材质、参数 | 单位 | 数量 | 备注 |
|---|---|---|---|---|---|
| 2 | 尿素溶解罐搅拌器 | 顶进式，SS304，螺旋推进式 | 台 | 1 | |
| | 尿素溶解罐搅拌器电机 | 电动机功率：7.5kW；电压：380V | 台 | 1 | |
| 3 | 尿素溶液储罐 | 外形尺寸：$\phi 4000 \times 6500$；有效容积：$80m^3$；40%尿素溶液，材质：304不锈钢 | 台 | 2 | 包括蒸汽盘管 |
| 4 | 尿素溶液给料泵 | 流量：$50m^3/h$；吸程：4m；扬程：20m；卧式自吸泵 | 台 | 2 | |
| | 尿素溶液给料泵电动机 | 电动机功率：5kW；电压：380V | 台 | 2 | |
| 5 | 尿素溶液循环泵 | $Q=3m^3/h$；$H=140m$；立式多级离心泵 | 台 | 4 | |
| | 尿素溶液循环泵电动机 | 电动机功率：8kW；电压：380V | 台 | 4 | |
| 6 | 废水地坑泵 | $Q=25m^3/h$；$H=25m$；自吸泵；材质：304不锈钢 | 台 | 1 | |
| | 废水地坑泵电动机 | 电动机功率：3kW；电压：380V | 台 | 1 | |
| 7 | 尿素电动葫芦 | 起升9m，起重0.5t | 只 | 1 | |
| | 尿素电动葫芦电动机 | 电动机功率：3kW；电压：380V | 个 | 1 | |
| 二 | 氨喷射系统（4台炉） | | | | |
| 1 | 稀释模块 | $2m^3/h$，140m扬程，不锈钢 | 套 | 2 | 1套稀释模块包括1台稀释水箱、2台稀释水泵、相关计量和控制装置等 |
| 2 | 计量模块 | 不锈钢 | 套 | 4 | |
| 3 | 分配模块 | 不锈钢 | 套 | 8 | |
| 4 | 背压控制阀模块 | 尿素去计量分配装置返回装置 | 套 | 2 | |
| 5 | 墙式喷射 | 不锈钢，6支/炉 | 支 | 24 | |
| 6 | 空压机 | $20m^3/min$ | 套 | 1 | 提供$20m^3/min$的压缩空气量 |
| | 脱硝空气罐 | $3m^3$ | 个 | 1 | |

根据第三方检测机构于2014年3月和2014年10月分别进行的21、22号锅炉脱硝性能试验，SNCR入口$NO_x$浓度在满负荷工况下维持在$200mg/m^3$（标态、干基、6%$O_2$）

以内，出口 $NO_x$ 浓度在 70mg/m³（标态、干基、6%$O_2$）以下，氨逃逸未超标，主要性能指标见表 1-5。

表 1-5　　　　　　　　　　性能试验结果汇总

| 序号 | 项　目 | | 单位 | 保证值/设计值 | 100%负荷率测试结果 | |
|---|---|---|---|---|---|---|
| | | | | | 21 号锅炉 | 22 号锅炉 |
| 1 | 前提条件测试结果 | 烟气量（标态、干基、6%$O_2$） | m³/h | 480 000 | 478 083 | 443 707 |
| 2 | | 入口烟气温度 | ℃ | 730~920 | 814 | 812 |
| 3 | | SNCR 入口 $NO_x$ 浓度 | mg/m³ | 130~250 | 150 | 174 |
| 4 | 性能指标测试结果 | SNCR 出口 $NO_x$ 浓度 | mg/m³ | ≤100 | 47 | 67 |
| 5 | | 逃逸氨浓度 | mL/m³ | ≤10 | 7.71 | 9.01 |
| 6 | | 脱硝效率 | % | ≥60 | 68.6 | 61.7 |
| 7 | | 尿素耗量 | kg/h | ≤150 | 119 | 126.9 |
| 8 | | 氨氮摩尔比 | — | | 2.54 | 2.53 |

## 2.2　除尘设施

21、22 号锅炉均采用电袋复合除尘器，其中 21 号锅炉为 2 电 2 袋，22 号锅炉为 1 电 3 袋。除尘器设计处理烟气量为 715 564m³/h（设计煤种）。21 号锅炉除尘器设计入口烟气含尘量为 60g/m³，出口烟气含尘量≤20mg/m³，除尘器设计效率不小于 99.96%；22 号锅炉除尘器设计入口烟气含尘量为 60g/m³，出口烟气含尘量≤30mg/m³，除尘器设计效率不小于 99.95%。21、22 号锅炉除尘器主要设计参数与技术性能指标见表 1-6。

表 1-6　　21、22 号锅炉除尘器主要设计参数与技术性能指标（单台除尘器）

| 序号 | 项　目 | 单位 | 21 号锅炉 | 22 号锅炉 |
|---|---|---|---|---|
| 一 | 电袋除尘器性能参数 | | | |
| 1 | 保证效率 | % | 99.96 | 99.95 |
| 2 | 除尘器出口烟尘排放保证值 | mg/m³ | 20 | 30 |
| 3 | 本体总阻力（正常/最大） | Pa | 900/1100 | 900/1100 |
| 4 | 入口烟气体积 | m³/h | 715 564 | 715 564 |
| 5 | 本体漏风率 | % | <2 | <2 |
| 6 | 噪声 | dB | 85 | 85 |
| 7 | 除尘器正常使用温度 | ℃ | ≤160 | ≤160 |
| 8 | 滤袋使用寿命 | h | 30 000 | 30 000 |
| 9 | 有效断面积 | m² | 278 | 278 |
| 10 | 壳体设计压力 | kPa | ±9.8 | ±9.8 |
| 11 | 瞬间压力 | kPa | ±9.8 | ±9.8 |
| 12 | 主保温层厚度/数量 | mm/m³ | 80/140 | 80/140 |

续表

| 序号 | 项 目 | 单位 | 21号锅炉 | 22号锅炉 |
|---|---|---|---|---|
| 二 | 电除尘区技术参数 | | | |
| 1 | 电场室数 | 室 | 2 | 2 |
| 2 | 总流通面积 | m² | 278 | 278 |
| 3 | 通道数 | 个 | 2×24 | 2×24 |
| 4 | 同极距 | mm | 400 | 400 |
| 5 | 极板有效高度 | m | 14.16 | 14.16 |
| 6 | 阳极板总质量 | t | 2×32 | 32 |
| 7 | 阴极线总质量 | t | 2×5.5 | 5.5 |
| 8 | 电场有效长度 | m | 2×4 | 4 |
| 9 | 单室电场有效宽度 | m | 9.6 | 9.6 |
| 10 | 总集尘面积 | m² | 2×5438 | 5438 |
| 11 | 电场风速 | m/s | 0.73 | 0.73 |
| 12 | 比积尘面积 | m²/(m³/s) | 2×27.36 | 27.36 |
| 13 | 驱进速度 | cm/s | 6.13 | 6.13 |
| 14 | 停留时间 | s | 5.48 | 5.48 |
| 15 | 除尘效率 | % | 80% | 80% |
| 16 | 高压设备数量 | 台 | 2 | 2 |
| 17 | 阳极振打方式 | | 侧面传动、单面振打 | 侧面传动、单面振打 |
| 18 | 阴极振打方式 | | 顶部传动、单面振打 | 顶部传动、单面振打 |
| 19 | 阳极板型号及总有效面积 | m² | 735C/2×5438 | 735C/5438 |
| 20 | 阴极线型号及总长度 | m | RSB芒刺线/2×5438 | RSB芒刺线/5438 |
| 三 | 袋除尘区技术参数 | | | |
| 1 | 处理最大烟气量 | m³/h | 715 564 | 715 564 |
| 2 | 总过滤面积 | m²/台 | 12 027 | 12 015 |
| 3 | 过滤速度（正常烟气量） | m/min | 0.99 | 0.99 |
| 4 | 滤袋材质 | | PPS+PTFE浸渍，PPS纤维日本进口 | PPS+PTFE浸渍，PPS纤维日本进口 |
| 5 | 滤料克重 | g/m² | 550 | 550 |
| 6 | 滤袋规格 | mm | φ130×8150 | φ165×8050 |
| 7 | 滤袋数量 | 个 | 3616 | 2880 |
| 8 | 滤袋允许连续使用温度 | ℃ | ≤160 | ≤160 |
| 9 | 滤袋允许最高使用温度 | ℃ | 190（每次不超10min，年累计低于50h） | 190（每次不超10min，年累计低于50h） |
| 10 | 袋笼材质 | | 20号钢 | 20号钢 |
| 11 | 电磁脉冲阀规格型号 | | 12英寸，淹没式 | 3英寸，淹没式 |
| 12 | 电磁脉冲阀保证使用寿命 | | 五年（100万次） | 五年（100万次） |

续表

| 序号 | 项　目 | 单位 | 21号锅炉 | 22号锅炉 |
|---|---|---|---|---|
| 13 | 清灰压力 | MPa | 0.085 | 0.25 |
| 14 | 布袋清灰方式 |  | 在线 | 在线 |
| 15 | 气源品质 |  | 热空气 | 含尘粒径≤1μm、含油量≤0.1g/m³ |
| 16 | 耗气量 | m³/min | 10~15 | 6 |

根据第三方检测机构进行的除尘器摸底试验，21号锅炉除尘器进、出口测试结果见表1-7。

表1-7　　　　　　　　除尘器摸底试验结果

| 测试工况 | | 100%负荷工况 | | |
|---|---|---|---|---|
| | | 项　目 | 单位 | 数据 |
| 实际烟气量 | 入口 | A侧电除尘器（实际状态） | m³/h | 373 525 |
| | | B侧电除尘器（实际状态） | | 362 277 |
| 标态烟气量 | 入口 | A侧电除尘器（标态、干基、6%O₂） | m³/h | 240 351 |
| | | B侧电除尘器（标态、干基、6%O₂） | | 236 232 |
| 粉尘浓度 | 入口 | A侧电除尘器（标态、干基、6%O₂） | g/m³ | 44.73 |
| | | B侧电除尘器（标态、干基、6%O₂） | | 42.12 |
| | 出口 | A侧电除尘器（标态、干基、6%O₂） | mg/m³ | 12 |
| | | B侧电除尘器（标态、干基、6%O₂） | | 8 |
| 压力 | 入口 | A侧电除尘器 | Pa | -3672 |
| | | B侧电除尘器 | Pa | -3687 |
| | 出口 | A侧电除尘器 | Pa | -4685 |
| | | B侧电除尘器 | Pa | -4400 |
| $O_2$浓度 | 入口 | A侧电除尘器 | % | 3.91 |
| | | B侧电除尘器 | % | 4.18 |
| | 出口 | A侧电除尘器 | % | 4.13 |
| | | B侧电除尘器 | % | 4.48 |
| 烟气温度 | 入口 | A侧电除尘器 | ℃ | 157 |
| | | B侧电除尘器 | ℃ | 145 |
| | 出口 | A侧电除尘器 | ℃ | 149 |
| | | B侧电除尘器 | ℃ | 140 |
| 漏风率 | | A侧电除尘器 | % | 1.26 |
| | | B侧电除尘器 | % | 1.78 |
| 除尘效率 | | A侧电除尘器 | % | 99.97 |
| | | B侧电除尘器 | % | 99.98 |

从摸底试验结果来看，21号锅炉在100%负荷率工况下，A侧电除尘器入口粉尘浓度为44.73g/m³（标态、干基、6%$O_2$），出口粉尘浓度为12mg/m³（标态、干基、6%

$O_2$)，除尘效率为 99.97%；B 侧电除尘器入口粉尘浓度为 42.12g/m³（标态、干基、6% $O_2$），出口粉尘浓度为 8mg/m³（标态、干基、6% $O_2$），除尘效率为 99.98%。

另外，根据该省环境监测中心站监测结果显示，21、22 号锅炉烟囱入口烟尘排放浓度为 10~16mg/m³（标态、干基、6% $O_2$）。

### 2.3 脱硫设施

21、22 号锅炉采用循环流化床干法脱硫系统，每台锅炉设 8 个石灰石给料口，前后墙各有四个，与给煤口在同一水平高度，在炉膛前、后墙沿宽度方向分别均匀布置。设计脱硫效率不低于 90%，$SO_2$ 排放浓度不大于 200mg/m³（标态、干基、6% $O_2$）。

第三方检测机构于 2012 年 12 月完成 22 号锅炉的脱硫改造摸底试验，试验结果如下：

工况 1：硫分 $S_{ar}$ 为 1.16%，实测除尘器出口烟气量为 475 579m³/h（标态、干基、6% $O_2$），出口 $SO_2$ 浓度为 270mg/m³（标态、干基、6% $O_2$），脱硫效率为 86%。

工况 2：硫分 $S_{ar}$ 为 1.24%，实测除尘器出口烟气量为 497 156m³/h（标态、干基、6% $O_2$），出口 $SO_2$ 浓度为 285mg/m³（标态、干基、6% $O_2$），脱硫效率为 87%。

## 3 超低排放改造工程进度概况

该公司对 21 号机组 21、22 号锅炉进行超低排放改造工程的进度安排见表 1-8。

表 1-8　　　　　　　　21 号机组超低排放改造工程进度表

| 项目 | | 可研完成时间 | 初设完成时间 | 开工时间 | 停机时间 | 启动（通烟气）时间 | 168h 试运行完成时间 |
|---|---|---|---|---|---|---|---|
| 脱硝 | 21 号锅炉 | 2015/7/15 | 2015/8/26 | 2015/9/25 | 2015/9/20 | 2015/12/31 | 2016/1/25 |
| | 22 号锅炉 | 2015/7/15 | 2015/8/26 | 2015/9/25 | 2015/9/25 | 2015/12/31 | 2016/1/25 |
| 脱硫 | 21 号锅炉 | 2013/4/2 | 2013/7 | 2013/7/22 | 2014/4/16 | 2014/6/16 | 2014/6/24 |
| | 22 号锅炉 | 2013/4/2 | 2013/7 | 2013/7/22 | 2014/4/16 | 2014/6/16 | 2014/6/24 |
| 除尘 | 21 号锅炉 | 2015/7/15 | 2015/8/26 | 2015/8/28 | 2015/9/20 | 2015/12/31 | 2016/1/25 |
| | 22 号锅炉 | 2015/7/15 | 2015/8/26 | 2015/8/28 | 2015/9/20 | 2015/12/31 | 2016/1/25 |

## 4 技术路线选择

### 4.1 边界条件

针对本次改造工作，结合该公司近两年来入炉煤实际情况，并综合考虑到将来煤质的变化，提出了环保改造设计煤质，见表 1-9。

表1-9　　　　　　　　　　　　设　计　煤　质

| 名称 | 符号 | 单位 | 设计煤种 | 校核煤种 |
|---|---|---|---|---|
| 碳 | $C_{ar}$ | % | 46.45 | 56.15 |
| 氢 | $H_{ar}$ | % | 2.14 | 2.28 |
| 氮 | $N_{ar}$ | % | 0.72 | 0.92 |
| 氧 | $O_{ar}$ | % | 3.75 | 2.99 |
| 硫 | $S_{ar}$ | % | 2.05 | 1.69 |
| 灰分 | $A_{ar}$ | % | 39.59 | 29.4 |
| 水分 | $M_{ar}$ | % | 5.3 | 6.57 |
| 干燥无灰基挥发分 | $V_{daf}$ | % | 17.79 | 12.51 |
| 低位发热量 | $Q_{net,v,ar}$ | kJ/kg | 17 320 | 21 130 |

设计烟气参数见表1-10。

表1-10　　　　　　　　　　　设　计　烟　气　参　数

| 设施 | 项目 | 单位 | 设计值 | 备注 |
|---|---|---|---|---|
| | 烟气量 | m³/h | 480 000 | 标态、干基、6%$O_2$ |
| 脱硝 | $NO_x$ | mg/m³ | 200 | 标态、干基、6%$O_2$ |
| | 烟温 | ℃ | 730~920 | |
| 除尘 | 烟尘浓度 | g/m³ | 60 | 标态、干基、6%$O_2$ |
| | 烟温 | ℃ | 160 | |
| 脱硫 | $SO_2$浓度 | mg/m³ | 2000 | 标态、干基、6%$O_2$ |
| | 烟温 | ℃ | 140 | |
| | 烟尘浓度 | mg/m³ | 30 | 标态、干基、6%$O_2$ |

改造性能指标见表1-11。

表1-11　　　　　　　　　　　改　造　性　能　指　标

| 项目 | 内容 | 单位 | 设计值 | 备注 |
|---|---|---|---|---|
| 脱硝 | 出口$NO_x$浓度 | mg/m³ | 50 | 标态、干基、6%$O_2$ |
| | SNCR脱硝效率 | % | 75 | |
| | $NH_3$逃逸 | mL/m³ | 10 | 标态、干基、6%$O_2$ |
| 除尘 | 烟囱入口粉尘浓度 | mg/m³ | 5 | 标态、干基、6%$O_2$ |
| | 本体漏风率 | % | 2 | |
| | 本体阻力 | Pa | 250 | |
| 脱硫 | $SO_2$浓度 | mg/m³ | 35 | 标态、干基、6%$O_2$ |
| | 脱硫效率 | % | 97.5 | |
| | 除尘效率 | % | 50 | |
| | 雾滴含量 | mg/m³ | 50 | 标态、干基、6%$O_2$ |

## 4.2 脱硝改造技术路线

目前成熟的燃煤电厂氮氧化物控制技术主要包括燃烧中脱硝技术和烟气脱硝技术。燃烧中脱硝技术是指低氮燃烧技术（LNB）；烟气脱硝技术包括SCR、SNCR和SNCR/SCR联用技术等。

性能测试结果显示，该公司21、22号锅炉SNCR脱硝系统入口$NO_x$排放浓度在200mg/m³（标态、干基、6%$O_2$）以内，表明当前锅炉$NO_x$排放浓度能够控制在较低水平，因此本项目改造方案建议不再对锅炉进行低氮燃烧改造。考虑到本项目要求最终$NO_x$排放浓度达到50mg/m³（标态、干基、6%$O_2$），相应要求脱硝系统达到75%以上脱硝效率，而机组现已配套建设SNCR脱硝装置且能够达到75%以上的脱硝效率，故本次改造建议对现有SNCR烟气脱硝装置进行提效。

还原剂的选择是影响SNCR脱硝效率的主要因素之一。还原剂应具有效率高、价格低廉、安全可靠、存储方便、运行稳定、占地面积小等特点。目前，常用的还原剂有液氨、尿素和氨水三种。由于尿素无毒，不会燃烧和爆炸，运输、存储、使用都比较简单安全；且尿素溶液挥发性小，对炉膛的穿透性好，混合程度高，因而目前国内SNCR装置大多采用尿素作为SNCR脱硝还原剂。鉴于本项目原SNCR脱硝系统已采用尿素作为还原剂，因此本次改造仍建议采用尿素作为还原剂。

## 4.3 除尘改造技术路线

虽然目前可供选择的除尘器改造技术方案较多，新兴的技术有低低温、湿式电除尘器等，但根据摸底试验结果，结合除尘器原设计条件、当前实际运行情况、煤质条件、场地条件以及电厂要求的烟尘排放浓度等，可知目前除尘器出口烟尘浓度小于等于30mg/m³，烟囱入口烟尘浓度在10~16mg/m³（标态、干基、6%$O_2$）左右。21、22号锅炉所采用的是电袋复合除尘器，烟尘的脱除效率（试验测得的除尘效率达到设计值99.96%）在理论上是其他除尘技术所无法达到的，因此对布袋除尘器本体进一步改造来提高效果并不明显。通过对目前国内相对比较成熟的除尘技术应用情况进行分析，针对本次改造提出以下两种改造方案：

方案一：保持现有电袋复合除尘器不变，仅进行检修，增设管束式高效除尘除雾器，经脱硫系统高效协同洗尘作用，实现烟尘排放浓度小于5mg/m³（标态、干基、6%$O_2$）的要求。

方案二：保持现有电袋复合除尘器不变，在脱硫系统后增设湿式除尘器，从而实现烟尘排放浓度小于5mg/m³（标态、干基、6%$O_2$）的要求。

两种方案的比较见表1-12。结合本工程燃烧煤质的实际情况，考虑到该公司所在地区环保达标可靠性要求较高，最终确定该公司21号机组21、22号锅炉除尘超低排放改造采用方案二。

表1-12　　　　　　　　　除尘超低排放改造方案比较

| 项　目 | 方案一 | 方案二 |
| --- | --- | --- |
| 增加电耗 | 33kW | 261kW |

续表

| 项　　目 | 方案一 | 方案二 |
|---|---|---|
| 改造工程量 | 略小 | 略大 |
| 适应性 | 弱 | 强 |
| 静态投资（万元） | 1093 | 2676 |
| 运行成本（万元） | 128 | 361 |

## 4.4　脱硫改造技术路线

石灰石/石灰-石膏湿法烟气脱硫是技术上成熟、应用广泛的烟气脱硫工艺，我国90%左右的电厂烟气脱硫装置都是采用该种工艺。

该公司21、22号锅炉本次改造设计煤种的收到基硫分为2.05%，燃煤的$SO_2$浓度约5200mg/m³（标态、干基、6%$O_2$）。原采用循环流化床烟气半干法技术，脱硫出口浓度不能满足新规范的要求，需新建湿法烟气脱硫装置，采取干法和湿法联合处理的方式。由于目前喷淋塔对于低、中、高燃煤硫分均有较多的应用案例和较为丰富的运行经验，本次改造中推荐采用喷淋空塔方案。经循环流化床脱硫后，脱硫效率按88%计，出口的浓度将是624mg/m³（标态、干基、6%$O_2$），考虑到煤质的变化，需要预留一定的裕量，本次改造设计按入口$SO_2$分别为2000mg/m³（标态、干基、6%$O_2$）和1000mg/m³（标态、干基、6%$O_2$）进行方案对比，见表1-13。

考虑到公司所在地区环保达标可靠性要求较高，并综合考虑静态投资和运行成本，最终确定21、22号锅炉脱硫超低排放改造按入口$SO_2$为2000mg/m³（标态、干基、6%$O_2$）设计。

表1-13　　　　　　　　　脱硫超低排放改造方案比较

| 项　　目 | 方案一 | 方案二 |
|---|---|---|
| 入口$SO_2$浓度（mg/m³） | 1000 | 2000 |
| 煤种适应性 | 低 | 高 |
| 静态投资（万元） | 9279 | 9873 |
| 运行总成本（万元） | 3157 | 3081 |

## 4.5　技术路线确定

本次改造最终确定的技术路线如图1-1所示。

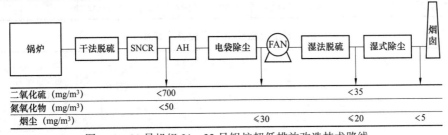

图1-1　21号机组21、22号锅炉超低排放改造技术路线

# 5 投资估算与运行成本分析

## 5.1 投资估算

21号机组超低排放改造的投资估算见表1-14~表1-16。

表1-14　　　　　　脱硝超低排放改造工程投资估算表　　　　　　万元

| 序号 | 项目名称 | 建筑工程费 | 设备购置费 | 安装工程费 | 其他费用 | 合计 | 各项占静态投资比例 | 单位投资（元/kW） |
|---|---|---|---|---|---|---|---|---|
| 一 | SNCR | | | | | | | |
| 1 | 工艺系统 | 15 | 60 | 29 | | 104 | 40.23% | 5.21 |
| 2 | 电气系统 | | 0 | 18 | | 18 | 6.72% | 0.87 |
| 3 | 热工控制系统 | | 11 | 6 | | 17 | 6.60% | 0.85 |
| 4 | 调试工程费 | | 0 | 25 | | 25 | 9.72% | 1.26 |
| | 小计 | 15 | 71 | 78 | | 164 | 63.27% | 8.20 |
| 二 | 编制年价差 | 0 | | 1 | | 1 | 0.37% | 0.05 |
| 三 | 其他费用 | | | | 82 | 82 | 31.60% | 4.09 |
| 1 | 建设场地征用及清理费 | | | | 0 | 0 | 0.00% | 0.00 |
| 2 | 建设项目管理费 | | | | 12 | 12 | 4.74% | 0.61 |
| 3 | 项目建设技术服务费 | | | | 25 | 25 | 9.72% | 1.26 |
| 4 | 整套启动试运费 | | | | 45 | 45 | 17.13% | 2.22 |
| 5 | 生产准备费 | | | | 0 | 0 | 0.00% | 0.00 |
| 四 | 基本预备费 | | | | 12 | 12 | 4.76% | 0.62 |
| | 工程静态投资 | 15 | 71 | 79 | 94 | 259 | 100.00% | 12.95 |
| | 各项占静态投资比例（%） | 5.68 | 27.55 | 30.41 | 36.36 | 100.00 | | |
| | 各项静态单位投资（元/kW） | 0.74 | 3.57 | 3.94 | 4.71 | 12.95 | | |
| 五 | 动态费用 | | | | | | | |
| 1 | 价差预备费 | | | | 0 | | | |
| 2 | 建设期贷款利息 | | | | 8 | | | |
| | 小计 | | | | 8 | | | |
| | 工程动态投资 | 15 | 71 | 79 | 94 | 259 | | |
| | 各项占动态投资比例（%） | 5.51 | 26.74 | 29.52 | 35.30 | 100.00 | | |
| | 各项动态单位投资（元/kW） | 0.74 | 3.57 | 3.94 | 4.71 | 13.34 | | |

表1-15　　　　　　除尘超低排放改造工程投资估算表　　　　　　万元

| 序号 | 工程或费用名称 | 建筑工程费 | 设备购置费 | 安装工程汇总 | | | 其他费用 | 合计 | 各项占静态投资比例（%） | 单位投资（元/kW） |
|---|---|---|---|---|---|---|---|---|---|---|
| | | | | 装置性材料 | 安装工程费 | 小计 | | | | |
| 一 | 改造工程 | 187 | 1538 | 266 | 317 | 583 | | 2308 | 86.24 | 114.14 |
| 1 | 电源检修 | | 20 | 0 | 5 | 5 | | 25 | 0.92 | 12.14 |

续表

| 序号 | 工程或费用名称 | 建筑工程费 | 设备购置费 | 安装工程汇总 装置性材料 | 安装工程汇总 安装工程费 | 安装工程汇总 小计 | 其他费用 | 合计 | 各项占静态投资比例（%） | 单位投资（元/kW） |
|---|---|---|---|---|---|---|---|---|---|---|
| 2 | 湿式除尘器改造工程 | 187 | 1518 | 266 | 312 | 578 | | 2283 | 85.32 | 114.14 |
| 二 | 其他费用 | | | | | | 242 | 242 | 9.07 | 12.14 |
| 1 | 项目建设管理费 | | | | | | 12 | 12 | 0.47 | 0.63 |
| 2 | 项目建设技术服务费 | | | | | | 130 | 130 | 4.86 | 6.51 |
| 3 | 性能考核试验费 | | | | | | 60 | 60 | 2.24 | 3.00 |
| 4 | 环保验收 | | | | | | 40 | 40 | 1.49 | 2.00 |
| 三 | 基本预备费 | | | | | | 126 | 126 | 4.69 | 6.28 |
| 四 | 工程静态投资 | 187 | 1538 | 266 | 317 | 583 | 368 | 2676 | 100.00 | 133.78 |
| | 各项占静态投资的比例（%） | 6.99 | 57.46 | 9.94 | 11.84 | 21.78 | 13.76 | 100.00 | | |
| | 各项静态单位投资（元/kW） | 9.35 | 76.88 | 13.30 | 15.84 | 29.14 | 18.41 | 133.78 | | |
| 五 | 动态费用 | | | | | | | 30 | 30 | |
| 1 | 价差预备费 | | | | | | | 0 | | |
| 2 | 建设期贷款利息 | | | | | | | 30 | | |
| | 工程动态投资 | 187 | 1538 | 266 | 317 | 583 | 398 | 2706 | | |
| | 各项占动态投资的比例（%） | 6.91 | 56.82 | 9.83 | 11.71 | 21.54 | 14.73 | 100.00 | | |
| | 各项动态单位投资（元/kW） | 9.35 | 76.88 | 13.30 | 15.84 | 29.14 | 19.92 | 135.29 | | |

表1-16　　　　脱硫超低排放改造工程投资估算表　　　　　　　　万元

| 序号 | 项目名称 | 建筑工程费 | 设备购置费 | 安装工程费 | 其他费用 | 合计 | 各项占静态投资比例（%） | 单位投资（元/kW） |
|---|---|---|---|---|---|---|---|---|
| 一 | 脱硫技改工程主体部分 | | | | | | | |
| 1 | 工艺系统 | 1041 | 1873 | 1393 | | 4307 | 43.63 | 215.36 |
| 2 | 电气系统 | | 335 | 152 | | 487 | 4.93 | 24.33 |
| 3 | 热工控制系统 | | 536 | 156 | | 692 | 7.01 | 34.61 |
| | 小计 | 1041 | 2744 | 1702 | | 5486 | 55.57 | 247.30 |
| 二 | 与脱硫有关的单项工程 | | | | | | | |
| 1 | 引增合一改造 | 30 | 612 | 73 | | 715 | | |
| 2 | 烟道支架加固 | 20 | | | | 20 | | |
| 3 | 灰库迁移新建 | 417 | 72 | 201 | | 690 | | |
| 4 | 烟囱防腐 | 1209 | | | | 1209 | | |
| | 小计 | 1676 | 684 | 274 | | 2634 | | |
| 三 | 编制年价差 | 271 | | 292 | | 563 | 5.70 | 28.14 |
| 四 | 其他费用 | | | | | | | |
| 1 | 建设场地征地及清理费 | | | | 56 | 56 | 0.57 | 2.81 |

续表

| 序号 | 项目名称 | 建筑工程费 | 设备购置费 | 安装工程费 | 其他费用 | 合计 | 各项占静态投资比例（%） | 单位投资（元/kW） |
|---|---|---|---|---|---|---|---|---|
| 2 | 项目建设管理费 | | | | 143 | 143 | 1.45 | 7.15 |
| 3 | 项目建设技术服务费 | | | | 350 | 350 | 3.55 | 17.51 |
| 4 | 分系统调试费及整套启动试运费 | | | | 192 | 192 | 1.95 | 9.62 |
| 5 | 生产准备费 | | | | 6 | 6 | 0.06 | 0.29 |
| 6 | 基本预备费 | | | | 444 | 444 | 4.49 | 22.17 |
| | 小计 | | | | 1191 | 1191 | 12.06 | 59.55 |
| | 工程静态投资 | 2988 | 3428 | 2266 | 1191 | 9873 | 100.00 | 493.65 |
| | 各项占静态投资比例（%） | 30.26 | 34.72 | 22.96 | 12.06 | 100.00 | | |
| | 各项静态单位投资（元/kW） | 149.39 | 171.39 | 113.32 | 59.55 | 493.65 | | |
| 五 | 动态费用 | | | | | 345 | | |
| 1 | 价差预备费 | | | | | | | |
| 2 | 建设期贷款利息 | | | | | 345 | | 17.24 |
| | 工程动态投资 | 2988 | 3428 | 2266 | 1536 | 10218 | 100.00 | 510.90 |
| | 各项占动态投资比例（%） | 29.24 | 33.55 | 22.18 | 15.03 | 100.00 | | |
| | 各项动态单位投资（元/kW） | 149.39 | 171.39 | 113.32 | 76.79 | 510.90 | | |

## 5.2 运行成本分析

运行成本分析见表1-17~表1-19。

表1-17　　脱硝系统年总成本估算

| 序号 | 项目 | | 单位 | 数值 |
|---|---|---|---|---|
| 1 | 项目总投资 | | 万元 | 259 |
| 2 | 年利用小时 | | h | 6400 |
| 3 | 厂用电率 | | % | 13 |
| 4 | 年售电量 | | GW·h | 1114 |
| 5 | 生产成本 | 工资 | 万元 | 0 |
| | | 折旧费 | 万元 | 16 |
| | | 修理费 | 万元 | 5 |
| | | 还原剂费用 | 万元 | 13 |
| | | 电耗费用 | 万元 | 0 |
| | | 低压蒸汽费用 | 万元 | 0 |
| | | 除盐水费用 | 万元 | 1 |
| | | 总计 | 万元 | 35 |
| 6 | 财务费用（平均） | | 万元 | 6 |
| 7 | 生产成本+财务费用 | | 万元 | 41 |
| 8 | 增加上网电费 | | 元/(MW·h) | 0.37 |

注　本项年总成本考虑整个自然年的成本及发电量，不考虑建设年份机组投运时间及发电量。

表1-18　　　　　　　　　除尘系统年总成本估算

| 序号 | 内容 | 单位 | 方案二 |
|---|---|---|---|
| 1 | 机组 | MW | 200MW |
| 2 | 年利用小时 | h | 6400 |
| 3 | 厂用电率 | % | 13 |
| 4 | 年售电量 | GW·h | 1114 |
| 5 | 工程静态投资 | 万元 | 2676 |
| 6 | 运行维护费用 | 万元 | 54 |
| 7 | 折旧费 | 万元 | 171 |
| 8 | 年平均财务费用 | 万元 | 68 |
| 9 | 新增厂用电费 | 万元 | 65 |
| 10 | 工艺水费用 | 万元 | 3 |
| 11 | 增加的滤袋更换 | 万元 | 0 |
| 12 | 年运行总成本 | 万元 | 361 |
| 13 | 单位发电增加成本 | 元/(MW·h) | 3.24 |

注　1. 成本电价按0.3928元/kW计算；
　　2. 修理维护费率按2%考虑；
　　3. 还款期和折旧年限按10年计。

表1-19　　　　　　　　　脱硫系统年总成本估算

| 序号 | 项目 | 单位 | 方案二 |
|---|---|---|---|
| 1 | 脱硫工程静态总投资 | 万元 | 9873 |
| | 建设期贷款利息 | 万元 | 345 |
| | 脱硫工程动态总投资 | 万元 | 10 218 |
| 2 | 年利用小时数 | h | 6400 |
| 3 | 装机容量 | MW | 200 |
| 4 | 年发电量 | GW·h | 1127 |
| 5 | 石灰石耗量（增量） | t/h | 3.68 |
| | 石灰石粉价格（不含税） | 元/t | 98 |
| | 年石灰石费用（增量） | 万元 | 231 |
| 6 | 用电量（增量） | kW·h/h | 2688 |
| | 成本电价 | 元/(kW·h) | 0.341 |
| | 年用电费用 | 万元 | 678 |
| 7 | 用水量（增量） | t/h | 55 |
| | 水价 | 元/t | 1.3 |
| | 年用水费（增量） | 万元/年 | 54 |
| 8 | 人工单价 | 万元/(年·人) | 5.7 |
| | 定员 | 人 | 7 |
| | 人工费 | 万元/年 | 40 |

续表

| 序号 | 项目 | 单位 | 方案二 |
|---|---|---|---|
| 9 | 修理维护费（增量） | 万元/年 | 247 |
| 10 | 折旧费（增量） | 万元/年 | 647 |
| 11 | 长期贷款利息（增量） | 万元/年 | 276 |
| 12 | 总成本增量 | 万元/年 | 2183 |
| 13 | 单位成本增加值 | 元/(MW·h) | 19.38 |

# 6 性能试验与运行情况

## 6.1 脱硝系统

该公司21号机组21、22号锅炉脱硝超低排放改造工程性能考核试验于2016年6月完成，试验结果见表1-20。

表1-20　　　　　脱硝性能考核试验结果汇总

| 序号 | 项目 | | 单位 | 保证值/设计值 | 21号锅炉测试结果 | 22号锅炉测试结果 |
|---|---|---|---|---|---|---|
| 1 | 前提条件测试结果 | 烟气量 | m³/h | 480 000 | 478 083 | 468 904 |
| 2 | | 入口烟气温度 | ℃ | 730~920 | 814 | 827 |
| 3 | | SNCR入口$NO_x$浓度 | mg/m³ | 200 | 150 | 168 |
| 4 | 性能指标测试结果 | SNCR出口$NO_x$浓度 | mg/m³ | ≤50 | 37 | 35 |
| 5 | | 逃逸氨浓度 | mL/m³ | ≤10 | 7.71 | 6.72 |
| 6 | | 脱硝效率 | % | ≥75 | 75.3 | 79.2 |
| 7 | | 尿素耗量 | kg/h | ≤150 | 129 | 136 |
| 8 | | 氨氮摩尔比 | | | 2.54 | 2.37 |

## 6.2 除尘系统

该公司21号机组21、22号锅炉除尘超低排放改造工程性能考核试验于2016年11月完成，试验结果见表1-21。

表1-21　　　　　湿式电除尘器性能考核试验结果汇总

| 序号 | 项目 | 单位 | 设计值 | 21号锅炉试验结果 | 22号锅炉试验结果 |
|---|---|---|---|---|---|
| 1 | 烟气量 | m³/h | 681 000 | 602 244 | 615 282 |
| 2 | 进口烟温 | ℃ | 50 | 52 | 52 |
| 3 | 出口烟温 | ℃ | — | 51 | 51 |
| 4 | 进口烟尘浓度 | mg/m³ | 20 | 16.7 | 18.6 |

续表

| 序号 | 项目 | 单位 | 设计值 | 21号锅炉试验结果 | 22号锅炉试验结果 |
|---|---|---|---|---|---|
| 5 | 出口烟尘浓度 | mg/m³ | 5 | 3.5 | 3.9 |
| 6 | 除尘效率 | % | 75 | 79.04 | 79.03 |
| 7 | 功耗 | kW | 401.25 | 90 | 91 |
| 8 | 耗水量 | t/d | 56 | 20.6 | |
| 9 | 本体阻力 | Pa | 300 | 161 | 121 |

## 6.3 脱硫系统

该公司21号机组21、22号锅炉脱硫超低排放改造工程性能考核试验于2016年6月完成，试验结果见表1-22。

表1-22　　　　　　　脱硫性能考核试验结果汇总

| 序号 | 项目 | | 单位 | 保证值/设计值 | 21号锅炉 | 22号锅炉 |
|---|---|---|---|---|---|---|
| 1 | 脱硫装置烟气量（标态、湿基、实际$O_2$） | | m³/h | 551 220 | 442 487 | 406 753 |
| 2 | 原烟气 | 温度 | ℃ | 140 | 166 | 170 |
| | | $SO_2$浓度（标态、干基、6%$O_2$） | mg/m³ | 2000 | 1122 | 1136 |
| | | 烟尘浓度（标态、干基、6%$O_2$） | mg/m³ | 30 | 27.2 | 26.3 |
| | | $SO_3$浓度（标态、干基、6%$O_2$） | mg/m³ | 50 | 10.58 | 10.32 |
| | | HCl浓度（标态、干基、6%$O_2$） | mg/m³ | 50 | 14.53 | 15.62 |
| | | HF浓度（标态、干基、6%$O_2$） | mg/m³ | 30 | 12.38 | 12.72 |
| 3 | 净烟气 | 温度 | ℃ | ≥49 | 54 | 55 |
| | | $SO_2$浓度（标态、干基、6%$O_2$） | mg/m³ | ≤35 | 22.6 | 20.0 |
| | | 烟尘浓度（标态、干基、6%$O_2$） | mg/m³ | <20 | 16.8 | 16.4 |
| | | $SO_3$浓度（标态、干基、6%$O_2$） | mg/m³ | <30 | 6.01 | 5.66 |
| | | HCl浓度（标态、干基、6%$O_2$） | mg/m³ | <5 | 0.64 | 0.61 |
| | | HF浓度（标态、干基、6%$O_2$） | mg/m³ | <5 | 0.41 | 0.39 |
| 4 | 脱硫效率 | | % | ≥98.25 | 97.99 | 98.24 |
| 5 | $SO_3$脱除效率 | | % | — | 43.14 | 45.14 |
| 6 | HCl脱除效率 | | % | | 95.61 | 96.1 |
| 7 | HF脱除效率 | | % | | 96.65 | 96.92 |
| 8 | 除尘效率 | | % | — | 39.16 | 40.16 |
| 9 | 石膏品质 | 含水量 | % | <10 | 10.17 | 10.08 |
| | | $CaSO_4 \cdot 2H_2O$含量 | % | >90 | 91.71 | 92.2 |
| | | $CaSO_3 \cdot 1/2H_2O$含量（以$SO_2$计） | % | <1 | 0.78 | 0.74 |
| | | $CaCO_3$的含量 | % | <3 | 2.11 | 2.01 |
| | | $Cl^-$ | % | <0.01 | 0.148 | 0.137 |

续表

| 序号 | 项目 | | 单位 | 保证值/设计值 | 21号锅炉 | 22号锅炉 |
|---|---|---|---|---|---|---|
| 10 | 噪声（设备附近位置） | 氧化风机A | dB（A） | ≤85 | 100 | 98 |
| | | 循环泵A | dB（A） | ≤80 | 97 | 96 |
| | | 循环泵B | dB（A） | ≤80 | 97 | 97 |
| | | 循环泵C | dB（A） | ≤80 | 97 | 96 |
| | | 循环泵D | dB（A） | ≤80 | 99 | 97 |
| | | 脱硫控制室 | dB（A） | ≤55 | 53 | 53 |
| 11 | 所有保温设备的表面最高温度 | | ℃ | ≤50 | 49 | 48 |
| 12 | 石灰石消耗量（干态） | | t/h | ≤2 | 0.89 | 0.77 |
| 13 | 水耗量 | | t/h | ≤32.5 | 13.6 | 13.4 |
| 14 | FGD装置电耗（6kV馈线处） | | kW | ≤1366 | 978 | 945 |
| 15 | 压力损失吸收塔压力损失（包括除雾器） | | Pa | — | 1008 | 987 |
| 16 | 除雾器出口烟气携带的雾滴含量（标态、干基） | | mg/m$^3$ | <50 | 48.67 | 45.41 |

# 案例2

## 两炉一塔改造实现超低排放在某200MW机组上应用

**技术路线** ▶▶

SCR脱硝+电除尘器（末电场移动电极）+石灰石-石膏湿法脱硫+湿式电除尘器/石灰石-石膏湿法脱硫协同除尘一体化

## 1 电厂概况

### 1.1 机组概况

某电厂5、6号机组的锅炉为武汉锅炉厂生产的WGZ 670/13.7-6型锅炉,锅炉系超高压一次中间再热、单汽包自然循环、固态除渣煤粉炉,呈Ⅱ型布置,单炉膛,四角布置四组直流式燃烧器,采用四角相切在炉膛中心形成逆时针方向旋转$\phi$350mm假想切圆的负压燃烧方式,设计燃用梁家矿褐煤。5、6号机组分别于1995年8月和1996年8月投产发电。

### 1.2 设计煤质

5、6号锅炉原设计燃用煤种为当地褐煤。由于近年来当地褐煤煤质差、煤量不足、煤价较高,5、6号机组现有燃煤主要为当地褐煤、东北褐煤、准混及蒙泰煤组成的混煤,煤质资料及灰特性见表2-1。

表2-1　　5、6号锅炉煤质资料

| 序号 | 名称 | | 原设计煤质 | 前次改造煤质 | 校核煤质 |
|---|---|---|---|---|---|
| 1 | 收到基碳 $C_{ar}$（%） | | 47.00 | 42.3 | 40.2 |
| 2 | 收到基氢 $H_{ar}$（%） | | 3.05 | 2.68 | 2.52 |
| 3 | 收到基氧 $O_{ar}$（%） | | 7.1 | 9.2 | 9.21 |
| 4 | 收到基氮 $N_{ar}$（%） | | 1.2 | 0.64 | 0.62 |
| 5 | 收到基硫 $S_{ar}$（%） | | 0.55 | 0.76 | 0.82 |
| 6 | 全水分 $M_t$（%） | | 21.3 | 23.5 | 25.4 |
| 7 | 收到基灰分 $A_{ar}$（%） | | 19.8 | 20.92 | 21.13 |
| 8 | 空气干燥基水分 $M_{ad}$（%） | | 7.86 | 8.35 | 8.82 |
| 9 | 干燥无灰基挥发分 $V_{daf}$（%） | | 47.00 | 46.38 | 46.06 |
| 10 | 收到基低位发热量 $Q_{net,ar}$（MJ/kg/kcal/kg） | | 17.5/4185 | 15.518/3711 | 14.636/3500 |
| 11 | 哈氏可磨性指数 HGI | | 0.85 | — | — |
| 灰熔点 | 变形温度 DT | ℃ | 1110 | 1080 | 1080 |
| | 软化温度 ST | ℃ | 1130 | 1150 | 1150 |
| | | | | 1180 | 1180 |
| | 流动温度 FT | ℃ | 1200 | 1200 | 1200 |
| 灰成分 | 二氧化硅（%） | $SiO_2$ | 55.00 | 55.1 | 55.1 |
| | 三氧化二铝（%） | $Al_2O_3$ | 19.50 | 24.6 | 24.6 |
| | 三氧化二铁（%） | $Fe_2O_3$ | 4.50 | 5.17 | 5.17 |
| | 氧化钙（%） | CaO | 9.50 | 7.6 | 7.6 |
| | 氧化镁（%） | MgO | 1.10 | 0.98 | 0.98 |
| | 三氧化硫（%） | $SO_3$ | 1.70 | 2.73 | 2.73 |

续表

| 序号 | 名　　称 | | 原设计煤质 | 前次改造煤质 | 校核煤质 |
|---|---|---|---|---|---|
| 灰成分 | 二氧化钛（%） | TiO$_2$ | — | 0.75 | 0.75 |
| | 氧化钾（%） | K$_2$O | 1.50 | 1.16 | 1.16 |
| | 氧化钠（%） | Na$_2$O | 5.50 | 1.31 | 1.31 |

# 2　环保设施概况

## 2.1　低氮燃烧装置

5、6号锅炉均采用空气分级低NO$_x$燃烧技术，5号锅炉由烟台××电力技术股份有限公司完成改造，6号锅炉由武汉××公司完成改造，5号锅炉主燃烧器上方布置三层SOFA燃烧器，6号锅炉主燃烧器上方布置四层SOFA燃烧器，5、6号锅炉均沿炉膛高度方向形成三级分级送风，分级燃烧。一次风均采用水平浓淡燃烧器，浓煤粉位于向火侧，淡煤粉位于背火侧。一次风喷嘴四周布置周界风，形成"风包粉"。在主燃烧器上部高温区域布置了贴壁二次风，同时SOFA风道上设置四套风量测量装置，实现精确配风，达到最佳燃烧的目的。低氮燃烧设计保证值均为260mg/m³（标态、干基、6%O$_2$）。

## 2.2　SCR烟气脱硝装置

5、6号锅炉脱硝方式均采用选择性催化还原（SCR）工艺，每台锅炉配备两个SCR反应器，按100%烟气量设计，脱硝率不低于75%。5号锅炉烟气脱硝改造工程由青岛××公司总承包，于2014年11月投运；6号锅炉烟气脱硝改造工程由福建××公司总承包，于2013年7月投运。

SCR系统主要设计参数及设备规范见表2-2～表2-4。

表2-2　　　　　5、6号机组SCR烟气脱硝装置主要参数

| 项　目 | | 单位 | 设计参数 | 备　注 |
|---|---|---|---|---|
| 烟气参数 | 烟气体积量 | m³/h | 782 848 | BMCR工况、标态、湿基、实际氧 |
| | 烟气温度 | ℃ | 318~387 | 实测值 |
| | 省煤器出口压力 | Pa | −759 | 实测值 |
| 烟气成分 | O$_2$ | % | 5.27 | 根据实际煤质分析结果估算值 |
| | CO$_2$ | % | 13.33 | 根据实际煤质分析结果估算值 |
| | 湿度 | % | 8.77 | 根据实际煤质分析结果估算值 |
| | N$_2$ | % | 73.09 | 根据实际煤质分析结果估算值 |
| | HF（6%O$_2$，标态） | mg/m³ | 11.4 | 根据实际煤质分析结果估算值 |
| | HCl（6%O$_2$，标态） | mg/m³ | 8.62 | 根据实际煤质分析结果估算值 |

续表

| 项目 | | 单位 | 设计参数 | 备注 |
|---|---|---|---|---|
| 污染物含量 | NO$_x$（6%O$_2$、标态） | mg/m³ | 400 | 干基 |
| | 含尘浓度（6%O$_2$、标态） | g/m³ | 40 | 根据实际煤质分析结果估算值 |
| | 二氧化硫（6%O$_2$、标态） | mg/m³ | 3404 | 根据实际煤质分析结果估算值 |
| | 三氧化硫（6%O$_2$、标态） | mg/m³ | 16.2 | 根据实际煤质分析结果估算值 |

表2-3　　　　　　　　　　5号机组脱硝装置设备规范

| 序号 | 名　称 | 规格型号 | 材料 | 单位 | 数量 |
|---|---|---|---|---|---|
| 1 | SCR反应器 | | | | |
| 1.1 | 壳体 | 7990mm×9140mm | | 台 | 2 |
| 1.2 | 声波吹灰器 | ZHK-SG共振式 | | 台 | 12 |
| 1.3 | 蒸汽吹灰器 | 耙式半伸缩 | | 只 | 12 |
| 1.4 | 稀释风机 | 10-22 660A | | 台 | 2 |
| 1.5 | 氨喷氨格栅 | | | 台 | 2 |
| 1.6 | 疏水扩容器 | 1.0m³ | | 台 | 1 |
| 1.7 | 压缩空气储罐 | 1.5m³ | | 台 | 1 |
| 1.8 | 电动葫芦 | CDI型 2t $H=37$m | | 台 | 2 |
| 2 | 输灰系统 | | | | |
| 2.1 | 仓泵 | LP1.0 $V=1.0$m³ | | 台 | 4 |
| 2.2 | 储气罐 | C-0.5/0.8 $V=0.5$m³ | | 台 | 1 |
| 2.3 | 储气罐 | C-0.5/0.8 $V=3$m³ | | 台 | 1 |
| 2.4 | 催化剂 | 蜂窝式，模块尺寸为 1910mm×970mm×1076mm | | 套 | 2 |

表2-4　　　　　　　　　　6号机组脱硝装置设备规范

| 序号 | 名　称 | 规格型号 | 材料 | 单位 | 数量 |
|---|---|---|---|---|---|
| 一 | 烟气系统 | | | | |
| 1 | 烟道 | | | | |
| 1.1 | 空预器进出口烟道 | $\delta=6$mm钢板和型钢 | Q345/Q235 | 套 | 1 |
| 1.2 | 一、二次风风道 | $\delta=5$mm钢板和型钢 | Q345/Q235 | 套 | 1 |
| 2 | SCR反应器 | | | | |
| 2.1 | 壳体 | $\delta=6$mm钢板和型钢 | Q345 | 吨 | 70 |
| 2.2 | 内部支撑结构 | 型钢 | Q345 | 吨 | 120 |
| 3 | 整流装置 | $\delta=6$mm钢板和型钢 | Q345 | 吨 | 20 |
| 4 | 密封装置 | 钢板、角钢 | Q235 | 吨 | 7.5 |
| 5 | 氨喷入系统 | | | | |
| 5.1 | 氨喷射格栅 | 喷射管 $\phi63.5\times4.5$mm，供料管 $\phi89\times4.5$mm | 304 | 套 | 2 |

续表

| 序号 | 名　　称 | 规格型号 | 材料 | 单位 | 数量 |
|---|---|---|---|---|---|
| 5.2 | 喷嘴 | $\phi 27\times 3mm$ 短管，$L=90mm$ | 304 | 个 | 160 |
| 6 | 静态混合器 | 涡流式 | Q345 | 套 | 2 |
| 7 | 声波吹灰器 | 声波吹灰器，D 系列，频率：75Hz，声波强度：147dB | | 只 | 12 |
| 8 | 蒸汽吹灰器 | 耙式半伸缩，$N=1.1kW$，$L=2800mm$ | | 只 | 12 |
| 9 | SCR 进口膨胀节 | $2200\times 8000mm$，450℃，±10kPa | 非金属 | 个 | 6 |
| 10 | SCR 出口膨胀节 | $3570mm\times 7400mm$，450℃，±10kPa | 非金属 | 个 | 2 |
| 11 | 进口烟道 | $\delta=6mm$ 钢板及型钢 | Q345 | 吨 | 90 |
| 12 | 出口烟道 | $\delta=6mm$ 钢板及型钢 | Q345 | 吨 | 20 |
| 13 | 烟道支架 | 钢板及型钢 | Q345 | 套 | 2 |
| 14 | 插板门 | PN1.0MPa，DN200 | Q235 | 个 | 4 |
| 15 | 其他 | | | | |
| 15.1 | 催化剂 | 效率≥75%，逃逸率 3ppm，转换率 1% | | $m^3$ | 196.3 |
| 15.2 | 稀释风机 | 离心式，流量 $2350m^3/h$，全压 7200Pa，配套电动机功率 11kW | | 台 | 2 |
| 15.3 | 氨气/空气混合器 | 填料式，DN250，直段 $L=1.2m$ | | 台 | 2 |
| 15.4 | 消声器 | 稀释风机配套 | | 个 | 2 |
| 15.5 | 稀释风管道 | DN200/DN150 | Q235 | 吨 | 2 |
| 15.6 | 稀释风门 | 稀释风机进出口配套阀门 DN200 | | 个 | 4 |
| 15.7 | 灰斗 | SCR 入口烟道灰斗 | Q345 | 个 | 4 |
| 15.8 | 导流板 | 钢板、角钢 | Q345 | 吨 | 10 |
| 15.9 | 膨胀节 | DN200 | 非金属 | 个 | 4 |
| 15.10 | 流态化仓泵 | MSH1.0，$V=1.0m^3$ | | 个 | 2 |
| 15.11 | 空气预热器入口挡板 | 电动执行机构双挡板，$3570mm\times 7400mm$ | Q345 | 个 | 2 |
| 15.12 | 空气预热器膨胀节 | | | 个 | 2 |
| 二 | 液氨站及供应系统 | | | | |
| 1 | 卸料压缩机 | 往复式，$p=1.5MPa$，$Q=48Nm^3/h$，$P=15kW$ | | 台 | 2 |
| 2 | 液氨储罐 | $\phi 2.2m\times 8.0m$，容积 $30m^3$，设计压力 2.16MPa | 16MnR | 个 | 3 |
| 3 | 液氨供应泵 | 屏蔽泵，$Q=0.45m^3/h$，功率 $P=1.1kW$ | | 台 | 3 |

续表

| 序号 | 名称 | 规格型号 | 材料 | 单位 | 数量 |
|---|---|---|---|---|---|
| 4 | 液氨蒸发槽 | 水浴蒸汽加热，出力为190kg/h | 管部：不锈钢；壳体：Q235 | 个 | 3 |
| 5 | 氨气缓冲槽 | 立式，容积10m³，$\phi$2.5m×2.0m，设计压力0.9MPa | Q235 | 个 | 2 |
| 6 | 氨气稀释槽 | 立式，容积10m³，$\phi$2.5m×2m，常压 | 不锈钢 | 个 | 1 |
| 7 | 废水泵 | 自吸泵，流量25m³/h，扬程0.35MPa，电动机功率11kW | | 台 | 2 |
| 8 | 其他 | | | | |
| 8.1 | 废水坑 | 2.5m×2.5m×2.5m，混凝土基体，衬花岗岩 | | 座 | 1 |
| 8.2 | 万向充装管道系统 | 规格：DN65；设计压力：2.16MPa | | 套 | 1 |
| 8.3 | 洗眼器 | | | 个 | 2 |
| 8.4 | 喷淋装置 | 喷淋主管DN65，配套喷嘴DN15 | | 套 | 1 |
| 8.5 | 氮气汇流排 | 含减压阀、压力表、金属快接头 | | 套 | 1 |
| 8.6 | 氮气瓶 | 标准氮气瓶 | | 个 | 5 |
| 三 | 压缩空气系统 | | | | |
| 1 | 仪用压缩空气储罐 | 规格：$\phi$1.4m×1.4m；有效容积：2.0m³ | | 个 | 1 |
| 2 | 声波吹灰杂用压缩空气储罐 | 规格：$\phi$1.4m×1.4m；有效容积：2.0m³ | | 个 | 1 |

根据2015年5月脱硝装置性能试验，5、6号机组脱硝装置主要性能指标见表2-5和表2-6。试验结果表明，脱硝装置各项性能指标基本达到设计性能保证值。在50%负荷条件下，脱硝装置入口烟温能够维持在330℃左右。

表2-5　　　　　　　　　　5号机组性能试验结果汇总

| 序号 | 项目 | | 单位 | 保证值/设计值 | 100%负荷 | | 75%负荷 | 50%负荷 |
|---|---|---|---|---|---|---|---|---|
| | | | | | 设计工况，设计出力 | 常规工况，最大出力 | | |
| 1 | 前提条件测试结果 | 烟气量 | m³/h | 748 950 | 731 732 | 733 244 | 552 529 | 447 594 |
| 2 | | 入口烟气温度 | ℃ | 387 | 369 | 371 | 348 | 330 |
| 3 | | SCR入口$NO_x$浓度 | mg/m³ | 400 | 383 | 283 | 399 | 386 |
| 4 | | SCR入口烟尘浓度 | mg/m³ | 40 000 | 32 368 | — | — | — |
| 5 | | SCR入口$SO_3$浓度 | mg/m³ | 16.2 | 29.3 | — | — | — |

续表

| 序号 | 项目 | | 单位 | 保证值/设计值 | 100%负荷 | | 75%负荷 | 50%负荷 |
|---|---|---|---|---|---|---|---|---|
| | | | | | 设计工况，设计出力 | 常规工况，最大出力 | | |
| 6 | 性能指标测试结果 | SCR 烟气温降 | ℃ | 3 | 2 | 3 | 3 | 1 |
| 7 | | SCR 出口 $NO_x$ 浓度 | mg/m³ | 100 | 69 | 50 | 81 | 73 |
| 8 | | SCR 出口 $SO_3$ 浓度 | mg/m³ | — | 62.9 | — | — | — |
| 9 | | 逃逸氨浓度 | mL/m³ | ≤3 | 2.66 | 3.12 | 2.74 | — |
| 10 | | 脱硝效率 | % | ≥78 | 82.0 | 82.3 | 79.7 | 81.1 |
| 11 | | 氨耗量 | kg/h | ≤105 | 87 | 64 | 66 | 73 |
| 12 | | 氨氮摩尔比 | — | — | 0.839 | 0.838 | 0.811 | — |
| 13 | | $SO_2/SO_3$ 转化率 | % | ≤1 | 0.96 | — | — | — |
| 14 | | 系统压力损失 | Pa | ≤800 | — | — | — | — |
| 14.1 | | A 反应器 | Pa | — | 559 | — | 439 | 379 |
| 14.2 | | B 反应器 | Pa | — | 587 | — | 471 | 361 |

注 表中烟气成分状态为标态、干基、6%$O_2$。

表 2-6  6 号机组性能试验结果汇总

| 序号 | 项目 | | 单位 | 保证值/设计值 | 100%负荷 | 75%负荷 | 50%负荷 |
|---|---|---|---|---|---|---|---|
| 1 | 前提条件测试结果 | 烟气量 | m³/h | 748 950 | 735 044 | 585 261 | 468 690 |
| 2 | | 入口烟气温度 | ℃ | 387 | 365 | 349 | 329 |
| 3 | | SCR 入口 $NO_x$ 浓度 | mg/m³ | 400 | 371 | 404 | 380 |
| 4 | | SCR 入口烟尘浓度 | mg/m³ | 40 000 | 30 691 | — | — |
| 5 | | SCR 入口 $SO_3$ 浓度 | mg/m³ | 16.2 | 26.2 | — | — |
| 6 | 性能指标测试结果 | SCR 烟气温降 | ℃ | 3 | 3 | 2 | 3 |
| 7 | | SCR 出口 $NO_x$ 浓度 | mg/m³ | 100 | 67 | 56 | 61 |
| 8 | | SCR 出口 $SO_3$ 浓度 | mg/m³ | — | 41.9 | — | — |
| 9 | | 逃逸氨浓度 | mL/m³ | ≤3 | 3.04 | 2.95 | — |
| 10 | | 脱硝效率 | % | ≥76.5 | 82.0 | 86.2 | 83.9 |
| 11 | | 氨耗量 | kg/h | ≤86.6 | 84 | 77 | — |
| 12 | | 氨氮摩尔比 | — | — | 0.836 | 0.877 | — |
| 13 | | $SO_2/SO_3$ 转化率 | % | ≤1 | 0.28 | — | — |
| 14 | | 系统压力损失 | Pa | ≤730 | — | — | — |
| 14.1 | | A 反应器 | Pa | — | 730 | 525 | 404 |
| 14.2 | | B 反应器 | Pa | — | 719 | 530 | 376 |

注 表中烟气成分状态为标态、干基、6%$O_2$。

## 2.3 电除尘器

5、6号机组原配置2台双室四电场静电除尘器,5号除尘器于2014年由浙江××公司进行改造,6号除尘器于2013年由杭州××公司进行改造。改造路线为原除尘器一、二、三电场整体加高,更换所有内件,并将第一电场改为高频电源,在除尘器后增加一级移动极板电场,形成"3+1"移动电极除尘器,改造后保证在设计工况下除尘器出口排放烟尘浓度小于等于40mg/m³,除尘效率大于等于99.92%。

5、6号除尘器输灰系统采用正压浓相气力输送、灰库储存、汽车转运的方式。正压浓相气力输送系统以一台炉为一个单元,每一个单元设2套正压浓相气力输送系统。

一、二、三、四电场仓泵布置在灰斗正下部,一、二电场各布置一根输灰管道,三、四电场共用一根输灰管道。

表2-7 5、6号机组除尘器主要设计参数与技术性能指标(单台除尘器)

| 序号 | 项目 | 单位 | 参数 | |
|---|---|---|---|---|
| | | | 固定极板电场 | 移动极板电场 |
| 1 | 除尘器型号 | | 2SY204-3+1 | |
| 2 | 设计除尘效率 | % | ≥99.92 | |
| 3 | 保证除尘效率 | % | ≥99.886 | |
| 4 | 除尘器有效流通面积 | m² | 2×204 | |
| 5 | 长/高比 | | 0.8 | 0.27 |
| 6 | 除尘器总通道数 | 个 | 2×34 | 2×26 |
| 7 | 同极间距 | mm | 400 | 450 |
| 8 | 极板高度 | m | 15 | 16 |
| 9 | 电场有效长度/宽度 | m/m | 4.0/2×6.8 | 4.0/2×6.8 |
| 10 | 室数/电场数 | 个/个 | 2/4 | |
| 11 | 烟气流速 | m/s | ≤0.92m/s(100%BMCR) | |
| 12 | 烟气停留时间 | s | 16.1(110%BMCR) | |
| 13 | 比集尘面积 | m²/(m³/s) | 93.2(110%BMCR等效比集尘面积) | |
| 14 | 驱进速度 | cm/s | 7.65 | |
| 15 | 本体阻力 | Pa | ≤250 | |
| 16 | 本体漏风率 | % | ≤2 | |
| 17 | 封头出口/入口法兰尺寸 | m×m | 2100×3450(进口);1800×3700(出口) | |
| 18 | 每台电除尘器灰斗数量/每个灰斗容积 | 个/m³ | 6/约102 | 2/约101 |
| 19 | 灰斗加热形式 | | 蒸汽加热 | |
| 20 | 灰斗高/低料位计 | 只 | 12 | 4+4 |
| 21 | 壳体设计压力(负压/正压) | kPa | ±6.1 | ±6.1 |
| 22 | 壳体材料/厚度 | | 灰斗:Q235/6mm;其他:Q235/5mm | |

续表

| 序号 | 项　目 | 单位 | 参　　数 | |
|---|---|---|---|---|
| | | | 固定极板电场 | 移动极板电场 |
| 23 | 阳极板型式/板厚 | | 480C 型/1.5mm | 框架加强平板/2mm×0.8mm |
| 24 | 阳极板振打装置 | | 旋转重锤单面侧振打 | 旋转刷 |
| 25 | 阳极板总有效面积 | m² | 24 480 | 6656 |
| 26 | 阴极线型式 | | RSB 芒刺线 | RSB 芒刺线 |
| 27 | 阴极线总长度 | m | 24 480 | 13 312 |
| 28 | 阴极振打装置型式 | | 侧面传动单侧上下两层振打 | 侧面传动单侧上下两层振打 |
| 29 | 最小振打速度 | | 阳极：150g；阴极：50g | 阴极：50g |
| 30 | 高压电源适用的海拔高度和环境温度 | | 1200m，-20~50℃ | 1200m，-20~50℃ |
| 31 | 高压电源的安装方式及要求 | | 合体户外式 | 合体户外式 |
| 32 | 每台电除尘器绝缘子的数量 | 个 | 24 | 8 |
| 33 | 每台电除尘器穿墙套管的数量 | 个 | 6 | 2 |
| 34 | 每台除尘器低压控制柜的数量/型式 | | 整合在高频电源内，2 个；高低压一体控制柜，4 个 | 高低压一体控制柜，2 个 |
| 35 | 每台除尘器上位机的数量 | 个 | 1 | |
| 36 | 每台除尘器电源柜的数量/型式 | 个 | 高频电源开关柜：1 台；柜式 | |
| 37 | 每台除尘器安全连锁盘的数量 | 台 | 1 | |
| 38 | 每台除尘器现场端子箱的数量/型式 | 个 | 6 台/立式 | |
| 39 | 每台除尘器检修箱的数量/型式 | 个 | 5 台/炉，立式 | |
| 40 | 主保温层厚度/数量 | mm/m³ | 100/~350（壳体），150/~50（灰斗） | |
| 41 | 保温层材质 | | 憎水岩棉 | |
| 42 | 外护板质量 | t | ~78 | |
| 43 | 外护板厚度 | mm | 0.7mm（灰白色热镀锌彩钢压型钢板） | |
| 44 | 噪声 | dB | ≤80（距壳体 1.5m） | |

5、6 号机组电除尘器摸底试验主要结果见表 2-8 和表 2-9。

表 2-8　　　　　　　　5 号机组电除尘器摸底试验结果

| 项　目 | | | 单位 | 试验结果 |
|---|---|---|---|---|
| 负荷 | | | MW | 210 |
| 烟气量 | 入口 | 总烟气量（实际状态） | m³/h | 1 318 402 |
| | | 总烟气量（标态、干基、6%O₂） | m³/h | 804 525 |
| | | A 侧电除尘器（实际状态） | m³/h | 661 953 |
| | | B 侧电除尘器（实际状态） | m³/h | 656 449 |
| 粉尘浓度 | 入口 | A 侧（标态、干基、6%O₂） | mg/m³ | 31 742 |
| | | B 侧（标态、干基、6%O₂） | mg/m³ | 30 579 |
| | 出口 | A 侧（标态、干基、6%O₂） | mg/m³ | 36 |
| | | B 侧（标态、干基、6%O₂） | mg/m³ | 34 |

续表

| 项 目 | | | 单位 | 试验结果 |
|---|---|---|---|---|
| $O_2$浓度 | 入口 | A侧 | % | 5.52 |
| | | B侧 | % | 5.46 |
| | 出口 | A侧 | % | 5.73 |
| | | B侧 | % | 5.64 |
| 漏风率 | | A侧 | % | 1.41 |
| | | B侧 | % | 1.21 |
| 除尘器阻力 | | A侧 | Pa | 199 |
| | | B侧 | Pa | 171 |
| 烟气温度 | 入口 | A侧 | ℃ | 136 |
| | | B侧 | ℃ | 137 |
| | 出口 | A侧 | ℃ | 133 |
| | | B侧 | ℃ | 134 |
| 除尘器效率 | | A侧电除尘器 | % | 99.887 |
| | | B侧电除尘器 | % | 99.890 |
| 脱硫系统出口 | | 固体颗粒物含量 | mg/m³ | 23 |
| 脱硫系统出口 | | 雾滴含量 | mg/m³ | 79.6 |

表2-9　　6号机组电除尘器摸底试验结果

| 项 目 | | | 单位 | 试验结果 |
|---|---|---|---|---|
| 负荷 | | | MW | 220 |
| 烟气量 | 入口 | 总烟气量（实际状态） | m³/h | 1 444 137 |
| | | 总烟气量（标态、干基、6%$O_2$） | m³/h | 849 500 |
| | | A侧电除尘器（实际状态） | m³/h | 763 771 |
| | | B侧电除尘器（实际状态） | m³/h | 680 365 |
| 粉尘浓度 | 入口 | A侧（标态、干基、6%$O_2$） | mg/m³ | 31 205 |
| | | B侧（标态、干基、6%$O_2$） | mg/m³ | 33 133 |
| | 出口 | A侧（标态、干基、6%$O_2$） | mg/m³ | 25 |
| | | B侧（标态、干基、6%$O_2$） | mg/m³ | 31 |
| $O_2$浓度 | 入口 | A侧 | % | 6.04 |
| | | B侧 | % | 6.62 |
| | 出口 | A侧 | % | 6.22 |
| | | B侧 | % | 6.95 |
| 漏风率 | | A侧 | % | 1.18 |
| | | B侧 | % | 2.32 |
| 除尘器阻力 | | A侧 | Pa | 242 |
| | | B侧 | Pa | 247 |

续表

| 项　　目 | | 单位 | 试验结果 |
|---|---|---|---|
| 烟气温度 | 入口 A侧 | ℃ | 134 |
| | 入口 B侧 | ℃ | 139 |
| | 出口 A侧 | ℃ | 133 |
| | 出口 B侧 | ℃ | 136 |
| 除尘器效率 | A侧电除尘器 | % | 99.918 |
| | B侧电除尘器 | % | 99.905 |

从5号机组电除尘器摸底试验结果来看，在210MW负荷工况下，A侧除尘器入口粉尘浓度均值为31 742mg/m³（标态、干基、6%$O_2$），出口粉尘浓度均值为36mg/m³（标态、干基、6%$O_2$），除尘效率为99.887%。B侧除尘器入口粉尘浓度为30 579mg/m³（标态、干基、6%$O_2$），出口粉尘浓度为34mg/m³（标态、干基、6%$O_2$），除尘效率为99.890%。烟囱入口粉尘浓度为23mg/m³（标态、干基、6%$O_2$）。

从6号机组电除尘器摸底试验结果来看，在220MW负荷工况下，A侧除尘器入口粉尘浓度均值为31 205mg/m³（标态、干基、6%$O_2$），出口粉尘浓度均值为25mg/m³（标态、干基、6%$O_2$），除尘效率为99.918%。B侧除尘器入口粉尘浓度为33 133mg/m³（标态、干基、6%$O_2$），出口粉尘浓度为31mg/m³（标态、干基、6%$O_2$），除尘效率为99.905%。

## 2.4　脱硫设施

5、6号机组最初配套建设一套石灰石-石膏湿法烟气脱硫装置，为"两炉一塔"配置，于2006年投运。设计处理烟气量为1 761 000m³/h（标态、湿基、实际$O_2$），脱硫装置入口$SO_2$浓度为2500mg/m³（标态、干基、6%$O_2$），设计脱硫效率不低于95.5%。

2013年，5、6号机组进行脱硫增容改造，由青岛××公司将原两炉一塔改成现在的一炉一塔，即5号机组脱硫装置利旧老吸收塔，设置三层喷淋层，6号机组脱硫装置在原GGH框架北侧新建一座吸收塔，设有四层喷淋层。5、6号脱硫装置设计入口$SO_2$浓度为3404mg/m³（标态、干基、6%$O_2$），要求5号脱硫装置出口排放浓度小于100mg/m³（标态、干基、6%$O_2$），脱硫效率不低于97.06%；6号脱硫装置出口排放浓度小于50mg/m³（标态、干基、6%$O_2$），脱硫效率不低于98.53%。

2015年5月完成了5、6号机组脱硫装置进行性能摸底试验。

5号机组试验结果如下：

(1) 满负荷工况下，实测脱硫装置烟气流量875 352m³/h（标态、湿基、实际$O_2$）；

(2) 满负荷工况下，实测原烟气$SO_2$浓度均值为3225mg/m³（标态、干基、6%$O_2$），净烟气$SO_2$浓度均值为89mg/m³（标态、干基、6%$O_2$），脱硫效率为97.24%；

(3) 满负荷工况下，实测原烟气烟尘浓度均值35mg/m³（标态、干基、6%$O_2$），净烟气烟尘浓度均值为23mg/m³（标态、干基、6%$O_2$），脱除效率为34.29%；

（4）脱硫装置入口（低温省煤器出口）烟气温度104℃，脱硫装置出口烟气温度52℃；

（5）满负荷工况下，脱硫装置阻力损失667Pa；

（6）脱硫装置出口雾滴含量77.1mg/m³（标态、干基、6%$O_2$）。

6号机组试验结果如下：

（1）满负荷工况下，实测脱硫装置烟气流量904 359m³/h（标态、湿基、实际$O_2$）；

（2）满负荷工况下，实测原烟气$SO_2$浓度均值为3570mg/m³（标态、干基、6%$O_2$），净烟气$SO_2$浓度均值为40mg/m³（标态、干基、6%$O_2$），脱硫效率为98.89%；

（3）满负荷工况下，实测原烟气烟尘浓度均值为37mg/m³（标态、干基、6%$O_2$），净烟气烟尘浓度均值为24mg/m³（标态、干基、6%$O_2$），脱除效率为35.14%；

（4）脱硫装置入口（低温省煤器出口）烟气温度108℃，脱硫装置出口烟气温度50℃；

（5）满负荷工况下，脱硫装置阻力损失2168Pa；

（6）脱硫装置出口雾滴含量77.8mg/m³（标态、干基、6%$O_2$）。

## 3 超低排放改造工程进度概况

5、6号机组超低排放改造工程的进度见表2-10。

表2-10　　　　　　　5、6号机组超低排放改造工程进度表

| 项　目 | | 可研完成时间 | 初设完成时间 | 开工时间 | 停机时间 | 启动（通烟气）时间 | 168h试运行完成时间 |
|---|---|---|---|---|---|---|---|
| 脱硝 | 5号 | 2015/11/23 | 2016/05/26 | 2016/07/10 | 2016/08/15 | 2016/10/28 | 2016/11/07 |
| | 6号 | 2015/11/23 | 2016/03/22 | 2016/04/04 | 2016/05/10 | 2016/05/29 | 2016/06/07 |
| 脱硫 | 5号 | 2015/11/23 | 2016/05/26 | 2016/07/10 | 2016/08/15 | 2016/10/28 | 2016/11/07 |
| | 6号 | 2015/11/23 | 2016/03/22 | 2016/04/04 | 2016/05/10 | 2016/05/29 | 2016/06/07 |
| 除尘 | 5号 | 2015/11/23 | 2016/05/26 | 2016/07/10 | 2016/08/15 | 2016/10/28 | 2016/11/07 |
| | 6号 | 2015/11/23 | 2016/03/22 | 2016/04/04 | 2016/05/10 | 2016/05/29 | 2016/06/07 |

## 4 技术路线选择

### 4.1 边界条件

针对本次改造工作，结合近两年来入炉煤实际情况，并综合考虑将来煤质的变化，提出了5、6号机组超低排放改造设计煤质，见表2-11。

表 2-11　　　　　　　　　　超低排放改造设计煤质条件

| 项目 | | 符号 | 单位 | 设计煤种 |
|---|---|---|---|---|
| 元素分析 | 收到基碳 | $C_{ar}$ | % | 42.3 |
| | 收到基氢 | $H_{ar}$ | % | 2.68 |
| | 收到基氧 | $O_{ar}$ | % | 9.2 |
| | 收到基氮 | $N_{ar}$ | % | 0.64 |
| | 收到基全硫 | $S_{t,ar}$ | % | 0.76 |
| 工业分析 | 收到基灰分 | $A_{ar}$ | % | 20.92 |
| | 收到基水分 | $M_t$ | % | 23.5 |
| | 干燥无灰基挥发分 | $V_{daf}$ | % | 46.38 |
| | 收到基低位发热量 | $Q_{net,ar}$ | MJ/kg | 15.518 |

超低排放改造设计烟气参数见表 2-12。

表 2-12　　　　　　　　　　超低排放改造设计烟气参数

| | 项目 | 单位 | 设计值 | 备注 |
|---|---|---|---|---|
| | 烟气量 | m³/h | 810 950 | 标态、干基、6%$O_2$ |
| 脱硝 | $NO_x$ | mg/m³ | 400 | 标态、干基、6%$O_2$ |
| | 烟温 | ℃ | 387 | |
| | 烟尘浓度 | g/m³ | 35 | |
| | $SO_2$ 浓度 | mg/m³ | 3404 | |
| | $SO_3$ 浓度 | mg/m³ | 34 | 标态、干基、6%$O_2$ |
| 除尘 | 烟尘浓度 | g/m³ | 35 | |
| | 烟温 | ℃ | 150 | |
| 脱硫 | $SO_2$ 浓度 | mg/m³ | 3404 | |
| | 烟温 | ℃ | 100 | 低温省煤器出口 |
| | 烟尘浓度 | mg/m³ | 40 | 标态、干基、6%$O_2$ |

超低排放改造性能指标见表 2-13。

表 2-13　　　　　　　　　　超低排放改造性能指标

| | 项目 | 单位 | 设计值 | 备注 |
|---|---|---|---|---|
| 脱硝 | $NO_x$ 排放浓度 | mg/m³ | 50 | 标态、干基、6%$O_2$ |
| | SCR 脱硝效率 | % | 87.5 | |
| | $NH_3$ 逃逸 | mg/m³ | ≤2.28 | 标态、干基、6%$O_2$ |
| | $SO_2/SO_3$ 转化率 | % | ≤1.35 | 三层催化剂 |
| | | % | ≤0.35 | 新增层催化剂 |
| | 系统压降 | Pa | ≤1000 | 三层催化剂 |
| | 系统漏风率 | % | ≤0.4 | |
| | 最低连续运行烟温 | ℃ | 320 | |
| | 最高连续运行烟温 | ℃ | 420 | |

续表

| 项 | 目 | 单位 | 设计值 | 备 注 |
|---|---|---|---|---|
| 除尘 | 烟囱入口粉尘浓度 | mg/m³ | 5 | 标态、干基、6%$O_2$ |
| | 本体漏风率 | % | 2 | |
| 脱硫 | 烟囱入口$SO_2$浓度 | mg/m³ | 35 | 标态、干基、6%$O_2$ |
| | 脱硫效率 | % | 98.98 | |

## 4.2 脱硝改造技术路线

目前成熟的燃煤电厂氮氧化物控制技术主要包括燃烧中脱硝技术和烟气脱硝技术，其中燃烧中脱硝技术是指低氮燃烧技术（LNB），烟气脱硝技术包括 SCR、SNCR 和 SNCR/SCR 联用技术等。

5、6号机组已进行低氮燃烧改造，性能保证值为 260mg/m³（标态、干基、6%$O_2$），实际运行中氮氧化物浓度基本能够控制在 SCR 脱硝设计值范围内，因此本次改造不进行低氮燃烧改造。本次超低排放改造要求 $NO_x$ 排放浓度达到 50mg/m³（标态、干基、6%$O_2$）排放限值要求，相应烟气脱硝效率须达到 87.5%。考虑 SCR 脱硝工艺本身能够达到 90%以上的脱硝效率，且 5、6号机组现已配套建设 SCR 脱硝装置，因此本次改造建议仍采用 SCR 烟气脱硝技术。

还原剂的选择是影响 SCR 脱硝效率的主要因素之一。还原剂应具有效率高、价格低廉、安全可靠、存储方便、运行稳定、占地面积小等特点。目前，常用的还原剂有液氨、尿素和氨水三种。由于液氨来源广泛、价格便宜、投资及运行费用均较其他两种物料节省，因而国内 SCR 装置大多都采用液氨作为 SCR 脱硝还原剂；但同时液氨属于危险品，对于存储、卸车、制备、采购及运输路线国家均有较为严格的规定。鉴于本项目原 SCR 脱硝系统已采用液氨作为还原剂，因此本次改造仍建议采用液氨作为还原剂。

## 4.3 除尘改造技术路线

从技术的稳定性角度考虑，目前主流的除尘器仍是常规的电除尘器，低低温、湿式除尘器等新兴除尘技术也有一定的应用业绩。鉴于 5、6号机组除尘设施（含脱硫装置）不同，故本次改造根据摸底试验结果，结合除尘器原设计条件、当前实际运行情况、煤质条件以及场地条件，分别选择不同技术路线实现烟尘超低排放限值要求。

对于 5 号机组，除尘器已改造为"3+1"移动电极除尘器，出口烟尘浓度按照 40mg/m³（标态、干基、6%$O_2$）考虑（留部分裕量），考虑脱硫装置协同洗尘要求，5号吸收塔为利用原两炉一塔的吸收塔，吸收塔直径较大（13.9m），满负荷时塔内烟气流速约为 2m/s，如果采用高效除尘除雾装置，在机组低负荷运行时存在除尘除雾效果差、烟尘排放不达标的风险，故 5 号机组采用脱硫装置出口增设湿式电除尘器，以实现烟尘的超低排放。

对于6号机组，除尘器已改造为"3+1"移动电极除尘器，出口烟尘浓度按照40mg/m³（标态、干基、6%$O_2$）考虑（留部分裕量），考虑脱硫装置协同洗尘要求，6号吸收塔为2013年增容改造的新建吸收塔，吸收塔流速处于管束式除尘除雾装置高效除尘范围内，故本次改造6号机组采用管束式除尘除雾装置实现烟尘超低排放。

## 4.4 脱硫改造技术路线

石灰石/石灰-石膏湿法烟气脱硫是技术最成熟、应用最广泛的烟气脱硫工艺，我国90%左右的电厂烟气脱硫装置都是采用该种工艺。对于5、6号机组烟气脱硫超低排放改造，由于前期脱硫系统采用的工艺为石灰石-石膏湿法。因此，本次烟气脱硫超低排放改造仍采用石灰石-石膏湿法脱硫工艺。

5、6号机组超低排放改造设计煤质硫分与原设计值一致，脱硫装置入口$SO_2$浓度为3404mg/m³（标态、干基、6%$O_2$），要求出口排放浓度不大于35mg/m³（标态、干基、6%$O_2$），脱硫效率不小于98.98%。根据目前石灰石-石膏湿法脱硫工艺的情况，在合理的设计参数情况下，如液气比、烟气阻力合理等，入口$SO_2$浓度在3500mg/m³（标态、干基、6%$O_2$）以下，可以达到出口$SO_2$浓度在35mg/m³（标态、干基、6%$O_2$）以下，因此采用单塔增容提效改造方案。

考虑到5、6号吸收塔的配置不一致，同时结合脱硫装置协同洗尘的要求，本次改造对5、6号机组脱硫采用不同的改造方案。

通过工艺计算，针对本次5号机组脱硫装置改造提出以下两个改造方案：

方案一：原塔改造（一层托盘+四层喷淋层+两级屋脊式除雾器）；

方案二：原塔改造（一层旋汇耦合器+四层喷淋层+两级屋脊式除雾器）。

通过工艺计算，针对本次6号机组脱硫装置改造提出以下三个改造方案：

方案一：原塔改造（一层托盘+四层喷淋层+两级屋脊式除雾器）；

方案二：原塔改造（一层旋汇耦合器+四层喷淋层+管束式除尘除雾装置）；

方案三：原塔改造（一层合金托盘+四层喷淋层+管束式除尘除雾装置）。

(1) 因此，针对5号机组烟气超低排放综合改造方案如下：

综合改造方案一：加装催化剂备用层+合金托盘塔方案（四层喷淋层+一层合金托盘）+湿式电除尘器方案；

综合改造方案二：加装催化剂备用层+旋汇耦合塔方案（四层喷淋层+一层旋汇耦合器）+湿式电除尘器方案。

(2) 因此，针对6号机组烟气超低排放综合改造方案如下：

综合改造方案一：加装催化剂层+脱硫系统增容（四层喷淋层+一层合金托盘）+湿式除尘器方案；

综合改造方案二：加装催化剂备用层+脱硫系统增容（四层喷淋层+一层旋汇耦合器+一层管束式除尘装置）；

综合改造方案三：加装催化剂备用层+脱硫系统增容（四层喷淋层+一层合金托盘+一层管束式除尘装置）。

5、6号机组超低排放改造方案对比见表2-14和表2-15。

表 2-14　　　　　　　　　5 号机组超低排放改造方案比较

| 项　目 | 综合方案一 | 综合方案二 |
|---|---|---|
| 改造可靠性 | 高 | 高 |
| 改造工程量 | 较大 | 较大 |
| 运行维护 | 一般 | 一般 |
| 改造工期（停机天数） | 75 | 75 |
| 总静态投资（万元） | 4954 | 5127 |
| 总运行成本（万元） | 1046 | 1075 |

对 5 号机组来说，脱硝、除尘改造方案均相同，仅脱硫改造方案有所不同。考虑技术成熟性、改造业绩、改造投资、增加的运行成本以及改造后的稳定达标排放情况，最终确定 5 号机组超低排放改造采用综合方案一。

表 2-15　　　　　　　6 号机组脱硫超低排放改造方案比较

| 项　目 | 综合方案一 | 综合方案二 | 综合方案三 |
|---|---|---|---|
| 改造可靠性 | 高 | 高 | 高 |
| 改造工程量 | 最高 | 较高 | 较高 |
| 运行维护 | 较大 | 较小 | 较小 |
| 改造工期（停机天数） | 75 | 55 | 55 |
| 总静态投资（万元） | 3554 | 2055 | 1851 |
| 总运行成本（万元） | 714 | 500 | 457 |

对 6 号机组来说，综合方案一脱硫增容改造同时新增湿式电除尘器，而综合方案二、三考虑单塔增容脱硫协同除尘改造，三个改造方案可靠性、达标稳定性相差不大。在工程实施设计中，电厂考虑部分裕量，将脱硫装置入口烟尘浓度提高至 50mg/m³，最终确定 6 号机组超低排放改造采用综合改造方案二。

## 4.5　技术路线

本次超低排放改造的最终技术路线见图 2-1 和图 2-2。

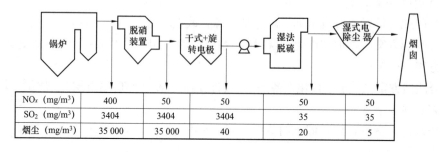

图 2-1　5 号机组超低排放改造技术路线

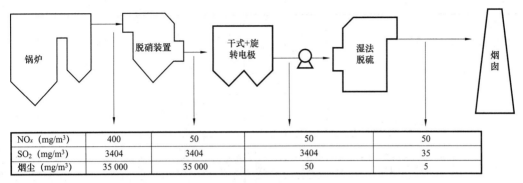

图 2-2　6 号机组超低排放改造技术路线

# 5　投资估算与运行成本分析

## 5.1　投资估算

脱硝超低排放改造工程投资估算见表 2-16 和表 2-17。

表 2-16　　　　5 号机组脱硝超低排放改造工程投资估算表　　　　　　万元

| 序号 | 项目名称 | 建筑工程费 | 设备购置费 | 安装工程费 | 其他费用 | 合计 | 各项占静态投资比例（%） | 单位投资（元/kW） |
|---|---|---|---|---|---|---|---|---|
| 一 | 脱硝工程主体部分 | | | | | | | |
| （一） | 脱硝装置系统 | | | | | | | |
| 1 | 工艺系统 | 14 | 305 | 210 | | 529 | 54.06 | 24.07 |
| 2 | 电气系统 | | 0 | 23 | | 23 | 2.36 | 1.05 |
| 3 | 热工控制系统 | | 54 | 22 | | 76 | 7.80 | 3.47 |
| 4 | 调试工程费 | | 0 | 21 | | 21 | 2.17 | 0.96 |
| | 小计 | 14 | 359 | 277 | 0 | 650 | 66.39 | 29.55 |
| （二） | 编制年价差 | 0 | | 1 | | 1 | 0.12 | 0.05 |
| （三） | 其他费用 | | | | 281 | 281 | 28.72 | 12.79 |
| 1 | 建设场地征用及清理费 | | | | 0 | 0 | 0.00 | 0.00 |
| 2 | 建设项目管理费 | | | | 19 | 19 | 1.94 | 0.86 |
| 3 | 项目建设技术服务费 | | | | 227 | 227 | 23.16 | 10.31 |
| 4 | 整套启动试运费 | | | | 36 | 36 | 3.63 | 1.61 |
| 5 | 生产准备费 | | | | 0 | 0 | 0.00 | 0.00 |
| （四） | 基本预备费 | | | | 47 | 47 | 4.76 | 2.12 |
| | 工程静态投资 | 14 | 359 | 278 | 328 | 979 | 100.00 | 44.51 |
| | 各项占静态投资比例（%） | 1.45 | 36.69 | 28.38 | 33.49 | 100.00 | | |
| | 各项静态单位投资（元/kW） | 0.65 | 16.33 | 12.63 | 14.91 | 44.51 | | |

续表

| 序号 | 项目名称 | 建筑工程费 | 设备购置费 | 安装工程费 | 其他费用 | 合计 | 各项占静态投资比例（%） | 单位投资（元/kW） |
|---|---|---|---|---|---|---|---|---|
| （五） | 动态费用 | | | | | | | |
| 1 | 价差预备费 | | | | 0 | | | |
| 2 | 建设期贷款利息 | | | | 26 | | | |
| | 小计 | | | | 26 | | | |
| | 工程动态投资 | 14 | 359 | 278 | 354 | 1005 | | |
| | 各项占动态投资比例（%） | 1.41 | 35.75 | 27.66 | 35.18 | 100.00 | | |
| | 各项动态单位投资（元/kW） | 0.65 | 16.33 | 12.63 | 16.07 | 45.68 | | |

表2-17　6号机组脱硝超低排放改造工程投资估算表　　　　万元

| 序号 | 项目名称 | 建筑工程费 | 设备购置费 | 安装工程费 | 其他费用 | 合计 | 各项占静态投资比例（%） | 单位投资（元/kW） |
|---|---|---|---|---|---|---|---|---|
| 一 | 脱硝工程主体部分 | | | | | | | |
| （一） | 脱硝装置系统 | | | | | | | |
| 1 | 工艺系统 | 0 | 293 | 12 | | 306 | 53.30 | 13.89 |
| 2 | 电气系统 | | 0 | 15 | | 15 | 2.53 | 0.66 |
| 3 | 热工控制系统 | | 13 | 16 | | 29 | 5.12 | 1.33 |
| 4 | 调试工程费 | | 0 | 21 | | 21 | 3.70 | 0.96 |
| | 小计 | 0 | 306 | 65 | 0 | 371 | 64.65 | 16.85 |
| （二） | 编制年价差 | 0 | 0 | 0 | | 0 | 0.03 | 0.01 |
| （三） | 其他费用 | | | | 175 | 175 | 30.55 | 7.96 |
| 1 | 建设场地征用及清理费 | | | | 0 | 0 | 0.00 | 0.00 |
| 2 | 建设项目管理费 | | | | 14 | 14 | 2.42 | 0.63 |
| 3 | 项目建设技术服务费 | | | | 126 | 126 | 21.94 | 5.72 |
| 4 | 整套启动试运费 | | | | 36 | 36 | 6.19 | 1.61 |
| 5 | 生产准备费 | | | | 0 | 0 | 0.00 | 0.00 |
| （四） | 基本预备费 | | | | 27 | 27 | 4.76 | 1.24 |
| | 工程静态投资 | 0 | 306 | 65 | 202 | 573 | 100.00 | 26.06 |
| | 各项占静态投资比例（%） | 0.00 | 53.38 | 11.31 | 35.31 | 100.00 | | |
| | 各项静态单位投资（元/kW） | 0.00 | 13.91 | 2.95 | 9.20 | 26.06 | | |
| （五） | 动态费用 | | | | | | | |
| 1 | 价差预备费 | | | | 0 | | | |
| 2 | 建设期贷款利息 | | | | 16 | | | |
| | 小计 | | | | 16 | | | |
| | 工程动态投资 | 0 | 306 | 65 | 218 | 589 | | |
| | 各项占动态投资比例（%） | 0.00 | 51.95 | 11.00 | 37.04 | 100.00 | | |
| | 各项动态单位投资（元/kW） | 0.00 | 13.91 | 2.95 | 9.92 | 26.78 | | |

除尘超低排放改造工程投资估算见表2-18。

表2-18　　　　5号机组除尘超低排放改造工程投资估算表　　　　万元

| 序号 | 工程或费用名称 | 建筑工程费 | 设备购置费 | 安装工程汇总 | | | 其他费用 | 合计 | 各项占静态投资比例（%） | 单位投资（元/kW） |
|---|---|---|---|---|---|---|---|---|---|---|
| | | | | 装置性材料 | 安装工程费 | 小计 | | | | |
| 一 | 改造工程 | 383 | 1182 | 356 | 259 | 616 | | 2181 | 83.46 | 99.12 |
| 1 | 湿式除尘器改造工程 | 383 | 1182 | 356 | 259 | 616 | | 2181 | 83.46 | 99.12 |
| 二 | 其他费用 | | | | | | 308 | 308 | 11.78 | 13.99 |
| 1 | 项目建设管理费 | | | | | | 18 | 18 | 0.70 | 0.83 |
| 2 | 项目建设技术服务费 | | | | | | 240 | 240 | 9.17 | 10.89 |
| 3 | 性能考核试验费 | | | | | | 30 | 30 | 1.15 | 1.36 |
| 4 | 环保验收 | | | | | | 20 | 20 | 0.77 | 0.91 |
| 三 | 基本预备费 | | | | | | 124 | 124 | 4.76 | 5.66 |
| 四 | 工程静态投资 | 383 | 1182 | 356 | 259 | 616 | 432 | 2613 | 100.00 | 118.77 |
| | 各项占静态投资的比例（%） | 14.64 | 45.25 | 13.64 | 9.92 | 23.56 | 16.54 | 100.00 | | |
| | 各项静态单位投资（元/kW） | 17.39 | 53.74 | 16.20 | 11.79 | 27.99 | 19.65 | 118.77 | | |
| 五 | 动态费用 | | | | | | 26 | 26 | | |
| 1 | 价差预备费 | | | | | | 0 | | | |
| 2 | 建设期贷款利息 | | | | | | 26 | | | |
| | 工程动态投资 | 383 | 1182 | 356 | 259 | 616 | 458 | 2638 | | |
| | 各项占动态投资的比例（%） | 14.50 | 44.81 | 13.51 | 9.83 | 23.33 | 17.35 | 100.00 | | |
| | 各项动态单位投资（元/kW） | 17.39 | 53.74 | 16.20 | 11.79 | 27.99 | 20.81 | 119.93 | | |

脱硫超低排放改造工程投资估算见表2-19和表2-20。

表2-19　　　　5号机组脱硫超低排放改造工程投资估算表　　　　万元

| 序号 | 项目名称 | 建筑工程费 | 设备购置费 | 安装工程费 | 其他费用 | 合计 | 各项占静态投资比例（%） | 单位投资（元/kW） |
|---|---|---|---|---|---|---|---|---|
| 一 | 脱硫技改工程主体部分 | | | | | | | |
| 1 | 工艺系统 | 7 | 434 | 219 | | 660 | 48.46 | 30.00 |
| 2 | 电气系统 | | 12 | 40 | | 52 | 3.80 | 2.35 |
| 3 | 热工控制系统 | | 188 | 83 | | 271 | 19.87 | 12.30 |
| 4 | 调试工程 | | | 39 | | 39 | 2.86 | 1.77 |
| | 小计 | 7 | 634 | 380 | 0 | 1021 | 75.00 | 46 |
| 二 | 编制基准期价差 | 1 | | 2 | | 3 | 0.22 | 0.14 |
| 三 | 其他费用 | | | | 233 | 233 | 17.08 | 10.57 |
| 1 | 建设场地征用及清理费 | | | | 0 | 0 | 0.00 | 0.00 |
| 2 | 项目建设管理费 | | | | 23 | 23 | 1.68 | 1.04 |

续表

| 序号 | 项目名称 | 建筑工程费 | 设备购置费 | 安装工程费 | 其他费用 | 合计 | 各项占静态投资比例（%） | 单位投资（元/kW） |
|---|---|---|---|---|---|---|---|---|
| 3 | 项目建设技术服务费 | | | | 169 | 169 | 12.41 | 7.68 |
| 4 | 整套启动试运费 | | | | 41 | 41 | 3.00 | 1.86 |
| 5 | 生产准备费 | | | | 0 | 0 | 0.00 | 0.00 |
| 四 | 基本预备费 | | | | 65 | 65 | 4.76 | 2.95 |
| 五 | 特殊项目 | | | 40 | | 40 | 2.94 | 1.82 |
| 1 | 吸收塔顶升转向措施费 | | | 40 | | 40 | 2.94 | 1.82 |
| | 工程静态投资 | 8 | 634 | 422 | 297 | 1362 | 100.00 | 61.90 |
| | 各项站静态投资比例（%） | 0.61 | 46.57 | 30.98 | 21.84 | 100.00 | | |
| | 各项静态单位投资（元/kW） | 0.38 | 28.83 | 19.18 | 13.52 | 61.90 | | |
| 六 | 动态费用 | | | | | 36 | 36 | |
| 1 | 价差预备费 | | | | | 0 | 0 | |
| 2 | 建设期贷款利息 | | | | | 36 | 36 | |
| | 工程动态投资 | 8 | 634 | 422 | 333 | 1397 | | |
| | 各项占动态投资比例（%） | 0.60 | 45.38 | 30.19 | 23.83 | 100.00 | | |
| | 各项动态单位投资（元/kW） | 0.38 | 28.83 | 19.18 | 15.14 | 63.52 | | |

表2-20　6号机组脱硫超低排放改造工程投资估算表　　　　万元

| 序号 | 项目名称 | 建筑工程费 | 设备购置费 | 安装工程费 | 其他费用 | 合计 | 各项占静态投资比例（%） | 单位投资（元/kW） |
|---|---|---|---|---|---|---|---|---|
| 一 | 脱硫技改工程主体部分 | | | | | | | |
| 1 | 工艺系统 | 0 | 1000 | 74 | | 1074 | 72.45 | 11.43 |
| 2 | 电气系统 | | 0 | 0 | | 0 | 0.00 | 0.00 |
| 3 | 热工控制系统 | | 156 | 14 | | 170 | 11.49 | 7.74 |
| 4 | 调试工程 | | | 23 | | 23 | 1.58 | 1.06 |
| | 小计 | 0 | 1156 | 111 | 0 | 1267 | 85.52 | 20.24 |
| 二 | 编制基准期价差 | 0 | | 1 | | 1 | 0.05 | 0.03 |
| 三 | 其他费用 | | | | 143 | 143 | 9.67 | 5.20 |
| 1 | 建设场地征用及清理费 | | | | 0 | 0 | 0.00 | 0.00 |
| 2 | 项目建设管理费 | | | | 18 | 18 | 1.21 | 0.64 |
| 3 | 项目建设技术服务费 | | | | 85 | 85 | 5.71 | 2.70 |
| 4 | 整套启动试运费 | | | | 41 | 41 | 2.76 | 1.86 |
| 5 | 生产准备费 | | | | 0 | 0 | 0.00 | 0.00 |
| 四 | 基本预备费 | | | | 71 | 71 | 4.76 | 1.27 |
| | 工程静态投资 | 0 | 1156 | 112 | 214 | 1482 | 100.00 | 26.74 |

续表

| 序号 | 项目名称 | 建筑工程费 | 设备购置费 | 安装工程费 | 其他费用 | 合计 | 各项占静态投资比例（%） | 单位投资（元/kW） |
|---|---|---|---|---|---|---|---|---|
|  | 各项站静态投资比例（%） |  | 78.01 | 7.56 | 14.43 | 100.00 |  |  |
|  | 各项静态单位投资（元/kW） |  | 52.55 | 5.09 | 9.72 | 67.36 |  |  |
| 五 | 动态费用 |  |  |  |  | 39 |  |  |
| 1 | 价差预备费 |  |  |  |  | 0 |  |  |
| 2 | 建设期贷款利息 |  |  |  |  | 39 |  |  |
|  | 工程动态投资 | 0 | 1156 | 112 | 253 | 1521 |  |  |
|  | 各项占动态投资比例（%） | 0.00 | 76.03 | 7.36 | 16.61 | 100.00 |  |  |
|  | 各项动态单位投资（元/kW） | 0.00 | 52.55 | 5.09 | 11.48 | 69.12 |  |  |

## 5.2 运行成本分析

脱硝系统运行成本见表2-21和表2-22。

表2-21  5号机组脱硝系统年总成本估算

| 序号 | 项目 | | 单位 | 数值 |
|---|---|---|---|---|
| 1 | 项目总投资 | | 万元 | 979 |
| 2 | 年利用小时 | | h | 5500 |
| 3 | 厂用电率 | | % | 8.50% |
| 4 | 年售电量 | | GW·h | 1107 |
| 5 | 生产成本 | 工资 | 万元 | 0 |
|  |  | 折旧费 | 万元 | 64 |
|  |  | 修理费 | 万元 | 20 |
|  |  | 还原剂费用 | 万元 | 31 |
|  |  | 电耗费用 | 万元 | 0 |
|  |  | 低压蒸汽费用 | 万元 | 2 |
|  |  | 除盐水费用 | 万元 | 0 |
|  |  | 催化剂更换费用（扣除进项税） | 万元 | 34 |
|  |  | 催化剂性能检测费 | 万元 | 20 |
|  |  | 催化剂处理费用 | 万元 | 6 |
|  |  | 总计 | 万元 | 176 |
| 6 | 财务费用（平均） | | 万元 | 22 |
| 7 | 生产成本+财务费用 | | 万元 | 198 |
| 8 | 增加上网电费 | | 元/(MW·h) | 1.79 |

表2-22  6号机组脱硝年总成本估算

| 序号 | 项目 | 单位 | 数值 |
|---|---|---|---|
| 1 | 项目总投资 | 万元 | 573 |

续表

| 序号 | 项目 | | 单位 | 数值 |
|---|---|---|---|---|
| 2 | 年利用小时 | | h | 5500 |
| 3 | 厂用电率 | | % | 8.50% |
| 4 | 年售电量 | | GW·h | 1107 |
| 5 | 生产成本 | 工资 | 万元 | 0 |
| | | 折旧费 | 万元 | 37 |
| | | 修理费 | 万元 | 11 |
| | | 还原剂费用 | 万元 | 31 |
| | | 电耗费用 | 万元 | 1 |
| | | 低压蒸汽费用 | 万元 | 2 |
| | | 除盐水费用 | 万元 | 0 |
| | | 催化剂更换费用（扣除进项税） | 万元 | 42 |
| | | 催化剂性能检测费 | 万元 | 20 |
| | | 催化剂处理费用 | 万元 | 12 |
| | | 总计 | 万元 | 156 |
| 6 | 财务费用（平均） | | 万元 | 13 |
| 7 | 生产成本+财务费用 | | 万元 | 170 |
| 8 | 增加上网电费 | | 元/(MW·h) | 1.53 |

除尘系统运行成本见表2-23。

表2-23　　5号机组除尘系统年总成本估算

| 序号 | 项目 | 单位 | 数值 |
|---|---|---|---|
| 1 | 机组 | MW | 220 |
| 2 | 年利用小时 | h | 5500 |
| 3 | 厂用电率 | % | 8.50 |
| 4 | 年售电量 | GW·h | 1107 |
| 5 | 工程静态投资 | 万元 | 2613 |
| 6 | 折旧费 | 万元 | 167 |
| 7 | 运行维护费用 | 万元 | 52 |
| 8 | 厂用电费 [0.4699元/(kW·h)] | 万元 | 119 |
| 9 | 总计 | 万元 | 338 |
| 10 | 年平均财务费用 | 万元 | 57 |
| 11 | 生产成本+财务费用 | 万元 | 395 |
| 12 | 单位发电增加成本 | 元/(MW·h) | 3.57 |

脱硫系统运行成本见表2-24和表2-25。

表 2-24　　　　　　　　　5 号机组脱硫系统年总成本估算

| 序号 | 项目 | 单位 | 数值 |
|---|---|---|---|
| 1 | 脱硫工程静态总投资 | 万元 | 1362 |
| 1 | 建设期贷款利息 | 万元 | 36 |
| 1 | 脱硫工程动态总投资 | 万元 | 1397 |
| 2 | 年利用小时数 | h | 5500 |
| 2 | 装机容量 | MW | 220 |
| 2 | 年发电量 | GW·h | 1107 |
| 3 | 石灰石耗量（增量） | t/h | 0.465 |
| 3 | 石灰石价格（不含税） | 元/t | 222 |
| 3 | 年石灰石费用（增量） | 万元 | 57 |
| 4 | 用电量（增量） | kW·h/h | 1136 |
| 4 | 成本电价 | 元/(kW·h) | 0.4 |
| 4 | 年用电费用 | 万元 | 250 |
| 5 | 用水量（增量） | t/h | 0 |
| 5 | 水价 | 元/t | 1.3 |
| 5 | 年用水费（增量） | 万元/年 | 0 |
| 6 | 修理维护费（增量） | 万元/年 | 27 |
| 7 | 折旧费（增量） | 万元/年 | 89 |
| 8 | 贷款利息（增量） | 万元/年 | 30 |
| 9 | 总成本增量 | 万元/年 | 453 |
| 10 | 单位成本增加值 | 元/(MW·h) | 4.09 |

表 2-25　　　　　　　　　6 号机组脱硫系统年总成本估算

| 序号 | 项目 | 单位 | 数值 |
|---|---|---|---|
| 1 | 脱硫工程静态总投资 | 万元 | 1482 |
| 1 | 建设期贷款利息 | 万元 | 39 |
| 1 | 脱硫工程动态总投资 | 万元 | 1521 |
| 2 | 年利用小时数 | h | 5500 |
| 2 | 装机容量 | MW | 220 |
| 2 | 年发电量 | GW·h | 1107 |
| 3 | 石灰石耗量（增量） | t/h | 0.465 |
| 3 | 石灰石价格（不含税） | 元/t | 222 |
| 3 | 年石灰石费用（增量） | 万元 | 57 |
| 4 | 用电量（增量） | kW·h/h | 568 |
| 4 | 成本电价 | 元/(kW·h) | 0.4 |
| 4 | 年用电费用 | 万元 | 125 |

续表

| 序号 | 项目 | 单位 | 数值 |
|---|---|---|---|
| 5 | 用水量(增量) | t/h | 0 |
| | 水价 | 元/t | 1.3 |
| | 年用水费(增量) | 万元/年 | 0 |
| 6 | 修理维护费(增量) | 万元/年 | 30 |
| 7 | 折旧费(增量) | 万元/年 | 96 |
| 8 | 贷款利息(增量) | 万元/年 | 33 |
| 9 | 总成本增量 | 万元/年 | 341 |
| 10 | 单位成本增加值 | 元/(MW·h) | 3.08 |

# 6 性能试验与运行情况

## 6.1 脱硝系统

该公司5、6号机组脱硝超低排放改造工程性能考核试验于2016年9月完成，试验结果见表2-26。

表2-26　　脱硝系统性能考核试验结果汇总

| 序号 | 项目 | | 单位 | 保证值/设计值 | 5号机组测试结果 | 6号机组测试结果 |
|---|---|---|---|---|---|---|
| 1 | 前提条件测试结果 | 烟气量 | m³/h | 847 655 | 837 959 | 846 678 |
| 2 | | 入口烟气温度 | ℃ | 387 | 379 | 376 |
| 3 | | SCR入口$NO_x$浓度 | mg/m³ | 400 | 384 | 379 |
| 4 | | SCR入口烟尘浓度 | mg/m³ | 35 000 | 31 652 | 29 673 |
| 5 | | SCR入口$SO_3$浓度 | mg/m³ | 34 | 28.2 | 29.8 |
| 6 | 性能指标测试结果 | SCR烟气温降 | ℃ | — | 2 | 2 |
| 7 | | SCR出口$NO_x$浓度 | mg/m³ | ≤50 | 37 | 34 |
| 8 | | SCR出口$SO_3$浓度 | mg/m³ | — | 62.0 | 63.2 |
| 9 | | 逃逸氨浓度 | mL/m³ | ≤3 | 2.46 | 1.96 |
| 10 | | 脱硝效率 | % | ≥90 | 90.3 | 91.0 |
| 11 | | 氨耗量 | kg/h | ≤103 | 102 | 103 |
| 12 | | 氨氮摩尔比 | — | — | 0.917 | 0.921 |
| 13 | | $SO_2/SO_3$转化率 | % | ≤1.35 | 1.20 | 1.14 |
| 14 | | 系统阻力 A反应器 | Pa | ≤1000 | 866 | 795 |
| | | 系统阻力 B反应器 | Pa | ≤1000 | 855 | 763 |

## 6.2 除尘系统

本次超低排放改造工程，5号机组采用脱硫装置出口增设湿式电除尘器实现烟尘超低排放，6号机组采用管束式除尘除雾装置实现烟尘超低排放，从脱硫装置性能试验结果来看，均能够达到超低排放要求。

## 6.3 脱硫系统

该公司5、6号机组脱硫超低排放改造工程性能考核试验于2016年9月完成，试验结果见表2-27。

表2-27　　　　　　　　脱硫系统性能考核试验结果汇总

| 序号 | 项目 | | 单位 | 保证值/设计值 | 5号机组测试结果 | 6号机组测试结果 |
|---|---|---|---|---|---|---|
| 1 | 脱硫装置烟气量（标态、湿基、实际$O_2$） | | $m^3/h$ | 929 438 | 892 540 | 901 476 |
| 2 | 原烟气 | 温度 | ℃ | 157 | 121 | 119 |
| | | $SO_2$浓度（标态、干基、$6\%O_2$） | $mg/m^3$ | 3404 | 3054 | 3127 |
| | | 烟尘浓度（标态、干基、$6\%O_2$） | $mg/m^3$ | 50 | 40.3 | 38.9 |
| | | $SO_3$浓度（标态、干基、$6\%O_2$） | $mg/m^3$ | 70 | 61.99 | 59.67 |
| | | HCl浓度（标态、干基、$6\%O_2$） | $mg/m^3$ | 47 | 39.61 | 38.72 |
| | | HF浓度（标态、干基、$6\%O_2$） | $mg/m^3$ | 5 | 8.35 | 7.62 |
| 3 | 净烟气 | 温度 | ℃ | ≥54 | 53 | 52 |
| | | $SO_2$浓度（标态、干基、$6\%O_2$） | $mg/m^3$ | ≤35 | 29.9 | 28.5 |
| | | 烟尘浓度（标态、干基、$6\%O_2$） | $mg/m^3$ | <5 | 4.5 | 4.2 |
| | | $SO_3$浓度（标态、干基、$6\%O_2$） | $mg/m^3$ | 15 | 27.18 | 25.62 |
| | | HCl浓度（标态、干基、$6\%O_2$） | $mg/m^3$ | 5 | 2.98 | 2.43 |
| | | HF浓度（标态、干基、$6\%O_2$） | $mg/m^3$ | 2 | 0.92 | 0.85 |
| 4 | 脱硫效率 | | % | ≥98.98 | 99.12 | 99.09 |
| 5 | $SO_3$脱除效率 | | % | — | 56.16 | 57.06 |
| 6 | HCl脱除效率 | | % | — | 92.48 | 93.72 |
| 7 | HF脱除效率 | | % | — | 89.01 | 88.85 |
| 8 | 除尘效率 | | % | — | 88.79 | 89.20 |
| 9 | 石膏品质 | 含水量 | % | <10 | 9.95 | 9.45 |
| | | $CaSO_4 \cdot 2H_2O$含量 | % | >90 | 91.74 | 91.92 |
| | | $CaSO_3 \cdot 1/2H_2O$含量（以$SO_2$计） | % | <0.5 | 0.73 | 0.68 |
| | | $CaCO_3$的含量 | % | <3 | 1.98 | 1.76 |
| | | $Cl^-$ | % | <0.01 | 0.172 | 0.158 |
| 10 | 噪声（设备附近位置） | 增压风机 | dB（A） | ≤80 | 94 | 95 |
| | | 氧化风机A | dB（A） | ≤85 | 99 | 99 |
| | | 循环泵A | dB（A） | ≤80 | 95 | 96 |
| | | 循环泵B | dB（A） | ≤80 | 96 | 97 |
| | | 循环泵C | dB（A） | ≤80 | 96 | 96 |
| | | 循环泵D | dB（A） | ≤80 | 97 | 96 |
| | | 脱硫控制室 | dB（A） | ≤55 | 52 | 51 |

续表

| 序号 | 项目 | | 单位 | 保证值/设计值 | 5号机组测试结果 | 6号机组测试结果 |
|---|---|---|---|---|---|---|
| 11 | 热损失（所有保温设备的表面最高温度） | | ℃ | ≤50 | 47 | 48 |
| 12 | 石灰石消耗量（干态） | | t/h | ≤5.45 | 5.16 | 5.25 |
| 13 | 水耗量 | | t/h | ≤60 | 50.8 | 51.7 |
| 14 | FGD装置电耗（6kV馈线处） | | kW | ≤5082 | 4509 | 4469 |
| 15 | 压力损失 | 吸收塔（包括除雾器） | Pa | — | 4078 | 4127 |
| | | 管束式除尘除雾装置 | Pa | <450 | 270 | 282 |
| 16 | 除雾器出口烟气携带的水滴含量（标态、干基、6%$O_2$） | | mg/m³ | <30 | 25.23 | 24.68 |

# 7 项目特色与经验

该电厂5、6号机组烟气超低排放改造为脱硝、除尘、脱硫同步实施，该项目主要特色为针对两炉一塔改造成一炉一塔，同时脱硫装置入口烟尘浓度较高（40mg/m³以上）情况，根据环保设施自身特点，采用不同技术路线实现烟气各污染物指标超低排放。

（1）针对5号机组，吸收塔利旧原两炉一塔吸收塔，具有高液气比、低流速特点，5号吸收塔低负荷时，烟气流速进一步降低，通常造成高效除尘除雾装置洗尘效率较低，但脱硫效率基本没有影响。因此，在脱硫装置入口烟尘浓度较高条件下，采用脱硫装置后增设湿式电除尘器技术路线，分别实现$SO_2$和烟尘超低排放要求。

（2）针对6号机组，吸收塔为原改造后新建吸收塔，液气比、流速较为合理，满足高效脱硫提效改造、管束式除尘除雾装置高效洗尘前提条件要求，因此，在脱硫装置入口烟尘浓度较高条件下，采用旋汇耦合器+管束式除尘除雾装置一体化技术路线实现$SO_2$和烟尘超低排放要求。

# 案例3

## 高效电源电除尘器联合脱硫协同除尘实现超低排放在某 330MW 机组上应用

**技术路线** ▶▶

SCR 脱硝+电除尘器+石灰石-石膏湿法脱硫

# 1 电厂概况

## 1.1 机组概况

某电厂 4 号机组的锅炉,是由北京 B&W 生产的 B-1025/18.44M 型亚临界、中间再热、自然循环、单炉膛、平衡通风、前后对冲燃烧的锅炉,并配置 B&W 标准的双调风 PAX 型旋流煤粉燃烧器。锅炉露天戴帽布置,喷燃器以下紧身封闭,在尾部竖井下设置两台三分仓容克式空气预热器。制粉系统为直吹式冷一次风机正压送粉。锅炉最大连续蒸发量为 1025t/h,最大耗煤量为 149.8t/h(设计煤质)/171.5t/h(校核煤质)。

4 号机组的锅炉主要设计参数见表 3-1。

表 3-1　　　　　　　　　　锅炉主要设计参数

| 项 目 | 单位 | BMCR 工况 | BRL 工况 |
| --- | --- | --- | --- |
| 过热蒸汽流量 | t/h | 1025 | 938.9 |
| 过热蒸汽出口压力（表压） | MPa | 18.44 | 18.34 |
| 过热蒸汽出口温度 | ℃ | 543 | 543 |
| 再热蒸汽流量 | t/h | 924 | 849.3 |
| 再热蒸汽进/出口压力（表压） | MPa | 4.27/4.081 | 4.01/3.838 |
| 再热蒸汽进口温度 | ℃ | 334.8 | 331 |
| 给水温度 | ℃ | 255.5 | 252 |
| 锅筒工作压力（表压） | MPa | 20.5 | 19.52 |
| 排烟温度（修正后） | ℃ | 139 | 134 |
| 空气预热器进口风温 | ℃ | 30 | 30 |
| 空气预热器出口风温（一次风/二次风） | ℃ | 349/364 | 348/361 |
| 燃料计算消耗量 | t/h | 152 | 141 |
| 锅炉计算效率（按低位发热值） | % | 91.5 | 91.5 |

## 1.2 设计煤质

4 号机组设计煤种为蒲白、澄合贫煤,设计煤质、校核煤种资料见表 3-2。

表 3-2　　　　　　　　　　燃煤成分及特性

| 项 目 | 单位 | 设计煤种 | 校核煤种 |
| --- | --- | --- | --- |
| 碳 | % | 51.84 | 45.05 |
| 氢 | % | 3.1 | 2.9 |
| 氧 | % | 3.85 | 2.91 |
| 氮 | % | 1.06 | 0.9 |
| 硫 | % | 1.95 | 2.35 |
| 灰分 | % | 30.1 | 38.15 |

续表

| 项 目 | | 单位 | 设计煤种 | 校核煤种 |
|---|---|---|---|---|
| 水分 | | % | 8.1 | 7.74 |
| 固有水分 | | % | 0.62 | 0.6 |
| 低位发热量 | | kJ/kg | 20175 | 17726 |
| 挥发分 | | % | 12.67 | 10.28 |
| 哈氏可磨性指数 | | | 80 | 70~75 |
| 灰熔点特性 | 变形温度 | ℃ | 1210 | >1400 |
| | 软化温度 | ℃ | 1300 | >1400 |
| | 熔融温度 | ℃ | 1400 | >1400 |

# 2 环保设施概况

## 2.1 低氮燃烧装置

该电厂 4 号机组投产初期未设置低氮燃烧器，2013 年完成低氮燃烧改造，改造内容包括原有燃烧器整体更换、增设燃尽风系统、接口系统改造等。

改造后，锅炉原有的性能设计参数，如出力、主蒸汽温度、再热蒸汽温度、锅炉效率达到基准试验值；过热器减温水流量不超过原设计值；再热器减温水流量不超过基准试验值；在 180~330MW 负荷，省煤器出口 CO 含量小于 100mg/m³，$NO_x$ 排放小于等于 450mg/m³（标态、干基、6%$O_2$）、飞灰含碳量不大于 2%、炉渣可燃物不大于 4%。

## 2.2 SCR 烟气脱硝装置

该电厂 4 号机组烟气脱硝均采用选择性催化还原（SCR）工艺，单台机组脱硝催化剂分为"2+1"层设计，初装两层，后由于出台了地方大气污染物治理新标准，要求辖区火电企业 $NO_x$ 排放限值由 200mg/m³ 调整为 100mg/m³。故 4 号机组最终脱硝工程投运前相应直接填装了备用层催化剂，并于 2014 年 7 月通过 168h 试运行。

烟气脱硝装置入口设计参数见表 3-3，主要设备参数见表 3-4。

表 3-3　　　　　　　　脱硝装置入口设计参数

| 序号 | 名 称 | 单位 | 设计煤质 | 备 注 |
|---|---|---|---|---|
| 1 | 脱硝装置入口烟气量（BMCR） | m³/h | 1 086 533 | 标态、湿基、实际氧 |
| 2 | 脱硝装置入口烟气量（BMCR） | m³/h | 1 176 193 | 标态、干基、6%$O_2$ |
| 3 | 脱硝装置入口烟气温度（BMCR） | ℃ | 395 | 设计值 |
| 4 | 脱硝装置入口烟气温度 | ℃ | 315~420 | 脱硝投运温度范围 |
| 5 | 省煤器出口烟气静压 | Pa | -988 | |
| 6 | $O_2$（体积分数） | % | 3.52 | |
| 7 | $N_2$（体积分数） | % | 74.92 | |

续表

| 序号 | 名称 | 单位 | 设计煤质 | 备注 |
|---|---|---|---|---|
| 8 | $H_2O$（体积分数） | % | 7.11 | |
| 9 | $CO_2$（体积分数） | % | 14.21 | |
| 10 | $SO_2$ | mg/m³ | ≤6920 | 标态、干基、6%$O_2$ |
| 11 | $SO_3$ | mg/m³ | ≤69 | 标态、干基、6%$O_2$ |
| 12 | $NO_x$ | mg/m³ | ≤600 | 标态、干基、6%$O_2$ |
| 13 | 烟尘浓度 | g/m³ | ≤50 | 标态、干基、6%$O_2$ |

表3-4　　　　　　　　　　　脱硝系统主要设备参数

| 序号 | 项目名称 | | 单位 | 数据 |
|---|---|---|---|---|
| 一 | 脱硝设备 | | | |
| （一） | 烟道 | 总壁厚 | mm | 6 |
| | | 腐蚀余量 | mm | 1 |
| | | 烟道材质 | | Q235/Q345 |
| | | 设计压力 | | ±5800Pa 瞬时±8700Pa |
| | | 运行温度 | ℃ | 395 |
| | | 最大允许温度 | ℃ | 420 |
| | | 烟气流速 | m/s | ≤15 |
| | | 保温厚度 | mm | 200 |
| | | 保温材料 | | 硅酸铝+岩棉 |
| | | 保护层材料 | | 铝合金压型板，1.0mm |
| | | 膨胀节材料 | | 非金属 |
| | | 灰尘积累的附加面荷载 | kN/m² | 10 |
| | | 烟气阻力 | Pa | 200 |
| （二） | 反应器 | 数量 | 台 | 2 |
| | | 大小 | m | 8980×11.61 |
| | | 总壁厚 | mm | 6 |
| | | 腐蚀余量 | mm | 1 |
| | | 材质 | | Q235/Q345 |
| | | 设计压力 | | ±5800Pa 瞬时±8700Pa |
| | | 运行温度 | ℃ | 395 |
| | | 最大允许温度 | ℃ | 420 |
| | | 烟气流速 | m/s | 4~6 |
| | | 保温厚度 | mm | 200 |
| | | 保温材料 | | 硅酸铝+岩棉 |
| | | 保护层材料 | | 铝合金压型板 1.0mm |
| | | 膨胀节材料 | | 非金属 |
| | | 灰尘积累的附加面荷载 | kN/m² | 4（局部） |
| | | 烟气阻力 | Pa | 320 |
| | | 向锅炉构架传递水平荷载 | t | |

续表

| 序号 | | 项目名称 | 单位 | 数据 |
|---|---|---|---|---|
| （三） | 氨加入系统 | 型式 | | 喷氨格栅 |
| | | 喷嘴数量 | 套 | 2000 |
| | | 管道材质 | | 20号钢 |
| 二 | 脱硝剂制备及供应系统（纯氨） | | | |
| （一） | 储氨罐 | 数量 | 台 | 2 |
| | | 容积 | $m^3$/罐 | 80 |
| | | 设计压力 | MPa | 2.5 |
| | | 设计温度 | ℃ | 1.5~50 |
| | | 工作温度 | ℃ | −16.7~41.8 |
| | | 工作压力 | MPa | 1.9 |
| | | 材料 | | 16MnR |
| （二） | 液氨供应泵 | 数量 | 台 | 1 |
| | | 出口压力 | MPa | 0.6 |
| | | 流量 | $m^3$/(h·台) | 1.5 |
| （三） | 液氨蒸发器 | 数量 | 台 | 2 |
| | | 热量消耗 | kJ/(h·台) | |
| | | 蒸发能力 | kg/(h·台) | 424 |
| （四） | 氨气缓冲罐 | 数量 | 台 | 1 |
| | | 容积 | $m^3$ | 1.5 |
| | | 运行压力 | MPa | 0.3 |
| | | 运行温度 | ℃ | −16.7~41.8 |
| （五） | 稀释风机 | 型号 | | 离心式 |
| | | 数量 | 台 | 4 |
| | | 流量 | $Nm^3$/(h·台) | 5300 |
| | | 压头 | Pa | 4500 |
| | | 功率 | kW | 18.5 |
| （六） | 混合器 | 型号 | | 圆筒式 |
| | | 数量 | 台 | 4 |
| | | 材料 | | 碳钢 |
| （七） | 氨气泄漏检测器 | 型号 | | 电化学式 |
| | | 数量 | | 3 |

根据2015年6月8日至6月15日进行的脱硝装置摸底试验，该电厂4号机组脱硝装置主要指标见表3-5。试验结果表明，除烟气量、氨逃逸浓度超出原设计值外，脱硝装置各项性能指标基本能够达到设计性能保证，且脱硝装置入口$NO_x$浓度随机组负荷降低呈减小趋势，在60%负荷条件下，脱硝装置入口烟温能够维持在368℃左右。

表3-5　　　　　　　　　　　　4号机组摸底试验结果汇总

| 序号 | 项目 | 单位 | 保证值/设计值 | 100%负荷正常工况测试结果 | 100%负荷最大出力测试结果 | 60%负荷正常工况测试结果 |
|---|---|---|---|---|---|---|
| 1 | 烟气量 | m³/h | 1 176 193 | 1 246 333 | 1 184 791 | 722 299 |
| 2 | 入口烟气温度 | ℃ | 395 | 392 | 393 | 368 |
| 3 | SCR入口$NO_x$浓度 | mg/m³ | 600 | 549 | 529 | 440 |
| 4 | SCR出口$NO_x$浓度 | mg/m³ | ≤100 | 61 | 55 | — |
| 5 | 逃逸氨浓度 | mL/m³ | ≤3 | — | 4.2 | — |
| 6 | 脱硝效率 | % | ≥83.3 | 89.0 | 89.5 | — |
| 7 | 系统压力损失 | Pa | ≤1000 | — | — | — |
| 7.1 | A反应器 | Pa | — | 824 | 748 | — |
| 7.2 | B反应器 | Pa | — | 774 | 834 | — |

注　表中烟气成分状态为标态、干基、6%$O_2$。

根据试验结果可知，当前SCR入口$NO_x$浓度基本能够控制在脱硝设计值，其分布较为均匀，但SCR出口$NO_x$分布存在很大偏差，其中SCR反应器A侧出口的$NO_x$浓度分布相对标准偏差约为20%，B侧出口的$NO_x$浓度分布相对标准偏差约为76%（见表3-6），这对脱硝效率、出口$NO_x$浓度及氨逃逸控制均将产生不利影响。

表3-6　　　　　　4号机组B侧反应器出口NO浓度的相对标准偏差

| 深度位置 | 1 | 2 | 3 | 4 | 5 |
|---|---|---|---|---|---|
| 测点1 | 33 | 32 | 29 | 26 | 25 |
| 测点2 | 14 | 12 | 12 | 14 | 13 |
| 测点3 | 4 | 5 | 8 | 6 | 7 |
| 测点4 | 6 | 6 | 6 | 8 | 7 |
| 测点5 | 6 | 6 | 6 | 6 | 6 |
| 测试平均值 | 21 | 最大值 | 33 | 相对标准偏差 | 0.757 |
| | | 最小值 | 4 | | |

## 2.3　静电除尘器

该电厂4号机组每台锅炉配置2台有效截面积为252.56m²的双室三电场除尘器，由兰州电力修造厂生产安装。

表3-7　　　　　原电除尘器主要设计参数与技术性能（单台除尘器）

| 序号 | 项目 | 单位 | 设计数据 |
|---|---|---|---|
| 1 | 除尘器型号 | | PUCH252-3c |
| 2 | 入口烟气量 | m³/h | 1 050 000 |
| 3 | 最大烟气处理能力 | m³/h | 1 090 000 |
| 4 | 入口烟气温度 | ℃ | 143 |

续表

| 序号 | 项目 | 单位 | 设计数据 |
|---|---|---|---|
| 5 | 除尘器型式 | | 卧式双室三电场 |
| 6 | 入口烟气含尘浓度 | g/m³ | 20.2 |
| 7 | 除尘器有效截面积 | m² | 252.56 |
| 8 | 阳极板有效高度 | m | 14 |
| 9 | 同极间距 | mm | 410 |
| 10 | 通道数 | 个 | 22×2 |
| 11 | 电场长度 | m | 4.5×3 |
| 12 | 阴极线型式 | | 第一电场为整体新型管状芒刺线，第二电场为锯齿线，第三电场为鱼骨针加辅助电极 |
| 13 | 阳极板型式 | | 大C型 |
| 14 | 灰斗数量 | 个 | 12 |
| 15 | 槽型极板 | 排 | 2 |
| 16 | 阳极振打机构 | 套 | 6 |
| 17 | 阴极振打机构 | 套 | 12 |
| 18 | 槽板振打机构 | 套 | 2 |
| 19 | 阴、阳极振打型式 | | 侧面传动、侧面振打 |
| 20 | 烟气流速 | m/s | 1.2 |
| 21 | 收尘面积 | m² | 16 632 |
| 22 | 设计除尘效率 | % | ≥99.34 |
| 23 | 保证除尘效率 | % | ≥99.0 |
| 24 | 阻力损失 | Pa | <245 |
| 25 | 比集尘面积 | m²/(m³·s) | 54.93 |
| 26 | 漏风率 | % | <3 |

2014年3月对4号机组电除尘器进行摸底试验，主要结果见表3-8。

表3-8　　　　　　　　　　除尘器运行参数

| 项目 | | | 单位 | 数据 |
|---|---|---|---|---|
| 总烟气量 | 入口 | 实际状态 | m³/h | 1 858 563 |
| | | 标态、湿基、实际$O_2$ | m³/h | 1 155 881 |
| | | 标态、湿基、6%$O_2$ | m³/h | 1 265 677 |
| | | 标态、干基、实际$O_2$ | m³/h | 1 073 813 |
| | | 标态、干基、6%$O_2$ | m³/h | 1 152 559 |
| 粉尘浓度 | 入口 | A侧（标态、干基、6%$O_2$） | mg/m³ | 36 337 |
| | | B侧（标态、干基、6%$O_2$） | mg/m³ | 36 282 |
| | 出口 | A侧（标态、干基、6%$O_2$） | mg/m³ | 184 |
| | | B侧（标态、干基、6%$O_2$） | mg/m³ | 192 |
| | | 烟囱入口 | mg/m³ | 90 |

续表

| 项　目 | | | 单位 | 数据 |
|---|---|---|---|---|
| $O_2$浓度 | 入口 | A 侧 | % | 3.85 |
| | | B 侧 | % | 3.31 |
| | 出口 | A 侧 | % | 4.59 |
| | | B 侧 | % | 3.92 |
| 烟气温度 | 入口 | A 侧 | ℃ | 137 |
| | | B 侧 | ℃ | 139 |
| | 出口 | A 侧 | ℃ | 131 |
| | | B 侧 | ℃ | 132 |
| 烟气含湿量 | | 入口 | % | 7.10 |
| | | 出口 | % | 7.23 |
| 除尘器效率 | | A 侧 | % | 99.49 |
| | | B 侧 | % | 99.47 |

由表可以看出，试验期间，4 号机组 A 侧和 B 侧除尘器出口粉尘排放浓度分别高达 184mg/m³ 和 192mg/m³，A 侧和 B 侧除尘效率分别仅为 99.49% 和 99.47%，虽然高于设计除尘效率 99.34%，但除尘器出口粉尘浓度仍无法满足环保排放要求。

## 2.4 脱硫设施

某电厂 4 号机组脱硫装置采用"石灰石-石膏"湿法脱硫工艺，不设 GGH，吸收塔内设置 4 层喷淋层。设计煤种含硫量为 2.9%，烟气进口 $SO_2$ 浓度为 6988mg/m³（标态、干基、6% $O_2$），脱硫效率大于 95%，出口 $SO_2$ 浓度小于 400mg/m³（标态、干基、6% $O_2$）。脱硫系统入口烟气参数见表 3-9。

表 3-9　　　　　原设计脱硫系统入口烟气参数

| 锅炉 BMCR 工况烟气成分（设计煤质、标准状态、实际 $O_2$、α=1.427） | | | | |
|---|---|---|---|---|
| 项　目 | 单位 | 干基 | 湿基 | 备　注 |
| $CO_2$ | % | 12.74 | 11.85 | |
| $O_2$ | % | 6.40 | 5.95 | |
| $N_2$ | % | 80.62 | 74.977 | |
| $SO_2$ | % | 0.24 | 0.223 | |
| $H_2O$ | % | 0 | 7.0 | |
| 锅炉 BMCR 工况烟气参数（设计煤种） | | | | |
| 项　目 | 单位 | 数值 | | 备　注 |
| FGD 入口烟气量（BMCR） | m³/h | 1 128 800 | | 干基、α=1.427 |
| | m³/h | 1 213 800 | | 湿基、α=1.427 |
| | m³/h | 1 107 500 | | 标态、干基、6% $O_2$ |
| | m³/h | 1 190 800 | | 标态、湿基、6% $O_2$ |

续表

| 锅炉BMCR工况烟气参数（设计煤种） | | | |
|---|---|---|---|
| 项 目 | 单位 | 数值 | 备 注 |
| FGD入口烟气温度 | ℃ | 140 | BMCR工况 |
| FGD入口烟气压力 | Pa | 0 | BMCR工况 |

| 锅炉不同负荷时的引风机出口烟气量和温度（实际氧量） | | | | |
|---|---|---|---|---|
| 项 目 | 单位 | 100% BMCR | 75% BMCR | 50% BMCR |
| FGD入口干烟气量 | m³/h | 1 128 800 | 883 500 | 613 800 |
| FGD入口湿烟气量 | m³/h | 1 213 800 | 950 000 | 660 000 |
| FGD入口烟气温度 | ℃ | 140 | 120 | 102 |

| 锅炉BMCR工况烟气中污染物成分（标准状态、干基、6%$O_2$） | | |
|---|---|---|
| 项 目 | 单位 | 数值 |
| $SO_2$ | mg/m³ | 6988 |
| $SO_3$ | mg/m³ | 100 |
| Cl（HCl） | mg/m³ | 50 |
| F（HF） | mg/m³ | 25 |
| 烟尘（引风机出口） | mg/m³ | 200 |

**注** 如无特别注明，以上均为单台炉数据。

2013年6月，对4号机组进行了脱硫运行摸底试验，摸底试验结果数据如下：

(1) 脱硫装置入口烟气流量。

工况1：6月7日，在脱硫装置原烟气流量的测试过程中，机组负荷为300MW时，脱硫装置的平均负荷为91.5%（烟气量），实测的脱硫装置入口烟气量为1 013 533m³/h（标态、干基、6%$O_2$）和1 035 627m³/h（标态、干基、实际$O_2$）。

工况2：6月8日，在脱硫装置原烟气流量的测试过程中，机组负荷为200MW时，脱硫装置的平均负荷为70.3%（烟气量），实测的脱硫装置入口烟气量为778 139m³/h（标态、干基、6%$O_2$）和876 283m³/h（标态、干基、实际$O_2$）。

(2) 脱硫效率。

工况1：6月7日，在机组平均负荷为300MW时，脱硫装置入口$SO_2$浓度为5378mg/m³（标态、干基、实际$O_2$），$O_2$平均值为6.42%，出口$SO_2$浓度为675mg/m³（标态、干基、实际$O_2$），$O_2$平均值为6.70%。折算到标态、干基、6%$O_2$状态时，脱硫装置入口$SO_2$浓度为5525mg/m³，出口$SO_2$浓度为708mg/m³，吸收塔浆液pH稳定在5.6左右，此时脱硫系统的脱硫效率为87.19%。

工况2：6月8日，在机组平均负荷为200MW时，脱硫装置入口$SO_2$浓度为4495mg/m³（标态、干基、实际$O_2$），$O_2$平均值为8.29%，出口$SO_2$浓度为542mg/m³（标态、干基、实际$O_2$），$O_2$平均值为7.70%。折算到标态、干基、6%$O_2$状态时，脱硫装置入口$SO_2$浓度为5309mg/m³，出口$SO_2$浓度为611mg/m³。吸收塔浆液pH稳定在5.6左右，此时脱硫系统的脱硫效率为88.49%。

（3）吸收塔出口$SO_2$测试（浓度场）。

6月7日测试中，脱硫吸收塔出口测试截面中间测点的$SO_2$浓度稍低，两侧的较高，最高点$SO_2$为860mg/m³，最低点$SO_2$为525mg/m³，测试平均$SO_2$值为680mg/m³，$O_2$平均值为6.51%。基本上可以反映出吸收塔内的存在烟气逃逸现象，且吸收塔内喷淋层覆盖情况不是很好。

（4）脱硫系统阻力测试。

6月7日，脱硫装置吸收塔阻力损失为1041Pa，脱硫系统的压力损失为1803Pa。

## 3 超低排放改造工程进度概况

超低排放改造工程进度见表3-10。

表3-10　　　　　某电厂4号机组超低排放改造工程进度表

| 项目 | 可研完成时间 | 初设完成时间 | 开工时间 | 停机时间 | 启动（通烟气）时间 | 168h试运行完成时间 |
|---|---|---|---|---|---|---|
| 脱硝 | 2015/10/30 | 2016/2/16 | 2016/3/16 | 2016/3/16 | 2016/4/29 | 2016/5/14 |
| 脱硫 | 2015/10/30 | 2016/2/16 | 2016/3/16 | 2016/3/16 | 2016/4/29 | 2016/5/14 |
| 除尘 | 2015/10/30 | 2016/2/16 | 2016/3/16 | 2016/3/16 | 2016/4/29 | 2016/5/14 |

## 4 技术路线选择

### 4.1 边界条件

综合煤质分析结果，并考虑电厂未来煤质的变化，提出了4号机组超低排放改造的设计煤质。本次改造的煤质条件见表3-11，改造设计烟气参数见表3-12，改造性能指标见表3-13。

表3-11　　　　　烟气超低排放改造工程设计煤质

| 项　目 | 符号 | 单位 | 设计煤种 |
|---|---|---|---|
| 收到基水分 | $M_{ar}$ | % | 6.5 |
| 空气干燥基水分 | $M_{ad}$ | % | 0.95 |
| 收到基灰分 | $A_{ar}$ | % | 40.13 |
| 收到基全硫 | $S_{ar}$ | % | 2.9 |
| 干燥无灰基挥发分 | $V_{daf}$ | % | 27.93 |
| 收到基低位发热量 | $Q_{net,ar}$ | kJ/kg | 17 510 |

表 3-12　　　　　　　　　　　　改造设计烟气参数

| 设施 | 项目 | 单位 | 设计值 | 备注 |
|---|---|---|---|---|
| 脱硝 | 烟气量 | m³/h | 1 176 193 | 标态、干基、6%$O_2$ |
| | $NO_x$ | mg/m³ | 600 | 标态、干基、6%$O_2$ |
| | 烟温 | ℃ | 395 | |
| | 烟尘浓度 | g/m³ | 47 | 标态、干基、6%$O_2$ |
| | $SO_2$ 浓度 | mg/m³ | 7184 | |
| | $SO_3$ 浓度 | mg/m³ | 71.8 | 标态、干基、6%$O_2$ |
| 除尘 | 烟尘浓度 | g/m³ | 47 | |
| | 烟温 | ℃ | 150 | |
| 脱硫 | $SO_2$ 浓度 | mg/m³ | 7184 | |
| | 烟温 | ℃ | 140 | 正常值 |
| | 烟尘浓度 | mg/m³ | 30 | 标态 |

表 3-13　　　　　　　　　　　　改造性能指标

| 项目 | 内容 | 单位 | 设计值 | 备注 |
|---|---|---|---|---|
| 脱硝 | 出口 $NO_x$ 浓度 | mg/m³ | 50 | 标态、干基、6%$O_2$ |
| | SCR 脱硝效率 | % | 91.7 | |
| | $NH_3$ 逃逸 | mg/m³ | 2.28 | 标态、干基、6%$O_2$ |
| | $SO_2/SO_3$ 转化率 | % | ≤1.05 | 三层催化剂 |
| | 系统压降 | Pa | ≤1000 | 三层催化剂 |
| | 设计烟气温度 | ℃ | 395 | |
| | 最低连续运行烟温 | ℃ | 320 | |
| | 最高连续运行烟温 | ℃ | 420 | |
| 除尘 | 烟囱入口粉尘浓度 | mg/m³ | 10 | |
| | 本体漏风率 | % | 2 | |
| 脱硫 | $SO_2$ 浓度 | mg/m³ | 35 | |
| | 脱硫效率 | % | 99.5 | |

## 4.2　脱硝超低排放改造技术路线

低氮燃烧是国内外燃煤锅炉控制 $NO_x$ 排放时优先选用的技术。考虑到该电厂 4 号锅炉前期脱硝改造时已对锅炉低氮燃烧系统进行了改造，性能保证值为 450mg/m³（标态、干基、6%$O_2$），摸底试验结果显示，满负荷工况下 SCR 入口 $NO_x$ 浓度在 480~620mg/m³（标态、干基、6%$O_2$）之间，已超出原低氮性能保证值，故本次超低排放改造按 SCR 入口 $NO_x$ 浓度 600mg/m³（标态、干基、6%$O_2$）设计。建议本次改造暂不做低氮燃烧改造，在后续运行中进一步优化炉内燃烧方式，确保将 SCR 入口 $NO_x$ 浓度稳定控制在设计值以下。

针对本次改造出口 $NO_x$ 排放浓度为 50mg/m³（标态、干基、6%$O_2$）的控制目标，相应烟气脱硝效率须达到 91.7%。考虑到 SCR 脱硝工艺本身能够达到 90% 以上的脱硝效率，且 4

号机组现已配套建设 SCR 脱硝装置，因此建议本次改造对当前脱硝装置进行提效改造即可。

## 4.3 除尘超低排放改造技术路线

### 4.3.1 改造空间

1. 电场长度方向

除尘器现场情况如图 3-1 所示。现有除尘器第一排支撑柱 P 柱与最末排烟道支撑柱 N 柱柱间距为 5m，N 柱与消防通道最外延之间也有近 1m 的距离，可在原除尘器前部增加一个柱距为 4.5m、电场有效长度为 3m 的常规电场，缩短除尘器入口烟道，将 N 柱作为新增电场的第一排支撑柱，同时除尘器入口烟箱前移，布置在消防通道上空处，入口烟箱最低处据消防通道地面也有不小于 7m 的高度，不会对消防通道造成影响。

除尘器前部空间　　　　　　　除尘器后部空间

除尘器前视图

除尘器总貌

图 3-1　除尘器改造现场

现有除尘器末排支撑柱 S 柱与其相邻烟道支撑柱 T 柱柱间距为 4.98m，同时出口烟道较长，T 柱至引风机中心线之间间距为 8.5m，考虑二期机组同步进行引增合一改造工作，通过对新增引风机及其基础的后移，可满足在第三电场后加一个有效长度为 5m 的固定电场。

2. 电场宽度方向

甲侧和乙侧除尘器之间有 3m 左右的空间，目前布置为登上除尘器顶部的楼梯，并布置有侧部振打机构，本次改造可考虑利用此部分空间布置极板，对除尘器进行加宽，进一步降低除尘器流速，提高比集尘面积。

3. 电场高度方向

4 号锅炉配备的除尘器极板有效高度为 14m，尚有一定的加高余地，鉴于现有除尘器已运行 14 年之久，之前运行期间并无大规模更换极板改造工作，可以考虑将极板加高至 16m，对极板进行整体抬高更换，提高比集尘面积，降低烟气流速。

虽然原除尘器设计偏小，但除尘器在长度、宽度和高度方向均有延伸空间，因此，原除尘器存在扩容的空间。

### 4.3.2 改造方案

根据该电厂 4 号机组的实际状态，综合考虑本次超低排放改造的可行性研究工作，提出以下三个改造方案：

1. 电除尘器扩容+高效电源改造方案

对现有除尘器整体加高，极板高度由 14m 增加至 16.5m，将重新布置振打方式，在原除尘器前增加一个有效长度为 4.5m 的固定电场，在后部增加一个有效长度为 3.5m 的固定电场，并对除尘器进行高效电源改造，形成"1+3+1"型的常规五电场静电除尘器。

2. 旋转电极除尘器方案

对现有除尘器整体加高加宽，极板高度由 14m 增加至 16m，利用现有两侧除尘器之间的空隙布置极板，将现有侧部振打改造成顶部振打，在原除尘器前增加一个有效长度为 3m 的固定电场，在后部增加一个有效长度为 4.5m 的旋转电极电场，形成"4+1"型的旋转电极除尘器。

3. 电袋除尘器方案

保留一电场，对一电场进行检修，利用二、三电场空间并在末电场后长度方向上外延 2m 用于布置布袋除尘器，形成"1+2"型的电袋除尘器。

三个改造方案的技术经济比较见表 3-14。

表 3-14　　　　　　　　不同除尘改造方案的技术经济比较

| 项　目 | 方案一 | 方案二 | 方案三 |
|---|---|---|---|
| 静态投资（万元） | 6586 | 7963 | 5804 |
| 运行成本（万元/年） | 1478 | 1634 | 2479 |
| 除尘效率（%） | ≥99.94 | ≥99.94 | ≥99.96 |

续表

| 项　　目 | 方案一 | 方案二 | 方案三 |
|---|---|---|---|
| 除尘器出口烟尘排放浓度（mg/m³） | ≤30 | ≤30 | ≤20 |
| 设备阻力增加 | 不增加 | 不增加 | 增加1200Pa |
| 设备电耗（kW） | 1435 | 1283 | 1773 |
| 煤质适应能力 | 受煤种灰分特性限制 | 受煤种灰分特性限制 | 不受煤质限制，受烟气条件影响较大（如湿度、硫分等） |

注　机组年利用小时按4500h小时计，电价按0.352元/(kW·h)计，滤袋寿命按4年计。

考虑后期维护费用和检修费用，同时保证烟囱入口烟尘实现稳定达标排放等因素，最终该电厂4号机组除尘器改造采用方案一，即电除尘器扩容+高效电源改造方案。改造后除尘器出口粉尘浓度低于30mg/m³（标态）。

4号机组电除尘器原有三个电场工频电源改造为高效电源，新增一、五电场电源也采用高效电源，其中，一、二电场采用进口品牌电源，参数为1.7A/70kV；三至五电场采用国产品牌电源，三、四电场电源参数为1.4A/72kV、五电场电源参数为1.1A/72kV。

## 4.4　脱硫超低排放改造技术路线

根据4号机组脱硫现状，因脱硫效率需达到99.5%，根据目前石灰石-石膏湿法脱硫工艺，在合理的设计参数情况下，如液气比、烟气阻力合理等，入口$SO_2$浓度小于等于3000mg/m³（标态、干基、6%$O_2$），可以达到出口$SO_2$浓度小于35mg/m³（标态、干基、6%$O_2$），而本项目入口$SO_2$浓度为7184mg/m³（标态、干基、6%$O_2$），因此设置单塔将达不到要求，考虑选用串联吸收塔方案。

充分考虑脱硫系统的高效协同除尘作用，4号机组串联吸收塔方案考虑新增二级吸收塔，即将原吸收塔作为一级吸收塔，新增的吸收塔作为二级吸收塔。

串联吸收塔的脱硫效率按照改造后不低于99.5%设计，改造后吸收塔出口$SO_2$浓度低于35mg/m³。改造后除尘效率按照不低于70%设计，即入口粉尘浓度在不高于30mg/m³的前提下，出口粉尘浓度低于10mg/m³。新建二级吸收塔设置两层喷淋层+一层合金托盘，除雾器采用高效三级屋脊式除雾器，确保二级塔出口雾滴含量低于20mg/m³。

## 4.5　技术路线确定

该电厂4号机组超低排放改造技术路线为：增加备用层催化剂（脱硝）+电除尘器扩容+高效电源改造（除尘）+原吸收塔作为一级吸收塔、新增二级吸收塔（脱硫），如图3-2所示。

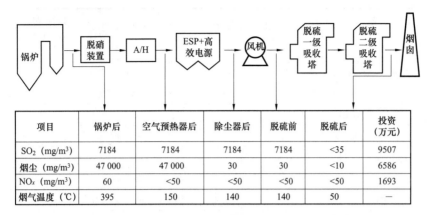

图 3-2 某电厂 4 号机组超低排放改造技术路线

# 5 投资估算与运行成本分析

## 5.1 投资估算

脱硝系统超低排放改造工程投资估算见表 3-15。

表 3-15　　脱硝系统超低排放改造工程投资估算表　　万元

| 序号 | 项目名称 | 建筑工程费 | 设备购置费 | 安装工程费 | 其他费用 | 合计 | 各项占静态投资比例（%） | 单位投资（元/kW） |
|---|---|---|---|---|---|---|---|---|
| 一 | 脱硝工程主体部分 | | | | | | | |
| (一) | 脱硝装置系统 | | | | | | | |
| 1 | 工艺系统 | | 412 | 23 | | 435 | 51.35 | 13.17 |
| 2 | 电气系统 | | | | | | 0 | 0 |
| 3 | 热工控制系统 | | 102 | 11 | | 113 | 13.31 | 3.41 |
| 4 | 调试工程费 | | | 22 | | 22 | 2.58 | 0.66 |
| | 小计 | | 514 | 56 | | 569 | 67.23 | 17.25 |
| (二) | 编制年价差 | | | 0 | | 1 | 0.03 | 0.01 |
| (三) | 其他费用 | | | | 237 | 237 | 27.98 | 7.18 |
| 1 | 建设场地征用及清理费 | | | | | | 0 | 0 |
| 2 | 建设项目管理费 | | | | 20 | 20 | 2.36 | 0.6 |
| 3 | 项目建设技术服务费 | | | | 178 | 178 | 20.99 | 5.39 |
| 4 | 整套启动试运费 | | | | 39 | 39 | 4.63 | 1.19 |
| 5 | 生产准备费 | | | | | | 0 | 0 |
| (四) | 基本预备费 | | | | 41 | 41 | 4.76 | 1.22 |
| | 工程静态投资 | 0 | 514 | 56 | 277 | 847 | 100 | 25.65 |

续表

| 序号 | 项目名称 | 建筑工程费 | 设备购置费 | 安装工程费 | 其他费用 | 合计 | 各项占静态投资比例（%） | 单位投资（元/kW） |
|---|---|---|---|---|---|---|---|---|
| | 各项占静态投资比例（%） | 0 | 60.66 | 6.6 | 32.74 | 100 | | |
| | 各项静态单位投资（元/kW） | 0 | 15.56 | 1.69 | 8.4 | 25.65 | | |
| （五） | 动态费用 | | | | | | | |
| 1 | 价差预备费 | | | | | | | |
| 2 | 建设期贷款利息 | | | | | 25 | | |
| | 小计 | | | | | 25 | | |
| | 工程动态投资 | | 514 | 56 | 302 | 871 | | |
| | 各项占动态投资比例（%） | 0 | 58.96 | 6.41 | 34.62 | 100 | | |
| | 各项动态单位投资（元/kW） | 0 | 15.56 | 1.69 | 9.14 | 26.39 | | |

脱硫系统超低排放改造工程投资估算见表3-16。

表3-16　　脱硫系统超低排放改造工程投资估算表　　万元

| 序号 | 项目名称 | 建筑工程费 | 设备购置费 | 安装工程费 | 其他费用 | 合计 | 各项占静态投资比例（%） | 单位投资（元/kW） |
|---|---|---|---|---|---|---|---|---|
| 一 | 脱硫主体工程 | | | | | | | |
| （一） | 脱硫装置系统 | 406 | 2027 | 1466 | | 3898 | 82 | 118.12 |
| 1 | 工艺系统 | 406 | 1496 | 1092 | | 2994 | 62.97 | 90.71 |
| 1.1 | 吸收剂制备供应系统 | | 2 | 85 | | 87 | 1.83 | 2.63 |
| 1.2 | 吸收塔系统 | | 1388 | 280 | | 1668 | 35.08 | 50.53 |
| 1.3 | 烟气系统 | | 9 | 268 | | 277 | 5.82 | 8.39 |
| 1.4 | 石膏处理及浆液回收系统 | | 98 | 46 | | 143 | 3.01 | 4.34 |
| 1.5 | 废水处理系统 | | | | | | | |
| 1.6 | 保温、防腐、油漆 | | | 413 | | 413 | 8.69 | 12.51 |
| 2 | 电气系统 | | 65 | 100 | | 164 | 3.45 | 4.98 |
| 3 | 热工控制系统 | | 466 | 201 | | 667 | 14.02 | 20.19 |
| 4 | 调试工程 | | | 74 | | 74 | 1.56 | 2.25 |
| （二） | 与厂址有关的单项工程 | 225 | | | | 225 | 4.73 | 6.82 |
| 1 | 地基处理 | 225 | | | | 225 | 4.73 | 6.82 |
| （三） | 编制基准期价差 | 44 | | 7 | | 51 | 1.06 | 1.52 |
| （四） | 其他费用 | | | | 325 | 325 | 6.83 | 9.84 |
| 1 | 建设场地征用及清理费 | | | | | | | |
| 2 | 项目建设管理费 | | | | 52 | 52 | 1.08 | 1.55 |
| 3 | 项目建设技术服务费 | | | | 206 | 206 | 4.33 | 6.24 |
| 4 | 分系统调试费及整套启动试运费 | | | | 65 | 65 | 1.37 | 1.97 |

续表

| 序号 | 项目名称 | 建筑工程费 | 设备购置费 | 安装工程费 | 其他费用 | 合计 | 各项占静态投资比例（%） | 单位投资（元/kW） |
|---|---|---|---|---|---|---|---|---|
| 5 | 生产准备费 | | | | 3 | 3 | 0.06 | 0.08 |
| （五） | 基本预备费 | | | | 223 | 223 | 4.68 | 6.74 |
| | 脱硫主体部分工程静态投资合计 | 675 | 2027 | 1473 | 547 | 4721 | 99.3 | 143.04 |
| 二 | 特殊项目 | 14 | | 20 | | 34 | 0.7 | 1.01 |
| 三 | 工程静态投资 | 688 | 2027 | 1493 | 547 | 4754 | 100 | 144.05 |
| | 各项站静态投资比例（%） | 14.47 | 42.63 | 31.39 | 11.51 | 100 | | |
| | 各项静态单位投资（元/kW） | 20.85 | 61.4 | 45.22 | 16.58 | 144.05 | | |
| 四 | 动态费用 | | | | 131 | 131 | | |
| 1 | 价差预备费 | | | | | | | |
| 2 | 建设期贷款利息 | | | | 131 | 131 | 2.75 | 3.97 |
| | 工程动态投资 | 688 | 2027 | 1493 | 678 | 4885 | | |
| | 各项占动态投资比例（%） | 14.08 | 41.48 | 30.55 | 13.88 | 100 | | |
| | 各项动态单位投资（元/kW） | 20.85 | 61.4 | 45.22 | 20.55 | 148.02 | | |

除尘系统超低排放改造工程投资估算见表 3-17。

**表 3-17　　除尘系统超低排放改造工程投资估算表**　　万元

| 序号 | 工程或费用名称 | 建筑工程费 | 设备购置费 | 安装工程汇总 装置性材料 | 安装工程汇总 安装工程费 | 安装工程汇总 小计 | 其他费用 | 合计 | 各项占静态投资比例（%） | 单位投资（元/kW） |
|---|---|---|---|---|---|---|---|---|---|---|
| 一 | 改造工程 | 122 | 2457 | 268 | 210 | 477 | | 3056 | 33.36 | 81.03 |
| 1 | 原除尘器改造 | | 926 | 86 | 88 | 173 | | 1099 | 33.36 | 33.28 |
| 2 | 除尘器扩容改造 | 122 | 1256 | 108 | 90 | 198 | | 1576 | 47.85 | 47.74 |
| 3 | 输灰改造 | | 254 | 69 | 30 | 99 | | 352 | 0.91 | 10.67 |
| 4 | 除尘系统数据联网 | | 22 | 6 | 2 | 8 | | 30 | 0.91 | 0.91 |
| 二 | 其他费用 | | | | | | 103 | 103 | 3.12 | 3.12 |
| 1 | 项目建设管理费 | | | | | | 11 | | | |
| 2 | 项目建设技术服务费 | | | | | | 48 | | | |
| 3 | 性能考核试验费 | | | | | | 30 | | | |
| 4 | 环保验收 | | | | | | 15 | | | |
| 三 | 基本预备费 | | | | | | 134 | 134 | | |
| 四 | 工程静态投资 | 122 | 2457 | 268 | 210 | 477 | 237 | 3293 | 100 | 99.79 |
| | 各项占静态投资的比例（%） | 3.7 | 74.62 | 8.12 | 6.36 | 14.49 | 7.2 | 100 | | |
| | 各项静态单位投资（元/kW） | 3.69 | 74.46 | 8.11 | 6.35 | 14.45 | 7.18 | 99.79 | | |
| 五 | 动态费用 | | | | | | 43 | | | |
| 1 | 价差预备费 | | | | | | | | | |

续表

| 序号 | 工程或费用名称 | 建筑工程费 | 设备购置费 | 安装工程汇总 | | | 其他费用 | 合计 | 各项占静态投资比例（%） | 单位投资（元/kW） |
|---|---|---|---|---|---|---|---|---|---|---|
| | | | | 装置性材料 | 安装工程费 | 小计 | | | | |
| 2 | 建设期贷款利息 | | | | | | 43 | | | |
| | 工程动态投资 | 122 | 2457 | 267.5 | 209.5 | 477 | 103 | 3336 | | |
| | 各项占动态投资的比例（%） | 3.65 | 73.65 | 8.02 | 6.28 | 14.3 | 3.08 | 100 | | |
| | 各项动态单位投资（元/kW） | 3.69 | 74.46 | 8.11 | 6.35 | 14.45 | 3.12 | 101.1 | | |

## 5.2 运行成本分析

脱硝系统年运行成本估算见表3-18。

表3-18　脱硝系统年运行成本估算

| 序号 | 项目 | | 单位 | 数值 |
|---|---|---|---|---|
| 1 | 项目总投资 | | 万元 | 847 |
| 2 | 年利用小时 | | h | 4500 |
| 3 | 厂用电率 | | % | 8.63% |
| 4 | 年售电量 | | GW·h | 1357 |
| 5 | 生产成本 | 工资 | 万元 | 0 |
| | | 折旧费 | 万元 | 55 |
| | | 修理费 | 万元 | 17 |
| | | 还原剂费用 | 万元 | 70 |
| | | 电耗费用 | 万元 | 0 |
| | | 低压蒸汽费用 | 万元 | 36 |
| | | 除盐水费用 | 万元 | 0 |
| | | 催化剂更换费用 | 万元 | 29 |
| | | 催化剂性能检测费 | 万元 | 20 |
| | | 催化剂处理费用 | 万元 | 8 |
| | | 总计 | 万元 | 234 |
| 6 | 财务费用（平均） | | 万元 | 21 |
| 7 | 总成本增量 | | 万元 | 255 |
| 8 | 增加上网电价 | | 元/(MW·h) | 1.88 |

脱硫系统年运行成本估算见表3-19。

表3-19　脱硫系统年运行成本估算

| 序号 | 项目 | 单位 | 数值 |
|---|---|---|---|
| 1 | 脱硫工程静态总投资 | 万元 | 4754 |
| | 建设期贷款利息 | 万元 | 131 |
| | 脱硫工程动态总投资 | 万元 | 4885 |

续表

| 序号 | 项目 | 单位 | 数值 |
|---|---|---|---|
| 2 | 年利用小时数 | h | 4500 |
| 3 | 装机容量 | MW | 330 |
| 4 | 固定资产原值 | 万元 | 4590 |
| 5 | 年发电量 | GW·h | 1333 |
| 6 | 年石灰石费用（增量） | 万元 | 158 |
| 7 | 年用电费用（增量） | 万元 | 920 |
| 8 | 年用水费（增量） | 万元/年 | 6 |
| 9 | 修理维护费（增量） | 万元/年 | 119 |
| 10 | 折旧费（增量） | 万元/年 | 291 |
| 11 | 长期贷款利息（增量） | 万元/年 | 128 |
| 12 | 总成本增量 | 万元/年 | 1620 |
| 13 | 增加上网电价 | 元/(MW·h) | 12.15 |

除尘系统年运行成本估算见表3-20。

表3-20　　　　　除尘系统年运行成本估算

| 序号 | 项目 | 单位 | 数值 |
|---|---|---|---|
| 1 | 静态投资 | 万元 | 3293 |
| 2 | 动态投资 | 万元 | 3336 |
| 3 | 年用电费用（增量） | 万元 | 91 |
| 4 | 年耗品更换费用（滤袋、极板） | 万元 | 20 |
| 5 | 修理维护费（增量） | 万元 | 66 |
| 6 | 折旧费（增量） | 万元 | 329 |
| 7 | 长期贷款利息（增量） | 万元 | 97 |
| 8 | 总成本增量 | 万元 | 603 |
| 9 | 增加上网电价 | 元/(MW·h) | 4.52 |

## 6　性能试验与运行情况

### 6.1　脱硝

4号机组脱硝超低排放改造工程性能考核试验于2016年12月完成，试验结果见表3-21。

表 3-21　　　　　脱硝性能考核试验结果汇总

| | | 项　目 | 单位 | 保证值/设计值 | 100%负荷率测试结果 |
|---|---|---|---|---|---|
| 1 | 前提条件测试结果 | 烟气量 | m³/h | 1 247 000 | 1 155 844 |
| 2 | | 入口烟气温度 | ℃ | — | 395 |
| 3 | | SCR 入口 $NO_x$ 浓度 | mg/m³ | 600 | 439 |
| 4 | | 入口粉尘浓度 | mg/m³ | 50 000 | 28 245 |
| 5 | | SCR 入口 $SO_3$ 浓度 | mg/m³ | — | 26.1 |
| 6 | 性能指标测试结果 | SCR 出口 $NO_x$ 浓度 | mg/m³ | 50 | 34 |
| 7 | | SCR 出口 $SO_3$ 浓度 | mg/m³ | — | 65.5 |
| 8 | | 逃逸氨浓度 | mg/m³ | ≤2.28 | 1.88 |
| 9 | | 脱硝效率 | % | ≥91.7 | 92.2 |
| 10 | | 氨耗量 | kg/h | ≤253 | 177 |
| 11 | | 氨氮摩尔比 | | ≤0.930 | 0.934 |
| 12 | | $SO_2/SO_3$ 转化率 | % | ≤1.15 | 1.04 |
| 13 | | SCR 烟气温降 | ℃ | ≤3 | 6 |
| 14 | | 系统阻力　A 反应器 | Pa | ≤1100 | 955 |
| | | 系统阻力　B 反应器 | Pa | ≤1100 | 857 |
| 15 | | 设备噪声　SCR 反应区 | dB（A） | ≤85 | 82 |
| | | 设备噪声　脱硝控制室 | dB（A） | ≤55 | 48 |
| 16 | | 所测保温设备表面最高温度 | ℃ | ≤50 | 51 |

## 6.2　脱硫

4 号机组脱硫超低排放改造工程性能考核试验于 2016 年 12 月完成，试验结果见表 3-22。

表 3-22　　　　　脱硫性能考核试验结果汇总

| 序号 | 项　目 | | 单位 | 保证值/设计值 | 结果（修正后） |
|---|---|---|---|---|---|
| 1 | 脱硫装置烟气量 | 标态、干基、6%$O_2$ | m³/h | 1 176 193 | 1 022 483 |
| | | 标态、湿基、6%$O_2$ | m³/h | — | 1 113 685 |
| | | 标态、湿基、实际 $O_2$ | m³/h | 1 299 374 | 1 044 921 |
| 2 | 原烟气 | 温度 | ℃ | 125 | 138 |
| | | $SO_2$ 浓度（标态、干基、6%$O_2$） | mg/m³ | 7184 | 6249 |
| | | 烟尘浓度（标态、干基、6%$O_2$） | mg/m³ | ≤40 | 28 |
| | | $SO_3$ 浓度（标态、干基、6%$O_2$） | mg/m³ | — | 89.7 |
| | | HCl 浓度（标态、干基、6%$O_2$） | mg/m³ | — | 79.2 |
| | | HF 浓度（标态、干基、6%$O_2$） | mg/m³ | — | 34.0 |

续表

| 序号 | 项目 | | 单位 | 保证值/设计值 | 结果（修正后） |
|---|---|---|---|---|---|
| 3 | 净烟气 | 温度 | ℃ | ≥50 | 51 |
| | | $SO_2$浓度（标态、干基、6%$O_2$） | mg/m³ | ≤35 | 20 |
| | | 烟尘浓度（标态、干基、6%$O_2$） | mg/m³ | ≤10 | 8 |
| | | $SO_3$浓度（标态、干基、6%$O_2$） | mg/m³ | 98 | 44.8 |
| | | HCl浓度（标态、干基、6%$O_2$） | mg/m³ | 10 | 0.5 |
| | | HF浓度（标态、干基、6%$O_2$） | mg/m³ | 5.00 | 0.2 |
| 4 | 脱硫效率 | | % | 99.51 | 99.52 |
| 5 | $SO_3$脱除效率 | | % | — | 50.1 |
| 6 | HCl脱除效率 | | % | — | 99.3 |
| 7 | HF脱除效率 | | % | — | 99.4 |
| 8 | 石膏品质 | 含水量 | % | ≤10 | 12.67 |
| | | $CaSO_4·2H_2O$含量 | % | ≥90 | 89.60 |
| | | $CaSO_3·1/2H_2O$含量（以$SO_2$计） | % | <1 | 0.95 |
| | | $CaCO_3$的含量 | % | <3 | 3.2 |
| | | $Cl^-$ | % | <0.01 | 0.17 |
| 9 | 噪声（设备附近位置） | 氧化风机 | dB（A） | ≤85 | 97 |
| | | 循环泵A | dB（A） | ≤80 | 92 |
| | | 循环泵B | dB（A） | ≤80 | 91 |
| | | 循环泵C | dB（A） | ≤80 | 86 |
| | | 循环泵D | dB（A） | ≤80 | 90 |
| | | 循环泵E | dB（A） | ≤80 | 90 |
| | | 循环泵F | dB（A） | ≤80 | 90 |
| 10 | 热损失（所有保温设备的表面最高温度） | | ℃ | ≤50 | 17 |
| 11 | 石灰石消耗量（干态）* | | t/h | ≤15.1 | 14.3 |
| 12 | FGD装置电耗（6kV馈线处）* | | kW | ≤4704 | 4472 |
| 13 | 压力损失（FGD装置总压损） | | Pa | 3224 | 2448 |
| 14 | 工艺水耗量 | | t/h | 92 | 91 |

## 6.3 除尘

4号机组除尘超低排放改造工程性能考核试验于2015年11月完成，试验结果见表3-23。

表3-23　　　　　　　　除尘性能考核试验结果汇总

| 序号 | 项目 | 单位 | 保证值/设计值 | 4号机组 | |
|---|---|---|---|---|---|
| | | | | 结果 | 是否达到保证值要求 |
| 1 | 烟气量 | m³/h | 2 180 000 | 1 809 833 | — |

续表

| 序号 | 项目 | 单位 | 保证值/设计值 | 4号机组 | |
|---|---|---|---|---|---|
| | | | | 结果 | 是否达到保证值要求 |
| 2 | 进口烟温 | ℃ | 150 | 139 | — |
| 3 | 出口烟温 | ℃ | — | 136 | — |
| 4 | 进口烟尘浓度（标态、干基、6%$O_2$） | mg/m³ | 47 000 | 38 719 | — |
| 5 | 出口烟尘浓度（标态、干基、6%$O_2$） | mg/m³ | 30 | 26 | 达到 |
| 6 | 除尘效率 | % | 99.94 | 99.94 | 达到 |
| 7 | 本体阻力 | Pa | 245 | 200 | 达到 |
| 8 | 本体漏风率 | % | 3 | 2.88 | 达到 |

## 7　项目特色与经验

该电厂4号机组设计煤种收到基灰分、硫分均较高，分别达到40.13%和2.9%，对应除尘器设计入口粉尘浓度为47g/m³，脱硫装置设计入口$SO_2$浓度为7184mg/m³。针对现有电除尘器配置较低的现状，该改造工程主要特色在于通过电除尘器扩容+高效电源提效等手段，将除尘器出口粉尘浓度控制到30mg/m³以内，同时考虑新建吸收塔为二级吸收塔，可以充分发挥其协同除尘作用。通过流场模拟优化、吸收塔结构优化、喷淋层优化配置、设置合金托盘、采用高效除雾器等手段，确保串联吸收塔系统综合洗尘效率在70%以上，从而确保烟囱入口粉尘排放浓度低于10mg/m³。

相较于电袋除尘器、湿式电除尘器等技术，高效电源提效改造具有投资省、运行成本低等优势，串联吸收塔除自身脱硫效率高的特点外，其协同除尘作用也远高于单吸收塔，且无需进一步增加运行成本。针对前端电除尘器面临提效改造，后端脱硫装置由于设计硫分过高面临串联吸收塔改造的条件时，通过高效电源提效改造+串联吸收塔协同除尘两段式除尘提效措施，可以大大降低投资和运维成本。

# 案例4

## 自主湿式电除尘器技术在某350MW机组上应用

**技术路线** ▶▶

SCR脱硝+布袋除尘器+石灰石-石膏湿法脱硫+湿式电除尘器

# 1 电厂概况

## 1.1 机组概况

某电厂 9 号机组于 2010 年 7 月投运,锅炉为北京巴布科克·威尔科克斯有限公司按引进的美国 B&W 公司 RB 锅炉技术设计制造并符合 ASME 标准,型号为 B&WB-1165/17.5-M,为亚临界参数、一次中间再热、固态排渣、单炉膛平衡通风、半露天布置、全悬吊、自然循环、单汽包锅炉、尾部双烟道倒 L 形布置。运转层(12.6m 标高)以下封闭,炉顶设大罩壳。设计燃料为平朔烟煤,校核煤种王坪烟煤,采用中速磨煤机配冷一次风机,正压直吹式制粉系统,每台锅炉配五台磨煤机。采用前后墙对冲燃烧方式,并配置有双调风 DRB-XCL 型旋流煤粉燃烧器。在尾部竖井下省煤器后布置了脱硝装置(SCR),脱硝后烟气进入两台三分仓回转式空气预热器。

## 1.2 设计煤质

该电厂 9 号机组锅炉设计燃用平朔烟煤,校核煤种为王坪烟煤,属于较高挥发分烟煤,煤质资料见表 4-1。

表 4-1    9 号机组锅炉设计煤质资料

| 项目 | | 设计煤种 | 校核煤种 |
|---|---|---|---|
| 碳 $C_{ar}$(%) | | 48.625 | 43.53 |
| 氢 $H_{ar}$(%) | | 3.14 | 3.05 |
| 氧 $O_{ar}$(%) | | 9.345 | 10.08 |
| 氮 $N_{ar}$(%) | | 0.81 | 0.65 |
| 硫 $S_{ar}$(%) | | 1.535 | 0.37 |
| 灰分 $A_{ar}$(%) | | 27.295 | 36.52 |
| 水分 $M_t$(%) | | 9.25 | 5.8 |
| 空气干燥基水分 $M_{ad}$ | | 3.835 | 2.38 |
| 低位发热量 $Q_{net,ar}$(kJ/kg) | | 18 610 | 16 800 |
| 哈氏可磨性指数 HGI | | 65 | 54 |
| 干燥无灰基挥发分 $V_{daf}$(%) | | 25.005 | 24.59 |
| 变形温度 DT($t_1$) | | 1300 | 1300 |
| 软化温度 ST($t_2$) | | 1350 | 1350 |
| 流动温度 FT($t_3$) | | 1400 | 1400 |
| 灰成分 | $SiO_2$ | 48.03 | 54.9 |
| | $Al_2O_3$ | 42.295 | 38.62 |
| | $Fe_2O_3$ | 5.39 | 2.4 |
| | CaO | 1.42 | 1.26 |
| | MgO | 0.15 | 0.3 |

续表

| 项　　目 | | 设计煤种 | 校核煤种 |
|---|---|---|---|
| 灰成分 | SO₃ | 0.47 | 0.34 |
| | TiO₂ | 1.175 | 1.13 |
| | P₂O₅ | — | 0.014 |
| | K₂O | 0.58 | 0.54 |
| | Na₂O | 0.225 | 0.31 |
| | MnO | 0.002 | — |
| | 其他 | 0.263 | 0.186 |

# 2 环保设施概况

## 2.1 低氮燃烧装置

该电厂9号锅炉主要采用DRB-XCL型燃烧器与$NO_x$喷口实现低氮燃烧。DRB-XCL型燃烧器上配有双层强化着火的调风机构，从大风箱来的二次风分两股进入到内层和外层调风器，少量的内层二次风作引燃煤粉用，而大量的外层二次风用来补充已燃烧煤粉燃尽所需的空气，并使之完全燃烧。内、外层二次风具有相同的旋转方向。二次风的旋流强度可以改变，其旋转气流能将炉膛内的高温烟气卷吸到煤粉着火区，使煤粉得到点燃和稳定燃烧。采用这种分级送风的方式，不仅有利于煤粉的着火和稳燃，同时也有利于控制火焰中$NO_x$的生成。燃烧器布置在炉膛的前后墙，整台锅炉共有20只燃烧器，其中10只燃烧器的二次风顺时针方向旋转，另10只燃烧器逆时针方向旋转。$NO_x$喷口对冲布置在炉膛的前后墙上，每台锅炉共10只。其中6只$NO_x$喷口的二次风顺时针方向旋转，另外4只逆时针方向旋转，主要是利用空气分级燃烧的原理进一步控制烟气中$NO_x$的生成量，其通过风箱引入的二次风及时地与炉膛内烟气混合，使进入炉膛上部的煤粉完全燃烧。

## 2.2 SCR烟气脱硝装置

该电厂9号机组烟气脱硝采用选择性催化还原法（SCR）烟气脱硝工艺，烟气脱硝装置安装于锅炉省煤器出口至空气预热器入口之间，随机组同步投运。在锅炉正常负荷范围内，脱硝装置入口$NO_x$浓度450mg/m³（干基、标态、6%$O_2$），脱硝效率不小于80%（即脱硝装置出口$NO_x$排放浓度不大于90mg/m³）。系统主要设计参数及设备规范见表4-2与表4-3。

表4-2　　　　　　　9号机组SCR烟气脱硝装置主要参数

| 序号 | 项目名称 | 单位 | 数据 |
|---|---|---|---|
| 1 | 性能数据 | | 设计煤种 |
| 1.1 | 入口烟气参数 | | |

续表

| 序号 | 项目名称 | | 单位 | 数据 |
|---|---|---|---|---|
| 1.2 | 入口处烟气成分 | $CO_2$ | % | 14.56 |
| | | $O_2$ | % | 2.9691 |
| | | $N_2$ | % | 73.326 |
| | | $H_2O$ | % | 8.9727 |
| | | $NO_x$（6%$O_2$、干基） | mL/m³ | 244 |
| | | $SO_x$（6%$O_2$、干基） | mL/m³ | 1549 |
| | | $SO_2$（6%$O_2$、干基） | mL/m³ | 12.4 |
| 1.3 | 入口处污染物浓度（6%$O_2$、标态、湿基） | 粉尘浓度（6%$O_2$、干基） | g/m³ | 33.256 |
| 1.4 | 一般数据 | 总压损（含尘运行） | Pa | 700 |
| | | 催化剂 | Pa | 380 |
| | | 全部烟道 | Pa | 320 |
| | | $NH_3/NO_x$ | mol/mol | 0.625 |
| | | $NO_x$脱除率（性能验收期间） | % | 80 |
| | | $NO_x$脱除率（加装附加催化剂前） | % | 61 |
| | | 装置可用率 | % | 98 |
| 1.5 | 消耗品（两台炉） | 纯氨（规定品质） | t/h | 252 |
| | | 消防水 | m³/h | 162 |
| | | 工艺水 | m³/h | — |
| | | 生活水 | m³/h | — |
| | | 电耗（所有连续运行设备轴功率） | kW | 41 |
| | | 压缩空气（检修用，标态） | m³/min | — |
| | | 压缩空气（仪用，标态） | m³/min | — |
| | | 蒸汽 | t/h | 7.4 |
| | | 其他 | | — |
| 1.6 | SCR出口污染物浓度（6%$O_2$、标态、干基） | $NO_x$ | mg/m³ | <195 |
| | | $SO_2$ | mg/m³ | 4381 |
| | | $SO_3$ | mg/m³ | 99 |
| | | HCl 以 Cl 表示 | mg/m³ | — |
| | | HF 以 F 表示 | mg/m³ | — |
| | | 烟尘 | mg/m³ | 33 256 |
| | | $NH_3$ | mL/m³ | <3 |
| 1.7 | 噪声等级（最大值） | 设备（距声源1m远处测量） | dB（A） | <85 |

表 4-3　　　　　　　　　　　　9号机组脱硝装置设备规范

| 序号 | 项目名称 | | 单位 | 数据 |
|---|---|---|---|---|
| 1 | 反应器 | 数量 | 个/炉 | 2 |
| | | 尺寸 | | 10 000mm（宽）×8000mm（长）×12 200mm（高） |
| | | 运行温度 | ℃ | 382 |
| | | 最大允许温度 | ℃ | 450 |
| 2 | 氨加入系统 | 型式 | | 氨喷射格栅 |
| | | 喷嘴数量 | 个/炉 | 160 |
| 3 | 催化剂 | 型式 | | 蜂窝 |
| | | 节距 | mm | 8.2 |
| | | 层数 | | 2+1 |
| | | 活性温度范围 | | 320~427 |
| | | 烟气流速 | m/s | 6.1 |
| | | 体积 | m³ | 288.2 |
| | | 化学寿命 | | 不低于24 000h/最大4年 |
| 4 | 卸料压缩机 | 型号 | 立式单作用 | ZW-0.6/16-24 |
| | | 数量 | 台 | 2 |
| | | 流量 | m³/h | 0.6 |
| | | 排气压力 | MPa | 0.61 |
| | | 排气量 | m³/h | 55.2 |
| | | 功率 | kW | 6.3 |
| | | 电动机型号 | | YB2-160M-4 |
| | | 功率 | kW | 11 |
| 5 | 储氨罐 | 型号 | 卧式 | φ2552mm×26mm×10 100mm |
| | | 数量 | 台 | 2 |
| | | 容积 | m³/罐 | 49.6 |
| | | 工作温度 | ℃ | 10 |
| | | 设计压力/工作压力 | MPa | 2.16/1 |
| 6 | 液氨供应泵 | 型号 | | YAB1-5 |
| | | 数量 | 台 | 2 |
| | | 扬程 | m | 50 |
| | | 流量 | m³/h | 1.0 |
| | | 电动机型号 | | YB90L-4 |
| | | 功率 | kW | 1.5 |
| 7 | 液氨蒸发槽 | 型号 | ZFQ-270 | 蒸汽加热 |
| | | 规格 | | φ1.04m×2.045m |
| | | 数量 | 台 | 2 |

续表

| 序号 | 项目名称 | | 单位 | 数据 |
|---|---|---|---|---|
| 7 | 液氨蒸发槽 | 进液氨流量 | kg/h | 270 |
| | | 蒸发能力 | kg/h | 250 |
| 8 | 氨气稀释槽 | 型号 | | φ1820mm×10mm×1900mm |
| | | 数量 | 台 | 1 |
| | | 设计温度 | ℃ | 常温 |
| | | 设计压力 | MPa | 常压 |
| | | 容积 | m³ | 6 |
| 9 | 氨气缓冲槽 | 型号 | 立式 | φ1020mm×10mm×1400mm |
| | | 数量 | 台 | 1 |
| | | 容积 | m³ | 2.1 |
| | | 设计压力/运行压力 | MPa | 1.0/0.5 |
| | | 运行温度 | ℃ | 10 |
| 10 | 稀释风机 | 型号 | | 9-19NO7.5D |
| | | 数量 | 台 | 4 |
| | | 流量 | m³/(h·台) | 3971 |
| | | 转速 | r/min | 2950 |
| | | 压头 | Pa | 5300 |
| | | 全压 | Pa | 12 992 |
| | | 电动机型号 | | Y2-200L2-2 |
| | | 电动机转速 | r/min | 2950 |
| | | 电动机电压 | V | 380 |
| | | 额定电流 | A | 67.9 |
| | | 电动机功率 | kW | 37 |
| 11 | 混合器 | 型号 | | φ377mm×10mm×1500mm |
| | | 数量 | 台 | 2 |
| | | 设计容积 | m³ | 0.1 |
| | | 设计压力 | MPa | 0.01 |
| 12 | 蒸汽吹灰器 | 型号 | | IK-525SL |
| | | 型式 | | 耙式半伸缩式 |
| | | 数量 | 台 | 12 |
| | | 吹扫时间 | min | 68/台 |
| | | 吹灰器耗汽量 | t/台 | 3.6 |
| | | 吹灰行程 | mm | 2570 |
| 13 | 氨气泄漏检测器 | 型号 | | — |
| | | 数量 | 台 | 9（两台炉） |

续表

| 序号 | 项目名称 | | 单位 | 数据 |
|---|---|---|---|---|
| 14 | 废水泵 | 型号 | | 50FY-50 |
| | | 数量 | 台 | 1 |
| | | 扬程 | m | 50 |
| | | 功率 | kW | 6 |
| | | 流量 | m³/(h·台) | 10 |
| | | 电动机型号 | | Y132S2-2 |
| | | 功率 | kW | 7.5 |
| | | 电动机转速 | r/min | 1440 |
| 15 | 废水加热器 | 型号 | | ExXH-W-5KW-MAX |
| | | 数量 | 个 | 1 |
| | | 电动机功率 | kW | 5 |
| 16 | 废水池 | 型式 | 矩形/地下 | 2m×2m×2m（混凝土） |
| | | 数量 | 个 | 1 |

根据第三方检测机构于2014年4月进行的脱硝摸底试验，该电厂9号机组脱硝反应器入口$NO_x$浓度在满负荷工况下基本维持在300~340mg/m³（标态、干基、6%$O_2$），不同负荷下的脱硝效率与氨逃逸见表4-4。在T-1脱硝正常运行工况下，氨逃逸浓度较低，约为0.50mL/m³；在T-3增大喷氨量运行工况下，氨逃逸浓度明显上升，两侧平均值为2.75mL/m³，其中B侧达到3.24mL/m³；在T-4工况下，脱硝效率值控制在较高水平，相应氨逃逸值也较高，两侧平均值为2.85mL/m³。此外，满负荷工况下反应器前静压约为-1200Pa，系统阻力约为700Pa，随着负荷降低，系统阻力呈明显下降趋势。

表4-4　　　　　　　　　　脱硝效率与氨逃逸试验结果

| 工况 | 反应器 | SCR入口$NO_x$浓度（mg/m³） | SCR出口$NO_x$浓度（mg/m³） | 脱硝效率（%） | 氨逃逸（mL/m³） | 测试工况 |
|---|---|---|---|---|---|---|
| T-1 | A反应器 | 328 | 161 | 50.7 | 0.49 | 100%负荷率 |
| T-3 | | 316 | 121 | 61.7 | 2.25 | 100%负荷率 |
| T-4 | | 249 | 53 | 78.7 | 2.63 | 75%负荷率 |
| T-1 | B反应器 | 348 | 125 | 64.1 | 0.50 | 100%负荷率 |
| T-3 | | 299 | 78 | 73.8 | 3.24 | 100%负荷率 |
| T-4 | | 238 | 52 | 78.0 | 3.07 | 75%负荷率 |
| T-1 | 单台炉平均氨逃逸 | 338 | 143 | 57.6 | 0.50 | 100%负荷率 |
| T-3 | | 307 | 100 | 67.6 | 2.75 | 100%负荷率 |
| T-4 | | 243 | 53 | 78.4 | 2.85 | 75%负荷率 |

## 2.3　布袋除尘器

该电厂9号机组烟气除尘采用全布袋式除尘器，每台机组配备两台布袋除尘器。每台布袋除尘器设 8 个仓室，共计 9360 条滤袋，过滤面积为 32 386m², 设计除尘效率大于 99.93%，布袋除尘器出口烟尘浓度小于 30mg/m³。布袋除尘器为外滤式、自动清灰，除尘器入口过量空气系数为 1.3029，投入运行初期本体阻力小于等于 800Pa，寿命终期小于等于 1500Pa，气流均布系数小于 0.2，正常运行时过滤风速小于 1.0m/min。布袋除尘器设备参数见表 4-5 和表 4-6。

表 4-5　　　　　　　　　　9 号机组布袋除尘器主要设备

| 序号 | 设备名称 | 数量 | 备注 |
|---|---|---|---|
| 1 | 布袋除尘器本体 | 1 台 | |
| 2 | 布袋除尘器进口挡板 | 8 个 | |
| 3 | 布袋除尘器出口挡板 | 8 个 | |
| 4 | 布袋除尘器旁路提升阀 | 8 个 | |
| 5 | 除尘罗茨风机 | 3 台 | 根据除尘器差压情况选择运行/备用台数 |
| 6 | 旋转喷吹储气罐 | 8 个 | |
| 7 | 旋转喷吹装置 | 8 套 | 包括旋转电机、喷吹电磁阀、旋转喷吹臂等装置 |
| 8 | 除尘器灰斗气化风加热器 | 1 台 | |
| 9 | 除尘器灰斗电加热装置 | 8 个 | |

表 4-6　　　　　　　　9 号机组布袋除尘器详细参数（单台机组）

| 序号 | 项目 | 单位 | 参数 | 备注 |
|---|---|---|---|---|
| 1 | 除尘器数目 | 套 | 2 | |
| 2 | 处理烟风量 | m³/h | 1 936 800 | 实际状态 |
| 3 | 入口烟气温度 | ℃ | 123.4 | |
| 4 | 正常入口粉尘浓度 | g/m³ | 42.882 | 标态 |
| 5 | 出口烟尘浓度 | mg/m³ | <30 | 标态 |
| 6 | 漏风率 | % | <2 | |
| 7 | 仓室数 | 个 | 8 | |
| 8 | 设计过滤面积 | m² | 32 386 | |
| 9 | 除尘器外形尺寸（长×宽×高） | m | 15.8×39.2×24.615 | |
| 10 | 滤袋规格 | mm | 136（椭圆）×8100 | |
| 11 | 滤袋材质 | | PPS+PTFE 表面浸渍 | |
| 12 | 滤袋间距 | mm | 40 | |
| 13 | 滤袋滤料单位质量 | g/m² | ≥550 | |
| 14 | 滤袋及滤料性能 | | 防水、防油、防腐、防糊袋、抗氧化 | |
| 15 | 脉冲阀生产厂家（原装进口） | | 14 英寸 | 鲁奇专供 |
| 16 | 脉冲阀数量 | 只 | 8 | |

续表

| 序号 | 项目 | 单位 | 参数 | 备注 |
|---|---|---|---|---|
| 17 | 袋笼材质 | | 20号低碳钢 | |
| 18 | 喷吹气源压力 | MPa | 0.085 | |
| 19 | 每台除尘器灰斗数 | 个 | 4 | |
| 20 | 接口尺寸 | mm | 4400×4400（进出口）；400×400（灰斗） | |
| 21 | 加热方式及要求 | | 电加热 | |
| 22 | 保温层和保护层材料 | | 彩色钢板/岩锦 | |
| 23 | 气布比 | m/min | 1.00 | |
| 24 | 滤袋允许连续使用温度 | ℃ | <160 | |
| 25 | 滤袋允许最高使用温度 | ℃ | 190（瞬时） | |
| 26 | 设备耐压 | kPa | ±8.7 | |

值得说明的是，9号机组除尘器投运后，机组负荷带到250MW时，在喷吹系统正常投入情况下，压差最大达到4300Pa左右。为降低布袋除尘器运行的压差，某电厂对布袋除尘器进行了小范围的扩容改造，布袋除尘器扩容改造的具体内容为：在原有除尘器的两侧各增加两个布袋除尘室，采用行喷吹方式；另外在原除尘器1、2、7、8号气室外各扩充一个气室，增加圆筒形滤袋1160条，滤袋规格为$\phi 160mm \times 6500mm$，增加过滤面积约$4080m^2$，则改造后滤袋的过滤风速由原设计的1m/min降低到0.885m/min，从而将正常运行时除尘器的压差降至2000~3000Pa。后期又将原除尘器仓室入口风门的通流面积由5.12m×1.40m（长×高）扩大为7.35m×2.5m（长×高），各气室的进口断面面积扩大为$18.375m^2$，进而将布袋除尘器正常运行的压差降低到2000Pa左右。

根据第三方检测机构于2014年4月进行的除尘器摸底试验，该电厂9号机组除尘器进、出口测试主要结果见表4-7。

表4-7　　　　　　　　　　除尘器摸底试验结果

| 测试项目 | | | 单位 | 数据 |
|---|---|---|---|---|
| 实际烟气量 | 出口 | A侧除尘器（标态、湿基、实际$O_2$） | $m^3/h$ | 580 013 |
| | | B侧除尘器（标态、湿基、实际$O_2$） | | 574 377 |
| 标态烟气量 | 出口 | A侧除尘器（标态、干基、6%$O_2$） | $m^3/h$ | 588 688 |
| | | B侧除尘器（标态、干基、6%$O_2$） | | 583 076 |
| 粉尘浓度 | 入口 | A侧除尘器（标态、干基、6%$O_2$） | $mg/m^3$ | 32 588 |
| | | B侧除尘器（标态、干基、6%$O_2$） | | 32 283 |
| | 出口 | A侧除尘器（标态、干基、6%$O_2$） | $mg/m^3$ | 35 |
| | | B侧除尘器（标态、干基、6%$O_2$） | | 23 |
| | | 吸收塔出口 | $mg/m^3$ | 13 |

续表

| 测试项目 | | | 单位 | 数据 |
|---|---|---|---|---|
| 压力 | 入口 | A侧除尘器 | Pa | -4020 |
| | | B侧除尘器 | Pa | -4289 |
| | 出口 | A侧除尘器 | Pa | -6238 |
| | | B侧除尘器 | Pa | -6157 |
| $O_2$浓度 | 入口 | A侧除尘器 | % | 4.6 |
| | | B侧除尘器 | % | 4.4 |
| | 出口 | A侧除尘器 | % | 4.9 |
| | | B侧除尘器 | % | 4.6 |
| 烟气温度 | 入口 | A侧除尘器 | ℃ | 130 |
| | | B侧除尘器 | ℃ | 128 |
| | 出口 | A侧除尘器 | ℃ | 127 |
| | | B侧除尘器 | ℃ | 122 |
| 漏风率 | | A侧除尘器 | % | 1.62 |
| | | B侧除尘器 | % | 0.82 |
| 除尘效率 | | A侧除尘器 | % | 99.89 |
| | | B侧除尘器 | % | 99.93 |
| 脱硫系统除尘效率 | | 两侧平均 | % | 55.2 |
| 压差 | | A侧除尘器 | Pa | 2218 |
| | | B侧除尘器 | Pa | 1868 |

从摸底试验结果来看，100%负荷率工况下，A侧除尘器入口粉尘浓度均值为32 588mg/m³（标态、干基、6%$O_2$），出口粉尘浓度均值为35mg/m³（标态、干基、6%$O_2$），除尘效率为99.89%。B侧除尘器入口粉尘浓度为32 283mg/m³（标态、干基、6%$O_2$），出口粉尘浓度为23mg/m³（标态、干基、6%$O_2$），除尘效率为99.93%。烟囱入口粉尘浓度为13mg/m³（标态、干基、6%$O_2$），脱硫系统除尘效率为55.2%。

## 2.4 脱硫设施

该电厂9号机组采用石灰石-石膏湿法烟气脱硫技术，"一炉一塔"配置，不设GGH和增压风机，不设烟气旁路系统，四层喷淋。设计煤种含硫量为1.0%，校核煤种含硫量1.34%，进口烟气$SO_2$浓度为3300mg/m³（标态、干基、6%$O_2$），出口烟气$SO_2$浓度为100mg/m³（标态、干基、6%$O_2$），脱硫效率大于97.37%。需要说明的是，9号机组$SO_2$排放浓度计划按超低排放控制，电厂与本次脱硝改造同步实施脱硫系统增容改造，以提高设备的可靠性和运行效率。

第三方检测机构于2014年2月17日~2月20日负责完成9号机组的脱硫改造摸底试验，试验结果如下：

1. 工况1

2月18日13：40~14：20，在脱硫装置原烟气流量的测试过程中，机组负荷

350MW，实测的脱硫装置入口烟气量为1 069 726m³/h（标态、干基、实际$O_2$）。脱硫装置入口$SO_2$浓度为3196mg/m³（标态、干基、实际$O_2$），$O_2$平均值为4.64%，出口$SO_2$浓度为109mg/m³（标态、干基、实际$O_2$），$O_2$平均值为5.79%。折算到标态、干基、6%$O_2$状态时，脱硫装置入口$SO_2$浓度为2929mg/m³（标态、干基、6%$O_2$），出口$SO_2$浓度为107mg/m³（标态、干基、6%$O_2$），脱硫系统的脱硫效率为96.3%。脱硫装置入口平均静压2349Pa，脱硫装置出口平均静压为165Pa，阻力损失为2184Pa；2月19日，脱硫装置吸收塔入口平均静压2301Pa，吸收塔出口平均静压为161Pa，阻力损失为2140Pa。

2. 工况2

2月19日9：40~10：20，在脱硫装置原烟气流量的测试过程中，机组负荷350MW，实测的脱硫装置入口烟气量为1 088 982m³/h（标态、干基、实际$O_2$）。脱硫装置入口$SO_2$浓度为2413mg/m³（标态、干基、实际$O_2$），$O_2$平均值为4.65%，出口$SO_2$浓度为76mg/m³（标态、干基、实际$O_2$），$O_2$平均值为5.56%。折算到标态、干基、6%$O_2$状态时，脱硫装置入口$SO_2$浓度为2214mg/m³（标态、干基、6%$O_2$），出口$SO_2$浓度为74mg/m³（标态、干基、6%$O_2$），脱硫系统的脱硫效率为96.7%。脱硫装置入口烟气粉尘含量平均值为29mg/m³（标态、干基、6%$O_2$），脱硫装置出口烟气粉尘含量平均值为13mg/m³（标态、干基、6%$O_2$）。经测试，净烟气经除雾器后雾滴含量为69mg/m³（标态、干基、6%$O_2$）。

## 3 超低排放改造工程进度概况

该电厂9号机组超低排放改造工程进度安排见表4-8。

表4-8　　　　　　　　　9号机组超低排放改造工程进度表

| 项目 | 可研完成时间 | 初设完成时间 | 开工时间 | 停机时间 | 启动（通烟气）时间 | 168h试运行完成时间 |
|---|---|---|---|---|---|---|
| 脱硝 | 2014/4/14 | 2014/6/10 | 2014/5/1 | 2014/9/25 | 2014/10/27 | 2014/11/4 |
| 脱硫 | 2014/4/14 | 2014/6/10 | 2014/5/1 | 2014/9/25 | 2014/10/27 | 2014/11/4 |
| 除尘 | 2014/4/14 | — | 2014/5/1 | 2014/9/25 | 2014/10/27 | 2014/11/4 |

## 4 技术路线选择

### 4.1 边界条件

针对本次改造工作，某电厂结合近两年来入炉煤实际情况，并综合考虑到将来煤质的变化，提出了环保改造设计煤质，见表4-9；设计烟气参数见表4-10，性能指标见表4-11。

表 4-9　　改造设计煤质条件

| 名　　称 | 符号 | 单位 | 设计煤种 |
|---|---|---|---|
| 收到基碳 | $C_{ar}$ | % | 48.625 |
| 收到基氢 | $H_{ar}$ | % | 3.14 |
| 收到基氧 | $O_{ar}$ | % | 9.345 |
| 收到基氮 | $N_{ar}$ | % | 0.81 |
| 收到基硫 | $S_{ar}$ | % | 1.34 |
| 收到基灰分 | $A_{ar}$ | % | 27.49 |
| 收到基水分 | $M_{ar}$ | % | 9.25 |
| 干燥无灰基挥发分 | $V_{daf}$ | % | 40.06 |
| 收到基低位热 | $Q_{net,ar}$ | kJ/kg | 18610 |
| 哈氏可磨性指数 | HGI |  | 65 |

表 4-10　　改造设计烟气参数

| | 项目 | 单位 | 设计值 | 备　注 |
|---|---|---|---|---|
| 脱硝 | 烟气量 | m³/h | 1 190 000 | 标态、干基、6%$O_2$ |
| | $NO_x$ | mg/m³ | 450 | 标态、干基、6%$O_2$ |
| | 烟温 | ℃ | 382 | |
| | 烟气静压 | Pa | -1200 | |
| | 烟尘浓度 | g/m³ | 42.882 | 标态、干基、6%$O_2$ |
| | $SO_2$ 浓度 | mg/m³ | 3800 | |
| | $SO_3$ 浓度 | mg/m³ | 38 | 标态、干基、6%$O_2$ |
| 除尘 | 烟尘浓度 | g/m³ | 42.882 | 标态、干基、6%$O_2$ |
| | 烟温 | ℃ | 140 | |
| 脱硫 | $SO_2$ 浓度 | mg/m³ | 3800 | 标态、干基、6%$O_2$ |
| | 烟温 | ℃ | 126 | 正常值 |
| | 烟温 | ℃ | 160 | 最高连续运行烟温 |
| | 烟温 | ℃ | 170 | 最高（≤20min） |
| | 烟尘浓度 | mg/m³ | 30 | 标态 |

表 4-11　　改造性能指标

| 项目 | 内　容 | 单位 | 设计值 | 备　注 |
|---|---|---|---|---|
| 脱硝 | 出口 $NO_x$ 浓度 | mg/m³ | 50 | 标态、干基、6%$O_2$ |
| | SCR 脱硝效率 | % | 88.9 | |
| | $NH_3$ 逃逸 | mg/m³ | 2.28 | 标态、干基、6%$O_2$ |
| | $SO_2/SO_3$ 转化率 | % | 1 | 三层催化剂 |
| | 系统压降 | Pa | 1000 | |
| | 脱硝系统温降 | % | 3 | |
| | 系统漏风率 | % | 0.4 | |

续表

| 项目 | 内容 | 单位 | 设计值 | 备注 |
|---|---|---|---|---|
| 脱硝 | 设计烟气温度 | ℃ | 382 | |
| | 最低连续运行烟温 | ℃ | 310 | |
| | 最高连续运行烟温 | ℃ | 430 | |
| 除尘 | 烟囱入口粉尘浓度 | mg/m³ | 5 | 标态、干基、6%$O_2$ |
| | 本体漏风率 | % | 2 | |
| 脱硫 | $SO_2$浓度 | mg/m³ | 35 | 标态、干基、6%$O_2$ |
| | 脱硫效率 | % | 99.1 | |

## 4.2 脱硝改造技术路线选择

摸底测试结果显示，该电厂9号机组SCR脱硝系统入口$NO_x$排放浓度为300~340mg/m³（标态、干基、6%$O_2$），表明当前锅炉$NO_x$排放浓度能够控制在较低水平，因此本项目改造方案建议不再对锅炉进行低氮燃烧改造。考虑到本项目要求$NO_x$排放浓度达到50mg/m³（标态、干基、6%$O_2$），相应要求达到80%以上脱硝效率，且对脱硝装置运行的高效稳定性要求较高，因此本次改造建议仍采用SCR烟气脱硝技术。

还原剂的选择是影响SCR脱硝效率的主要因素之一，应具有效率高、价格低廉、安全可靠、存储方便、运行稳定、占地面积小等特点。目前，常用的还原剂有液氨、尿素和氨水三种。由于液氨来源广泛、价格便宜、投资及运行费用均较其他两种物料节省，因而目前国内SCR装置大多采用液氨作为SCR脱硝还原剂；但同时液氨属于危险品，国家对于存储、卸车、制备、采购及运输路线均有较为严格的规定。鉴于本项目原SCR脱硝系统已采用液氨作为还原剂，因此本项目仍建议采用液氨作为还原剂。

## 4.3 除尘改造技术路线选择

目前，除尘器出口平均烟尘浓度约为29mg/m³（标态、干基、6%$O_2$），9号机组所采用的除尘技术是全布袋除尘技术，烟尘的脱除效率（试验测得的除尘效率接近设计值99.93%）在理论上是其他除尘技术所无法达到的。根据本次摸底试验结果，结合除尘器原设计条件、当前实际运行情况、煤质条件和场地条件以及电厂要求的烟尘排放浓度等，可知对布袋除尘器本体进一步改造的效果不明显，但可考虑对滤袋进行更换改造。同时，对目前国内相对比较成熟的除尘技术应用情况进行分析，经综合论证后决定在脱硫塔后面布置一个湿式电除尘器，将烟囱入口的粉尘浓度控制在5mg/m³（标态、干基、6%$O_2$）以下。

## 4.4 脱硫改造技术路线选择

石灰石/石灰-石膏湿法烟气脱硫工艺是技术最成熟、应用最广泛的烟气脱硫技术，我国90%左右的电厂烟气脱硫装置都是采用该种工艺。对于本次的烟气脱硫改造，由于前期脱硫系统采用的工艺为石灰石-石膏湿法，因此，本次烟气脱硫增容改造仍采用石灰石-石膏湿法脱硫工艺。

该电厂9号机组目前煤质含硫量与原设计值一致，设计煤种收到基硫分为1.34%，FGD入口$SO_2$浓度为3800mg/m³（标态、干基、6%$O_2$），但出口排放标准提高，要求出口排放浓度不大于35mg/m³（标态、干基、6%$O_2$），脱硫效率不小于99.1%。根据该电厂脱硫现状及石灰石-石膏法脱硫工艺的情况，在合理的设计参数情况下，如液气比、烟气阻力合理等，入口$SO_2$浓度在小于等于3500mg/m³（标态、干基、6%$O_2$）条件下，可以达到出口50mg/m³（标态、干基、6%$O_2$），但考虑到本项目入口$SO_2$浓度在3800mg/m³（标态、干基、6%$O_2$），出口$SO_2$浓度则要求在35mg/m³（标态、干基、6%$O_2$）以下，仅设置常规单塔难以达到要求。通过工艺计算，针对本次改造提出以下三个改造方案：

方案一：原塔作为一级吸收塔，新建二级吸收塔；

方案二：原塔作为二级吸收塔，新建一级吸收塔；

方案三：原吸收塔上部增加二级吸收段，改为单塔双循环。

三种方案的比较见表4-12。结合本工程燃烧煤质的实际情况，考虑工程所在区域对环保达标可靠性要求较高，并综合考虑到投资少、改造工作量及施工难度、后期经济运行等因素，最终确定该电厂9号机组脱硫超低排放改造采用方案一。

表4-12　　　　　　　　　脱硫超低排放改造方案比较

| 项　目 | 方案一 | 方案二 | 方案三 |
| --- | --- | --- | --- |
| 改造可靠性 | 高 | 高 | 较高 |
| 改造工程量 | 最低 | 较高 | 最高 |
| 运行维护 | 最小 | 较小 | 最大 |
| 改造工期（停机天数） | 40 | 75 | 150 |
| 静态投资（万元） | 18 927 | 20 769 | 17 868 |
| 运行成本（万元） | 3635 | 4155 | 3512 |

## 4.5　超低排放改造技术路线确定

该电厂超低排放改造最终确定的技术路线如图4-1所示。

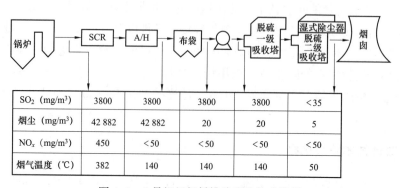

图4-1　9号机组超低排放改造技术路线

# 5 投资估算与运行成本分析

## 5.1 投资估算

脱硝系统超低排放改造工程投资估算见表 4-13。

表 4-13　　脱硝系统超低排放改造工程投资估算表　　万元

| 序号 | 项目名称 | 建筑工程费 | 设备购置费 | 安装工程费 | 其他费用 | 合计 | 各项占静态投资比例（%） | 单位投资（元/kW） |
|---|---|---|---|---|---|---|---|---|
| 一 | 脱硝工程主体部分 | | | | | | | |
| （一） | 脱硝装置系统 | | | | | | | |
| 1 | 工艺系统 | 202 | 1646 | 53 | | 1901 | 75.24 | 54.3 |
| 2 | 热工控制系统 | | 68 | 9 | | 77 | 3.03 | 2.19 |
| 3 | 调试工程费 | 0 | 0 | 53 | | 53 | 2.08 | 1.5 |
| | 小计 | 202 | 1713 | 115 | | 2030 | 80.35 | 58 |
| （二） | 编制基准期价差 | | | | 2 | 2 | 0.07 | 0.05 |
| （三） | 其他费用 | | | | 375 | 375 | 14.82 | 10.7 |
| 1 | 建设场地征用及清理费 | | | | | | | |
| 2 | 建设项目管理费 | | | | 45 | 45 | 1.76 | 1.27 |
| 3 | 项目建设技术服务费 | | | | 288 | 288 | 11.39 | 8.22 |
| 4 | 整套启动试运费 | | | | 42 | 42 | 1.66 | 1.2 |
| 5 | 生产准备费 | | | | 1 | 1 | 0.02 | 0.01 |
| （四） | 基本预备费 | | | | 120 | 120 | 4.76 | 3.43 |
| | 脱硝工程主体部分静态投资 | 202 | 1713 | 117 | 495 | 2526 | | 72.18 |
| | 各项占静态投资比例（%） | 8 | 67.81 | 4.61 | 19.58 | 100 | | |
| | 各项静态单位投资（元/kW） | 5.77 | 48.94 | 3.33 | 14.13 | 72.18 | | |
| 二 | 相关配套改造工程 | | | | | | | |
| （一） | 主辅生产工程 | | | | | | | |
| 1 | 空气预热器改造 | | 784 | 95 | | 879 | | 25.11 |
| | 小计 | | 784 | 95 | | 879 | | 25.11 |
| （二） | 编制基准期价差 | | | | | | | |
| （三） | 其他费用 | | | | 7 | 7 | | |
| | 建设场地征用及清理费 | | | | | | | |
| | 建设项目管理费 | | | | 6 | 6 | | |
| | 项目建设技术服务费 | | | | | | | |
| | 分系统调试费及整套启动试运费 | | | | | | | |
| | 生产准备费 | | | | 1 | 1 | | |

续表

| 序号 | 项目名称 | 建筑工程费 | 设备购置费 | 安装工程费 | 其他费用 | 合计 | 各项占静态投资比例（%） | 单位投资（元/kW） |
|---|---|---|---|---|---|---|---|---|
| （四） | 基本预备费 | | | | 45 | 45 | | |
| | 工程静态总投资 | 202 | 2497 | 212 | 546 | 3456 | | 98.73 |
| | 各项占静态投资比例（%） | 5.85 | 72.24 | 6.13 | 15.78 | 100.00 | | |
| | 各项静态单位投资（元/kW） | 5.77 | 71.32 | 6.05 | 15.58 | 98.73 | | |
| （五） | 动态费用 | | | | | | | |
| 1 | 价差预备费 | | | | | | | |
| 2 | 建设期贷款利息 | | | | 121 | | | |
| | 小计 | | | | 121 | | | |
| | 工程动态投资 | 202 | 2497 | 212 | 666 | 3576 | 100 | 102.18 |
| | 各项占动态投资比例（%） | 5.65 | 69.8 | 5.92 | 18.62 | 100 | | |
| | 各项动态单位投资（元/kW） | 5.77 | 71.32 | 6.05 | 19.03 | 102.18 | | |

除尘系统超低排放改造工程投资估算见表4-14。

表4-14　　　　除尘系统超低排放改造工程投资估算表　　　　万元

| 序号 | 工程或费用名称 | 建筑工程费 | 设备购置费 | 安装工程费 | 其他费用 | 合计 | 各项占静态投资比例（%） | 单位投资（元/kW） |
|---|---|---|---|---|---|---|---|---|
| 一 | 改造工程 | 180 | 2120 | 555 | | 2855 | 90.13 | 80.71 |
| 1 | 原除尘器检修 | | 500 | 83 | | 583 | 18.59 | 16.65 |
| 2 | 湿式电除尘器 | 180 | 1598 | 464 | | 2242 | 71.54 | 64.06 |
| 3 | 除尘系统数据联网 | | 22 | 8 | | 30 | 0.96 | 0.86 |
| 二 | 其他费用 | | | | 130 | 130 | 4.15 | 3.72 |
| 1 | 项目建设技术服务费 | | | | 48 | | | |
| 2 | 工程监理费 | | | | 13 | | | |
| 3 | 工程性能试验验收费 | | | | 45 | | | |
| 4 | 环保验收费 | | | | 25 | | | |
| 三 | 基本预备费 | | | | 150 | 150 | | |
| 四 | 工程静态投资 | 180 | 2120 | 555 | 280 | 3135 | 100 | 89.55 |
| | 各项占静态投资的比例（%） | 5.74 | 67.63 | 17.71 | 8.92 | 100 | | |
| | 各项静态单位投资（元/kW） | 5.14 | 60.56 | 15.86 | 7.98 | 89.55 | | |
| 五 | 动态费用 | | | | | 41 | | |
| 1 | 价差预备费 | | | | | | | |
| 2 | 建设期贷款利息 | | | | 41 | | | |
| | 工程动态投资 | 180 | 2120 | 555 | 280 | 3176 | | |
| | 各项占动态投资的比例（%） | 5.67 | 66.75 | 17.48 | 8.8 | 100 | | |
| | 各项动态单位投资（元/kW） | 5.14 | 60.56 | 15.86 | 7.98 | 90.73 | | |

脱硫系统超低排放改造工程投资估算见表4-15。

表4-15　　脱硫系统超低排放改造工程投资估算表　　　　　　　　万元

| 序号 | 项目名称 | 建筑工程费 | 设备购置费 | 安装工程费 | 其他费用 | 合计 | 各项占静态投资比例（%） | 单位投资（元/kW） |
|---|---|---|---|---|---|---|---|---|
| 一 | 脱硫主体工程 | 416 | 3588 | 1594 | | 5598 | 88 | 56 |
| 1 | 工艺系统 | 416 | 1944 | 1195 | | 3555 | 56.17 | 35.55 |
| | 吸收剂制备供应系统 | | | 10 | | 10 | 0.15 | 0.09 |
| | 吸收塔系统 | | 976 | 445 | | 1421 | 22.44 | 14.2 |
| | 烟气系统 | | 699 | 236 | | 935 | 14.77 | 9.35 |
| | 石膏处理及浆液回收系统 | | 94 | 57 | | 151 | 2.39 | 1.51 |
| | 废水处理系统 | | 176 | 17 | | 193 | 3.04 | 1.92 |
| | 保温、防腐、油漆 | | 0 | 431 | | 431 | 6.81 | 4.31 |
| 2 | 电气系统 | | 1380 | 189 | | 1569 | 24.79 | 15.69 |
| 3 | 热工控制系统 | | 264 | 139 | | 403 | 6.37 | 4.03 |
| 4 | 调试工程 | | | 70 | | 70 | 1.11 | 0.7 |
| 二 | 与脱硫工程有关的单项工程 | | | 8 | | 8 | 0.12 | 0.07 |
| 1 | 烟囱防腐 | | | | | | | |
| 2 | 拆除费用 | | | 8 | | 8 | 0.12 | 0.07 |
| 三 | 编制年价差 | 21 | 0 | 26 | | 47 | 0.74 | 0.47 |
| 四 | 其他费用 | | | | 379 | 379 | 5.98 | 3.79 |
| 1 | 建设场地征用及清理费 | | | | | | | |
| 2 | 项目建设管理费 | | | | 76 | 76 | 1.2 | 0.76 |
| 3 | 项目建设技术服务费 | | | | 256 | 256 | 4.04 | 2.56 |
| 4 | 分系统调试费及整套启动试运费 | | | | 45 | 45 | 0.71 | 0.45 |
| 5 | 生产准备费 | | | | 3 | 3 | 0.04 | 0.03 |
| 五 | 基本预备费 | | | | 299 | 299 | 4.73 | 2.99 |
| | 工程静态投资 | 437 | 3588 | 1627 | 678 | 6329 | | |
| | 各项站静态投资比例（%） | 6.9 | 56.69 | 25.7 | 10.71 | 100 | | |
| | 各项静态单位投资（元/kW） | 10.92 | 89.7 | 40.66 | 16.94 | 158.23 | | |
| 六 | 动态费用 | | | | 194 | 194 | | |
| 1 | 价差预备费 | | | | | | | |
| 2 | 建设期贷款利息 | | | | 194 | 194 | 3.06 | 1.93 |
| | 工程动态投资 | 437 | 3588 | 1627 | 871 | 6523 | | |
| | 各项占动态投资比例（%） | 6.7 | 55.01 | 24.94 | 13.36 | 100 | | |
| | 各项动态单位投资（元/kW） | 10.92 | 89.7 | 40.66 | 21.78 | 163.07 | | |

## 5.2 运行成本分析

脱硝系统年总运行成本见表4-16。

表4-16　脱硝系统年总运行成本估算

| 序号 | 项目 | | 单位 | 数值 |
|---|---|---|---|---|
| 1 | 项目总投资 | | 万元 | 3456 |
| 2 | 年利用小时 | | h | 6000 |
| 3 | 厂用电率 | | % | 5.92 |
| 4 | 年售电量 | | GW·h | 1975 |
| 5 | 生产成本 | 工资 | 万元 | 0 |
| | | 折旧费 | 万元 | 200 |
| | | 修理费 | 万元 | 69 |
| | | 还原剂费用（扣除进项税） | 万元 | 155 |
| | | 电耗费用 | 万元 | 18 |
| | | 低压蒸汽费用 | 万元 | 10 |
| | | 除盐水费用 | 万元 | 0 |
| | | 催化剂更换费用（扣除进项税） | 万元 | 158 |
| | | 催化剂性能检测费 | 万元 | 30 |
| | | 催化剂处理费用 | 万元 | 28 |
| | | 总计 | 万元 | 666 |
| 6 | 财务费用（平均） | | 万元 | 104 |
| 7 | 生产成本+财务费用 | | 万元 | 770 |
| 8 | 增加上网电费 | | 元/(MW·h) | 3.9 |

注　本项年总成本考虑整个自然年的成本及发电量，不考虑建设年份机组投运时间及发电量。

除尘系统年总运行成本见表4-17。

表4-17　除尘系统年总运行成本估算

| 序号 | 项目 | 费用（万元） |
|---|---|---|
| 1 | 极板 | 50 |
| 2 | 电耗 | 152 |
| 3 | 修理维护费 | 63 |
| 4 | 折旧费 | 314 |
| 5 | 财务费用（平均） | 89 |
| 6 | 总年成本 | 702 |

注　1. 全布袋除尘器滤袋及袋笼使用寿命均按4年考虑；

　　2. 成本电价按0.4元/kW计算，年利用小时数按6000h考虑；

　　3. 修理维护费率按2%考虑；

　　4. 还款期和折旧年限按10年计。

脱硫系统年总运行成本估算见表4-18。

表4-18　　　　　　　　　脱硫系统年总运行成本估算

| 序号 | 项　目 | 单位 | 数值 |
|---|---|---|---|
| 1 | 脱硫工程静态总投资 | 万元 | 6329 |
|   | 建设期贷款利息 | 万元 | 194 |
|   | 脱硫工程动态总投资 | 万元 | 6523 |
| 2 | 年利用小时数 | h | 6000 |
| 3 | 装机容量 | MW | 350 |
| 4 | 固定资产原值 | 万元 | 6002 |
| 5 | 年发电量 | GW·h | 1885 |
| 6 | 石灰石耗量（增量） | t/h | 0 |
|   | 石灰石粉价格（不含税） | 元/t | 94 |
|   | 年石灰石费用（增量） | 万元 | 23 |
| 7 | 用电量（增量） | kW·h/h | 1284 |
|   | 成本电价 | 元/(kW·h) | 0 |
|   | 年用电费用 | 万元 | 388 |
| 8 | 用水量（增量） | t/h | 3 |
|   | 水价 | 元/t | 1 |
|   | 年用水费（增量） | 万元/年 | 2 |
| 9 | 修理维护费（增量） | 万元/年 | 158 |
| 10 | 折旧费（增量） | 万元/年 | 380 |
| 11 | 长期贷款利息（增量） | 万元/年 | 190 |
| 12 | 总成本增量 | 万元/年 | 1141 |
| 13 | 单位成本增加值 | 元/(MW·h) | 6.05 |

# 6　性能试验与运行情况

## 6.1　脱硝

该电厂9号机组脱硝系统超低排放改造工程性能考核试验于2015年6月完成，试验结果见表4-19。

表4-19　　　　　　　　　脱硝系统性能考核试验结果汇总

| 序号 | 项　目 | | 单位 | 保证值/设计值 | 考核结果 |
|---|---|---|---|---|---|
| 1 | 前提条件测试结果 | 烟气量 | m³/h | 1 190 000 | 1 151 814 |
| 2 | | 入口烟气温度 | ℃ | 382 | 346 |
| 3 | | SCR入口$NO_x$浓度 | mg/m³ | 450 | 390 |
| 4 | | SCR入口烟尘浓度 | mg/m³ | 42 882 | 34 458 |
| 5 | | SCR入口$SO_3$浓度 | mg/m³ | 38 | 36 |

续表

| 序号 | 项目 | | 单位 | 保证值/设计值 | 考核结果 |
|---|---|---|---|---|---|
| 6 | 性能指标测试结果 | SCR 出口 $NO_x$ 浓度 | mg/m³ | ≤50 | 33 |
| 7 | | SCR 出口 $SO_3$ 浓度 | mg/m³ | | 58 |
| 8 | | 逃逸氨浓度 | mL/m³ | ≤3 | 2.22 |
| 9 | | 脱硝效率 | % | ≥91.9 | 92.1 |
| 10 | | 氨耗量 | kg/h | ≤193 | 154 |
| 11 | | 氨氮摩尔比 | | | 0.927 |
| 12 | | $SO_2/SO_3$ 转化率 | % | ≤1 | 0.89 |
| 13 | | SCR 烟气温降 | ℃ | | 6 |
| 14 | 系统阻力 | A 反应器 | Pa | ≤1000 | 987 |
| | | B 反应器 | Pa | ≤1000 | 995 |

## 6.2 除尘

该电厂 9 号机组除尘系统超低排放改造工程性能考核试验于 2015 年 5 月完成，试验结果见表 4-20。

表 4-20　　除尘系统性能考核试验结果汇总

| 序号 | 项目 | 单位 | 设计值 | 结果 |
|---|---|---|---|---|
| 1 | 烟气量 | m³/h | 1 208 815 | 1 190 000 |
| 2 | 进口烟温 | ℃ | 51 | 50 |
| 3 | 出口烟温 | ℃ | — | 47 |
| 4 | 进口烟尘浓度 | mg/m³ | 20 | 21.4 |
| 5 | 出口烟尘浓度 | mg/m³ | 5 | 2 |
| 6 | 除尘效率 | % | 75 | 90.78 |
| 7 | 进口 $SO_3$ 浓度 | mg/m³ | | 24.7 |
| 8 | 出口 $SO_3$ 浓度 | mg/m³ | — | 7.29 |
| 9 | $SO_3$ 脱除效率 | % | 70 | 70.5 |
| 10 | 进口雾滴浓度 | mg/m³ | 30 | 21.8 |
| 11 | 出口雾滴浓度 | mg/m³ | 10 | 9.6 |
| 12 | 雾滴脱除效率 | % | 75 | 56 |
| 13 | 本体阻力 | Pa | 300 | 175 |

## 6.3 脱硫

该电厂 9 号机组脱硫系统超低排放改造工程性能考核试验于 2015 年 5 月完成，试验结果见表 4-21。

表 4-21　　　　　　　　脱硫系统性能考核试验结果

| 序号 | 项目 | | 单位 | 设计值 | 结果 |
|---|---|---|---|---|---|
| 1 | 脱硫装置烟气量 | | $m^3/h$ | 1 251 445 | 1 019 968 |
| 2 | 原烟气 | 温度 | ℃ | 126 | 143 |
| | | $SO_2$ 浓度 | $mg/m^3$ | 3800 | 3353 |
| | | 烟尘浓度 | $mg/m^3$ | 30 | 21 |
| 3 | 净烟气 | 温度 | ℃ | 51 | 51 |
| | | $SO_2$ 浓度 | $mg/m^3$ | ≤35 | 27 |
| | | 烟尘浓度 | $mg/m^3$ | ≤20 | 19 |
| 4 | 脱硫效率 | | % | 99.1 | 99.3 |
| 5 | $SO_3$ 脱除效率 | | % | — | 64.34 |
| 6 | HCl 脱除效率 | | % | — | 95.9 |
| 7 | HF 脱除效率 | | % | — | 97.11 |
| 8 | 石膏品质 | 含水量 | % | ≤10 | 8.87 |
| | | $CaSO_4 \cdot 2H_2O$ 含量 | % | ≥90 | 91.49 |
| | | $CaSO_3 \cdot 1/2H_2O$ 含量（以 $SO_2$ 计） | % | <1 | 0.88 |
| | | $CaCO_3$ 的含量 | % | <3 | 1.63 |
| | | $Cl^-$ | % | <0.01 | 0.1 |
| 9 | 噪声（设备附近位置） | 氧化风机 A | dB（A） | ≤85 | 86 |
| | | 氧化风机 B | dB（A） | ≤85 | 91 |
| | | 循环泵 A | dB（A） | ≤80 | 93 |
| | | 循环泵 B | dB（A） | ≤80 | 93 |
| | | 循环泵 C | dB（A） | ≤80 | 92 |
| | | 循环泵 D | dB（A） | ≤80 | 92 |
| | | 循环泵 E | dB（A） | ≤80 | 88 |
| | | 循环泵 F | dB（A） | ≤80 | 87 |
| | | 循环泵 G | dB（A） | ≤80 | 86 |
| | | 脱硫控制室 | dB（A） | ≤80 | 51 |
| 10 | 热损失（所有保温设备的表面最高温度） | | ℃ | ≤50 | 41 |
| 11 | 石灰石消耗量（干态） | | t/h | ≤8.2 | 7.06 |
| 12 | 水耗量 | | t/h | ≤71 | 53 |
| 13 | FGD 装置电耗（6kV 馈线处） | | kW·h/h | ≤7755 | |
| 13.1 | FGD 开 ABCDG 循环泵 | | kW·h/h | | 2771 |
| 13.2 | FGD 开 BCDEFG 循环泵 | | kW·h/h | | 3147 |
| 13.3 | FGD 开 ABCDEFG 循环泵 | | kW·h/h | | 3637 |
| 14 | 压力损失 | FGD 装置总压损 | Pa | ≤4500 | |
| | | FGD 开 ABCDG 循环泵总压损 | Pa | | 3164 |
| | | FGD 开 BCDEFG 循环泵总压损 | Pa | | 3186 |
| | | FGD 开 ABCDEFG 循环泵总压损 | Pa | | 3399 |
| 15 | 除雾器出口雾滴（标态、干基） | | $mg/m^3$ | ≤35 | 33.6 |

## 7 项目特色与经验

2014年4月,该电厂9号机组环保改造工程开始立项建设,项目内容涉及脱硫、脱硝和除尘改造,脱硫脱硝均为常规改造,湿式静电除尘改造则成为项目亮点。该项目由中国华电××公司环保分公司承担,项目实施中采用了自主创新的湿式静电除尘技术,自主研发并应用了国内第一个无外壳导电玻璃钢湿式静电除尘器。该项目的投运,也让该电厂成为国内首个分别在线测量PM2.5、PM10和微尘总量的燃煤电厂。作为此次研发、应用、施工方的华电工程公司在成功改造本项目的同时,也获得了刚性放电极除雾装置的专利授权,并申请了捕集湿法脱硫后烟气中的细颗粒物的电除雾方法和装置等3项发明专利。

自2014年11月底项目投运开始,该电厂所在市级环境监测中心进行了跟踪监测,并出具了监测报告,报告中指出:总排口废气三周期烟尘、氮氧化物最大小时排放浓度分别为3.28mg/m$^3$、24.0mg/m$^3$,二氧化硫监测结果全部低于方法检出限值。林格曼烟气黑度均小于1级,低于《火电厂大气污染物排放标准》(GB 13223—2011)表2中重点地区燃气轮机组特别排放限值。

# 案例5

## 冷凝式除尘除雾技术在某350MW机组上应用

**技术路线** ▶▶

SCR脱硝装置+电袋复合除尘器+石灰石-石膏湿法高效除尘脱硫工艺

# 1 电厂概况

## 1.1 机组概况

某电厂 2 号 350MW 机组于 2015 年 11 月 23 日投产，配备上海电气集团上海锅炉有限公司自主开发设计、制造的超临界 Π 型变压直流炉，型号为 SG-1235/25.4-M4417，采用单炉膛、一次再热、平衡通风、四角切圆燃烧、固态排渣、全钢构架、全悬吊结构、半露天岛式布置，运行层下封闭。采用不带再循环泵的大气扩容式启动系统，配备 2 台三分仓回转式空气预热器。

锅炉设计时考虑同步安装脱硝装置、除尘装置和脱硫装置。锅炉尾部采用选择性催化还原脱硝工艺（SCR）。每台机组设一套 SCR 脱硝装置，采用"3+1"布置方式，SCR 反应器布置锅炉尾部钢构架内、空气预热器的正上方。空气预热器外拉式布置。空气预热器下游布置电袋复合除尘器和石灰石-石膏湿法高效除尘脱硫装置。电袋复合除尘器采用"2+2"布置方式，石灰石-石膏湿法高效除尘脱硫系统配备有三级屋脊式除雾器+一级管式冷凝器+二次冷却极细雾化喷淋装置。

## 1.2 设计煤质

锅炉设计燃用华亭煤业集团所属的山寨煤矿及东峡煤矿的烟煤，校核煤种为华亭矿区和彬长矿区的混煤，煤质资料见表 5-1。

表 5-1　2 号锅炉设计煤质资料

| 序号 | | 名称 | 符号 | 单位 | 设计煤种（华亭矿区） | 校核煤种（华亭彬长混煤） |
|---|---|---|---|---|---|---|
| 1.1 | 工业分析 | 收到基水分 | $M_{ar}$ | % | 18.0 | 12.0 |
| | | 空气干燥基水分 | $M_{ad}$ | % | 5.68 | 2.55 |
| | | 收到基灰分 | $A_{ar}$ | % | 13.75 | 23.93 |
| | | 干燥无灰基挥发分 | $V_{daf}$ | % | 38.43 | 33.18 |
| | | 收到基低位发热量 | $Q_{net,ar}$ | MJ/kg | 19.94 | 18.52 |
| 1.2 | 元素分析 | 收到基碳 | $C_{ar}$ | % | 53.97 | 49.56 |
| | | 收到基氢 | $H_{ar}$ | % | 3.32 | 2.90 |
| | | 收到基氧 | $O_{ar}$ | % | 9.92 | 10.34 |
| | | 收到基氮 | $N_{ar}$ | % | 0.40 | 0.57 |
| | | 全硫 | $S_{t,ar}$ | % | 0.64 | 0.70 |
| 1.3 | 哈氏可磨性指数 | | HGI | | 56 | 83 |
| 1.4 | 冲刷磨损指数 | | $K_e$ | | 1.6 | 2.3 |

# 2 环保设施概况

## 2.1 低氮燃烧装置

锅炉配备浓淡燃烧器。浓淡煤粉气流各自远离燃料的化学当量比燃烧,浓煤粉气流是富燃料燃烧。由于着火稳定性得到改善,使挥发分析出速度加快,造成挥发分析出区域缺氧,从而达到低$NO_x$排放的目的。而淡煤粉气流是贫燃料燃烧,燃烧区域温度水平低,也抑制了$NO_x$的生成。

整个燃烧器采用分级送风的方式,在燃烧器顶部布置燃尽风(OFA)喷口。可以在主燃烧区域形成低氧量的燃烧气氛,抑制$NO_x$的生成,在燃烧后期送入燃尽所需的部分空气。燃烧器喷口分成上下两组并拉开适当距离,以降低主燃烧区的尖峰温度。

## 2.2 SCR 烟气脱硝装置

该电厂2号机组烟气脱硝方式采用选择性催化还原法(SCR)烟气脱硝工艺,烟气脱硝装置安装于锅炉省煤器出口至空气预热器入口之间,随机组同步投运。催化剂布置方式为"3+1"布置模式,初装2层。在锅炉正常负荷范围内,脱硝装置入口$NO_x$浓度350mg/m³(干基、标态、6%$O_2$),脱硝效率不小于86%(即脱硝装置出口$NO_x$排放浓度不大于50mg/m³)。利用尿素作为还原剂,采用尿素热解制氨工艺,热解装置布置在SCR反应器构架上。脱硝系统主要设计参数及设备规范见表5-2与表5-3。

表5-2　　　　　　　　2号机组SCR烟气脱硝装置主要设计参数

| 序号 | 项目 | | 单位 | 设计煤种 | 校核煤种 |
|---|---|---|---|---|---|
| 1 | 入口烟气量(标态、干基、6%$O_2$) | | m³/h | 1 044 600 | 1 077 900 |
| 2 | 入口烟气温度 | | ℃ | 375 | 359 |
| 3 | $NO_x$含量(标态、干基、6%$O_2$) | | mg/m³ | 350 | 350 |
| 4 | 烟气成分(标态、干基、6%$O_2$) | $CO_2$ | % | 13.69 | 13.85 |
| | | $O_2$ | % | 6.00 | 6.00 |
| | | $N_2$ | % | 80.25 | 80.07 |
| | | $SO_2$ | % | 0.06 | 0.07 |
| 5 | 入口烟尘浓度(标态、干基、6%$O_2$) | | g/m³ | 17.18 | 32.78 |
| 6 | 脱硝效率 | | % | 86 | 86 |

表5-3　　　　　　　　2号机组脱硝装置设备规范

| 序号 | 项目名称 | | | 单位 | 数据 |
|---|---|---|---|---|---|
| 1 | 脱硝设备 | | | | |
| 1.1 | 烟道系统 | | | | |
| (1) | 烟道 | 总壁厚 | | mm | 6 |
| | | 腐蚀余量 | | mm | 1 |

续表

| 序号 | | 项目名称 | 单位 | 数据 |
|---|---|---|---|---|
| (1) | 烟道 | 烟道材质 | | 碳钢 |
| | | 设计压力 | Pa | 同锅炉 |
| | | 运行温度 | ℃ | 375 |
| | | 最大允许温度 | ℃ | 450（5h） |
| | | 烟气流速 | m/s | <15 |
| | | 保温厚度 | mm | 200 |
| | | 保温材料 | | 硅酸铝/岩棉 |
| | | 保护层材料 | | 镀锌板 |
| | | 膨胀节材料 | | 非金属 |
| | | 灰尘积累的附加面荷载 | kN/m² | <5 |
| | | 烟气阻力 | Pa | <300 |
| | | 烟气流速 | m/s | <15 |
| (2) | 反应器 | 数量 | 个/炉 | 2 |
| | | 大小 | m | 约9×12×13.5 |
| | | 总壁厚 | mm | 6 |
| | | 腐蚀余量 | mm | 1 |
| | | 材质 | | 碳钢 |
| | | 设计压力 | Pa | 与锅炉一致 |
| | | 运行温度 | ℃ | 375 |
| | | 最大允许温度 | ℃ | 420 |
| | | 烟气流速 | m/s | 约4 |
| | | 保温厚度 | mm | 200 |
| | | 保温材料 | | 硅酸铝/岩棉 |
| | | 保护层材料 | | 镀锌板 |
| | | 膨胀节材料 | | 非金属 |
| | | 灰尘积累的附加面荷载 | kN/m² | <5 |
| | | 烟气阻力 | Pa | <300（含2层催化剂） |
| (3) | 氨加入系统 | 类型 | | 格栅 |
| | | 喷嘴数量 | 个/炉 | 950 |
| | | 管道材质 | | 16Mn |
| (4) | 催化剂 | 型式 | | 蜂窝式 |
| | | 层数/层高（初始层，附加层） | | 初装2层，附加1层 |
| | | 活性温度范围 | | 310~420（以需方采购催化剂为准）|
| | | 孔径或间距（pitch） | | 约8 |
| | | 基材 | | $TiO_2$ |

续表

| 序号 | | 项目名称 | 单位 | 数据 |
|---|---|---|---|---|
| (4) | 催化剂 | 模块数 | 个 | 54（每层6×9） |
| | | 单元数 | 个 | 72（模块类型12×6） |
| | | 模块单重 | t | — |
| | | 单元单重 | kg | — |
| | | 活性物质 | | $V_2O_5$，$WO_3$ |
| | | 体积 | $m^3$ | 约172$m^3$/反应器，约344$m^3$/炉 |
| | | 重量 | t | h |
| | | 加装附加层时间及催化剂数量 | | 24 000h/约75$m^3$ |
| | | 加装附加层所需时间 | 天 | 5~7 |
| | | 加装附加层到更换第一次更换催化剂时间 | h | 约24 000 |
| | | 更换一层催化剂所需时间 | 天 | 5~7 |
| | | 烟气流速 | m/s | 约4 |
| | | 声波/蒸汽吹灰器 | | |
| | | 吹灰器型号 | | 喇叭/耙式 |
| | | 吹灰器数量（每台炉） | 支 | 24/24 |
| | | 声功率 | W | / |
| | | 声频 | Hz | / |
| | | 炉墙外噪声 | dB（A） | / |
| | | 单台吹灰器空气/蒸汽耗量 | $m^3$/min（t/h） | 约0.08t/h |
| 2 | 脱硝剂制备及供应系统（尿素） | | | |
| (1) | 尿素溶液储罐 | 类型 | | 卧式 |
| | | 数量 | 台 | 3 |
| | | 容积（有效容积/总容积） | $m^3$/罐 | 50 |
| | | 设计压力 | MPa | |
| | | 设计温度 | ℃ | 80 |
| | | 工作温度 | ℃ | |
| | | 工作压力 | MPa | |
| | | 材料 | | 316L不锈钢 |
| | | 外径 | mm | 3500 |
| | | 直段长度/总长度 | mm | 5000 |
| (2) | 尿素溶解罐输送泵 | 类型 | | 卧式离心泵 |
| | | 数量 | 台 | 2 |
| | | 出口压力 | MPa | |
| | | 功率 | kW | 5.5 |
| | | 流量 | $m^3$/(h·台) | 30 |

续表

| 序号 | 项目名称 | | 单位 | 数据 |
|---|---|---|---|---|
| (3) | 喷射器 | 类型 | | 喷枪 |
| | | 数量 | 支/炉 | 3 |
| | | 流量 | m³/(h·台) | |
| | | 压力 | MPa | |
| | | 温度 | ℃ | |
| | | 材料 | | 316/316L |
| (4) | 尿素溶解罐和搅拌器 | 类型 | | 含蒸汽盘管 |
| | | 数量 | 台 | 1 |
| | | 设计温度 | ℃ | 100 |
| | | 设计压力 | MPa | |
| | | 容积 | m³ | 21 |
| | | 材料 | | 316L |
| | | 搅拌器 | 台 | 1 |
| (5) | 尿素热解系统 | 绝热分解室 | 套 | 2（φ1800mm×12 000mm） |
| | | 电加热器 | 套 | 2（U型500kW） |
| | | 尿素热解喷枪 | 支/炉 | 4 |
| (6) | 尿素供应循环泵 | 型号 | | 多级离心式（带变频器） |
| | | 数量 | 台 | 2 |
| | | 扬程 | m | 150 |
| | | 功率 | kW | |
| | | 流量 | m³/(h·台) | 3.5 |
| (7) | 疏水箱 | 数量 | 台 | 1 |
| | | 容积 | m³ | 10 |
| | | 设计温度 | ℃ | 98 |
| | | 材料 | | — |
| (8) | 疏水泵 | 型号 | | 多级离心泵 |
| | | 数量 | 台 | 2（1用1备） |
| | | 扬程 | m | 15 |
| | | 功率 | kW | 1.1 |
| | | 流量 | m³/(h·台) | 3 |
| (9) | 废水泵 | 类型 | | 液下泵 |
| | | 数量 | 台 | 2（1用1备） |
| | | 扬程 | m | 25 |
| | | 功率 | kW | 1.1 |
| | | 流量 | m³/(h·台) | 5 |

## 2.3 电袋复合除尘器

该电厂 2 号机组烟气除尘采用电袋复合除尘器,设置 2 台除尘装置,采取 "2+2" 布置方式,除尘器前置 2 个电场除尘室,后置 2 个滤袋除尘室,每个滤袋室分 8 个分室。除尘器电场区采用工频电源,阴极采用顶部振打、阳极板采用侧部振打方式清灰,袋区滤袋采用行脉冲喷吹清灰方式,清灰介质为除油除水后的压缩空气。干灰输送至灰库,收集后用汽车运出厂外进行综合利用。电袋复合除尘器入口粉尘浓度为 16.46g/m³(设计煤种)、31.74g/m³(校核煤种),设计除尘效率≥99.97%(入口浓度大于 31.74g/m³ 时),电袋复合除尘器出口烟尘浓度<8mg/m³。电袋复合除尘器详细参数见表 5-4 和表 5-5。

表 5-4　　　　　　　　2 号机组电袋复合除尘器主要性能参数

| 项　目 | | 内　容 |
|---|---|---|
| 每台锅炉要处理的烟气量(BMCR 工况) | 设计煤种 | 2 075 359m³/h |
| | 校核煤种 | 2 022 866m³/h |
| 除尘器入口烟气温度 | 设计煤种 | 139℃ |
| | 校核煤种 | 142℃ |
| 入口含尘量 | 设计煤种 | 16.46g/m³(标态) |
| | 校核煤种 | 31.74g/m³(标态) |
| 除尘器入口烟气中水蒸气体积百分比 | 设计煤种 | 8.98% |
| | 校核煤种 | 8.14% |
| 除尘器出口烟尘浓度 | | ≤8mg/m³ |
| 保证效率 | | ≥99.97%<br>[参考值,入口浓度大于 31.74g/m³(标态)时] |
| 正常清灰程序下本体运行阻力 | | ≤800Pa |
| 本体漏风率 | | ≤2.0% |
| 气体均布系数 | | <0.2 |
| 电场数 | | 2 |

表 5-5　　　　　　　2 号机组电袋复合除尘器详细参数(单台机组)

| 序号 | 名　称 | 单位 | 参　数 |
|---|---|---|---|
| 1 | 电场数 | 个 | 2 |
| 2 | 电场有效断面积 | m² | 270 |
| 3 | 单个电场长度 | m | 3 |
| 4 | 高/宽比 | | 13/10.4 |
| 5 | 通道数/滤袋室数 | | 26/16 |
| 6 | 阳极板型式及总有效面积/材质 | | 480C/16 224m²/SPCC |
| 7 | 阴极线型式及总有效面积/材质 | | 针刺线/32 348m²/不锈钢 |
| 8 | 比集尘面积 | m²/(m³·s) | 35.36 |

续表

| 序号 | 名 称 | | 单位 | 参 数 |
|---|---|---|---|---|
| 9 | 驱进速度 | | cm/s | 7.49 |
| 10 | 电场区烟气流速 | | m/s | 0.99 |
| 11 | 滤袋有效面积 | | m² | 32 904 |
| 12 | 过滤风速 | | m/min | 1.05 |
| 13 | 滤袋尺寸规格 | | mm | φ170 系列 |
| 14 | 袋笼材料 | | | Q235 |
| 15 | 滤袋数量 | | 只 | 约 6845 |
| 16 | 提升阀数量 | | 只 | 48 |
| 17 | 提升阀型号 | | | φ1150 |
| 18 | 脉冲阀数量 | | 只 | 约 384 |
| 19 | 脉冲阀型号 | | | 3 寸淹没式 |
| 20 | 单台除尘器灰斗数量 | | 个 | 16 |
| 21 | 单台除尘器所配备整流变压器台数 | | 台 | 4 |
| 22 | 整流变压器型式及质量（干式） | | | 油浸式/约 1.7t |
| 23 | 各台整流变压器的额定容量 | | kV·A | 65 |
| 24 | 每台炉总功耗 | | kV·A | 344 |
| 25 | 压缩空气用量 | | m³/min | 13.44 |
| 26 | 滤袋参数 | 纤维 | | 100%进口 PPS+PTFE |
| | | 滤料 | | PTFE 基布+50%PTFE+50%PPS 常规纤维+PTFE 超高精度滤料 |
| | | 滤袋缝制工艺（包括缝制采用线材质） | | PTFE 线缝 |
| | | 克重 | g/m² | 650 |
| | | 厚度 | mm | 1.7 |
| | | 密度 | g/cm³ | 0.38 |
| | | 透气量 | L/(dm³·min) | 30 |
| | | 纵向断裂强度（>90da） | N/5cm | >800 |
| | | 横向断裂强度（>90da） | N/5cm | >900 |
| | | 纵向伸长（200N/5cm） | % | 3 |
| | | 横向伸长（200N/5cm） | % | 4 |
| | | 热收缩（210℃、90min） | % | <1 |
| | | 爆破强度 | N/cm² | >350 |
| | | 使用温度 | ℃ | ≤160 |
| | | 连续工作温度 | ℃ | ≤160 |
| | | 瞬间工作温度 | ℃ | ≤180（每次不超过 10min，年累计不超过 10h） |
| | | 后处理 | | 热定型 |

## 2.4 脱硫设施

该电厂2号机组采用石灰石-石膏湿法高效除尘脱硫技术进行烟气脱硫,"一炉一塔"配置,不设GGH和增压风机,不设烟气旁路系统,脱硫吸收剂采用湿式球磨机制浆。采用间接空冷,"烟塔合一、两机一空冷塔"布置。脱硫吸收塔布置在间接空冷塔内,脱硫制浆、脱水、废水处理、氧化风机等系统在空冷塔外布置。吸收塔除雾器配置"三级屋脊式除雾器+一级管式冷凝器+二次冷却极细雾化喷淋"装置。

冷凝式除尘除雾系统的工作时,烟气首先进入一级屋脊除雾器,去除40~1500μm的石膏雾滴和微尘。随后烟气进入翅片管式冷凝器,在管式冷凝器表面结露形成水膜;饱和烟气第一次冷凝,烟气中的水蒸气以小于10μm为凝结核冷凝,微尘变成雾滴而且直径长大;同时,微尘表面结露后,其表面浸润性大幅增加,更易于被碰撞表面捕集。结露长大后的微尘(大于20μm)被冷凝管壁上的凝结水膜碰撞时被除去,石膏雾滴(小于10μm)也同样被除去。烟气随后进入二级屋脊式除雾器,去除20~40μm的结露微尘和石膏雾滴,再进入二次冷凝超细雾化喷淋区域。二次冷凝超细雾化喷淋系统由空气压缩机、双流体喷嘴等组成,冷却水经压力空气喷射形成致密的雾化喷淋区,雾化粒径在40μm左右。饱和烟气进行二次冷凝,烟气中的水蒸气同样以粉尘为凝结核二次冷凝,表面结露粉尘与大量的雾化液滴(40μm)碰撞凝并成大颗粒,烟气中残留的绝大部分石膏雾滴与雾化液滴碰撞凝并。随后烟气进入三级超细屋脊式除雾器,该除雾器免冲洗,烟气流经时在叶片下部形成持液层,有效洗涤烟气内的粉尘颗粒和石膏雾滴,冷水雾滴、已凝并放大的粉尘、已凝并的石膏雾滴被高效去除。

设计煤种及校核煤种含硫量为1.05%,脱硫装置保证在设计煤种含硫量增加30%、烟气量不变的情况下能安全稳定运行。燃用设计煤种条件下,脱硫装置入口$SO_2$浓度为2866mg/m³(标态、干基、6%$O_2$),脱硫装置出口$SO_2$浓度不超过35mg/m³(标态、干基、6%$O_2$),脱硫效率大于98.78%。燃用脱硫设计煤种硫分大于30%情况时,保证$SO_2$脱除率不小于99.06%,协同洗尘效率大于等于80%,烟尘浓度小于等于5mg/m³(标态、干基、6%$O_2$),雾滴浓度小于等于20mg/m³(标态、干基、6%$O_2$)。

脱硫系统主要设计参数及设备规范见表5-6与表5-7。

表5-6　　　　　　　　　　2号机组脱硫装置主要设计参数

| 序号 | 项目 | 单位 | 设计煤种 | 校核煤种 |
|---|---|---|---|---|
| 1 | 锅炉BMCR工况下烟气成分(标态、湿基、实际$O_2$) | | | |
| 1.1 | $CO_2$ | % | 12.04 | 12.31 |
| 1.2 | $O_2$ | % | 5.95 | 5.99 |
| 1.3 | $N_2$ | % | 73.30 | 73.79 |
| 1.4 | $SO_2$ | % | 0.089 | 0.099 |
| 1.5 | $H_2O$ | % | 8.62 | 7.81 |
| 2 | 锅炉BMCR工况下烟气成分(标态、湿基、6%$O_2$) | | | |
| 2.1 | $CO_2$ | % | 12.00 | 12.30 |

续表

| 序号 | 项目 | 单位 | 设计煤种 | 校核煤种 |
|---|---|---|---|---|
| 2.2 | $O_2$ | % | 6 | 6 |
| 2.3 | $N_2$ | % | 73.32 | 73.79 |
| 2.4 | $SO_2$ | % | 0.088 | 0.098 |
| 2.5 | $H_2O$ | % | 8.60 | 7.81 |
| 3 | 锅炉BMCR工况下烟气成分（标态、干基、6%$O_2$） | | | |
| 3.1 | $CO_2$ | % | 13.64 | 13.81 |
| 3.2 | $O_2$ | % | 6.00 | 6.00 |
| 3.3 | $N_2$ | % | 80.26 | 80.08 |
| 3.4 | $SO_2$ | % | 0.10 | 0.11 |
| 4 | 脱硫装置入口烟气参数（BMCR工况、1台炉） | | | |
| 4.1 | 脱硫装置入口设计烟气量（夏季BMCR工况、1台炉） | | | |
| 4.1.1 | 实际状态 | m³/h | 2 080 400 | 2 016 700 |
| 4.1.2 | 实际状态、干基、实际$O_2$ | m³/h | 1 901 000 | 1 859 100 |
| 4.1.3 | 标态、湿基、6%$O_2$ | m³/h | 1 375 400 | 1 326 800 |
| 4.1.4 | 标态、干基、6%$O_2$ | m³/h | 1 209 800 | 1 181 700 |
| 4.2 | 脱硫装置入口夏季计算烟气温度 | ℃ | 130 | 135 |
| | 脱硫装置入口夏季设计烟气温度 | ℃ | 145 | 150 |
| 4.3 | 脱硫装置入口短期运行温度 | ℃ | 180 | 185 |
| 5 | 脱硫装置入口$SO_2$污染物浓度 | | | |
| 5.1 | 标态、湿基、6%$O_2$ | mg/m³ | 2521.27 | 2813.28 |
| 5.2 | 标态、干基、6%$O_2$ | mg/m³ | 2866.27 | 3158.57 |
| 6 | 脱硫装置入口烟尘浓度 | mg/m³ | 按20 | 按20 |
| 7 | 脱硫装置入口烟气压力 | Pa | 按3100 | 按3100 |

表5-7　　　　　　　　　　2号机组脱硫装置设备规范

| 序号 | 项目名称 | | 单位 | 数据 |
|---|---|---|---|---|
| 1 | 烟气系统 | | | |
| 1.1 | 原烟气烟道（吸收塔本体入口斜面烟道） | 总壁厚 | mm | 6 |
| | | 腐蚀余量 | mm | 1 |
| | | 烟道材质 | | 碳钢 |
| | | 衬里材质/厚度 | | C276合金内衬/2mm |
| | | 设计压力 | Pa | 5000 |
| | | 运行温度 | ℃ | 145 |
| | | 最大允许温度 | ℃ | 180 |
| | | 烟气流速 | m/s | ≤15 |
| | | 烟道长度 | m | 2 |
| | | 膨胀节材料 | | 非金属 |

续表

| 序号 | 项目名称 | | 单位 | 数据 |
|---|---|---|---|---|
| 1.1 | 原烟气烟道（吸收塔本体入口斜面烟道） | 安装排水结构 | | 有 |
| | | 总壁厚 | mm | 6 |
| | | 腐蚀余量 | mm | 1 |
| | | 烟道材质 | | 碳钢 |
| | | 衬里材质/厚度 | | 低温鳞片/2mm |
| | | 设计压力 | Pa | 3000 |
| | | 运行温度 | ℃ | 50 |
| | | 最大允许温度 | ℃ | 90 |
| | | 烟气流速 | m/s | ≤15 |
| | | 烟气阻力 | Pa | 50 |
| 2 | $SO_2$吸收系统（单塔） | | | |
| 2.1 | 吸收塔 | 吸收塔型式 | | 喷淋塔 |
| | | 流向（顺流/逆流） | | 逆流 |
| | | 吸收塔前烟气量（标态、湿态、实际$O_2$） | m³/h | 1 435 173 |
| | | 吸收塔后烟气量（标态、湿态、实际$O_2$） | m³/h | 1 543 322 |
| | | 设计压力 | Pa | −2000~5000 |
| | | 浆液循环停留时间 | min | 4.59 |
| | | 浆液全部排空所需时间 | h | 15 |
| | | 液/气比（L/G） | L/m³ | 22.03 |
| | | 烟气流速 | m/s | 3.47 |
| | | 烟气在吸收塔内停留时间 | s | 8.46 |
| | | 化学计量比$CaCO_3$/去除的$SO_2$ | mol/mol | 1.03 |
| | | 浆池固体含量（最小/最大） | %（质量分数） | 15/20 |
| | | 浆液含氯量 | g/L | <20 |
| | | 浆液pH | | 5~6 |
| | | 吸收塔吸收区直径 | m | 14 |
| | | 吸收塔吸收区高度 | m | 12 |
| | | 浆池区直径 | m | 17 |
| | | 浆池高度 | m | 11.88 |
| | | 浆池液位（正常/最高/最低） | m | 11.88/13.46/10.38 |
| | | 浆池容积 | m³ | 2600 |
| | | 吸收塔总高度 | m | 43.72 |
| | | 吸收塔壳体/内衬材料 | | 碳钢/鳞片 |
| | | 入口烟道材质/厚度 | | 碳钢/6mm |
| | | 喷淋层/喷嘴材料 | | 主管碳钢，双面衬胶 |
| | | 搅拌器轴/叶轮 | | 1.4529 |

续表

| 序号 | | 项目名称 | 单位 | 数据 |
|---|---|---|---|---|
| 2.1 | 吸收塔 | 氧化空气喷枪 | | 1.4529 |
| | | 喷淋层数/层间距 | | 5/2m |
| | | 每层喷嘴数 | | 120 |
| | | 喷嘴型式 | | 空心锥 |
| | | 搅拌器或搅拌设备数量 | | 5 |
| | | 搅拌器或搅拌设备轴功率 | kW | 45 |
| | | 搅拌器比功率 | kW/m³ | — |
| | | 吸收塔烟气阻力（含除雾器，1级塔/2级塔） | Pa | 2670 |
| 2.2 | 除雾器 | 位置 | | 喷淋层上方 |
| | | 级数 | | 3 |
| | | 高度 | m | 4.445 |
| | | 材质 | | PP |
| | | 除雾器冲洗喷嘴数量 | | 2460 |
| | | 喷嘴压力 | MPa | 0.2 |
| | | 喷嘴材料 | | 聚丙烯 |
| | | 喷嘴流量 | L/min | 28 |
| | | 冲洗方式 | | 断续 |
| | | 冲洗水平均消耗量 | m³/(h·台) | 70.4 |
| | | 冲洗水瞬时最大消耗量 | m³/(h·台) | 120 |
| | | 除雾器烟气阻力 | Pa | <240 |
| 2.3 | 氧化风机 | 数量 | 台 | 2 |
| | | 型式 | | 离心式 |
| | | 扬程 | MPa | 0.132 |
| | | 轴功率（1级塔/2级塔） | kW | 513 |
| | | 入口流量（每台、标况） | m³/h | 10 500 |
| | | 流量裕量 | % | 10 |
| | | 出口氧化空气温度 | ℃ | 120 |
| | | 风机进口过滤器型式 | | 滤网式 |
| | | 风机进出口消声器型式 | | 填料式 |
| 2.4 | 吸收塔循环泵 | 数量 | 台 | 5 |
| | | 型式 | | 离心 |
| | | 外壳材质 | | 合金 |
| | | 叶轮材质 | | 合金 |
| | | 防磨损材质 | | 合金 |
| | | 轴功率 | kW | 526/576/626/676/726 |

续表

| 序号 | 项目名称 | | 单位 | 数据 |
|---|---|---|---|---|
| 2.4 | 吸收塔循环泵 | 吸入滤网 | | 有 |
| | | 吸入侧压力 | Pa | |
| | | 扬程 | Pa | 21/23/25/27/29 |
| | | 体积流量 | m³/h | 6800 |
| | | 介质含固量 | % | 20 |
| | | 密封系统型式 | | 机械密封 |
| | | 密封材质 | | SiC |
| | | 吸入侧阀门材质 | | 碳钢衬胶 |
| 2.5 | 吸收塔石膏浆液排出泵 | 数量 | 台 | 2 |
| | | 型式 | | 离心式 |
| | | 外壳材质 | | 不低于 Cr30A |
| | | 叶轮材质 | | Cr30A 或 A49 |
| | | 防磨损材质 | | Cr30A 或 A49 |
| | | 轴功率 | kW | 74 |
| | | 吸入侧滤网 | | 有 |
| | | 扬程 | Pa | 55mH$_2$O |
| | | 体积流量 | m³/h | 180 |
| | | 密封型式 | | 机械密封 |
| | | 有/无密封材质 | | 有 |
| 3 | 吸收剂浆液制备系统（两台机组） | | | |
| 3.1 | 石灰石贮仓 | 数量 | 个 | 2 |
| | | 有效容积 | m³ | 457 |
| | | 材料 | | 上部混凝土，下部钢锥斗 |
| | | 高 | m | 6.6（锥）+7.8（直） |
| | | 直径 | m | 9 |
| | | 除尘系统 | | 有 |
| | | 磨损保护材质 | | 16Mn |
| | | 物料排出形式 | | 重力自流 |
| | | 卸料口数量 | | 2 |
| 3.2 | 吸收剂浆液制备系统 | | | |
| 3.2.1 | 石灰石卸料斗 | 数量 | 个 | 2（两台机组） |
| | | 尺寸 | m | 4.1×3.4×3.5 |
| | | 材料 | | 碳钢 |
| | | 除尘系统 | | 有 |

续表

| 序号 | 项目名称 | | 单位 | 数据 |
|---|---|---|---|---|
| 3.2.2 | 振动给料机 | 数量 | 台 | 2（两台机组） |
| | | 容量 | t/h | 0~65 |
| | | 型式 | | 电动 |
| | | 电动机功率 | kW | 1.5 |
| 3.2.3 | 金属分离器 | 数量 | 台 | 2（两台机组） |
| | | 型式 | | 电动 |
| 3.2.4 | 斗式提升机 | 数量 | 台 | 2（两台机组） |
| | | 容量 | t/h | 61 |
| | | 提升高度 | m | 43 |
| | | 电动机功率 | kW | 22 |
| 3.2.5 | 称重式皮带输送机 | 数量 | 台 | 2（两台机组） |
| | | 容量 | t/h | 0~18 |
| | | 精度 | % | |
| | | 电动机功率 | kW | 3 |
| 3.2.6 | 湿式球磨机 | 数量 | | 2（两台机组） |
| | | 型式 | | 湿式球磨 |
| | | 每台出力 | % | 200 |
| | | 每台处理量 | t/h | 17 |
| | | 外壳尺寸 | m | 8×6 |
| | | 轴功率 | kW | 410 |
| | | 电动机额定功率 | kW | 560 |
| | | 产品尺寸范围 | | 325目（90%） |
| 3.2.7 | 石灰石浆液旋流器 | 出力 | m³/h | 90 |
| | | 旋流器数量 | | 2（两台机组） |
| | | 每套旋流装置旋流器总数 | | 4 |
| | | 旋流器备用数 | | 2（两台机组） |
| | | 旋流器材质 | | 聚氨酯 |
| | | 给料含固量 | % | 47 |
| | | 溢流含固量 | % | 30 |
| | | 底流含固量 | % | 57 |
| 3.2.8 | 磨机循环浆液箱 | 数量 | 个 | 2（两台机组） |
| | | 有效容积 | m³ | 12 |
| | | 材料 | | 碳钢 |
| | | 防腐材料 | | 玻璃鳞片 |
| | | 搅拌器数量 | 个 | 2（两台机组） |
| | | 搅拌器材料（叶轮/轴） | | 合金/碳钢衬胶 |
| | | 搅拌器功率 | kW | 4 |

续表

| 序号 | 项目名称 | | 单位 | 数据 |
|---|---|---|---|---|
| 3.2.9 | 磨机循环浆液泵 | 数量 | 台 | 4（两台机组） |
| | | 型式 | | 离心式 |
| | | 扬程 | | 45mH$_2$O |
| | | 流量 | m$^3$/h | 90 |
| | | 介质含固量 | % | 47 |
| | | 密封形式 | | 机械密封 |
| | | 轴功率 | kW | 30 |
| | | 电动机额定功率 | kW | 37 |
| 3.2.10 | 石灰石浆液箱（钢制） | 数量 | 个 | 2（两台机组） |
| | | 有效容积 | m$^3$ | 205 |
| | | 直径 | m | 6 |
| | | 高度 | m | 7.5 |
| | | 防腐材料 | | 玻璃鳞片 |
| | | 搅拌器数量 | 个 | 2（两台机组） |
| | | 搅拌器材料（叶轮/轴） | | 碳钢衬胶 |
| | | 搅拌器功率 | kW | 15 |
| 3.2.11 | 石灰石浆液泵 | 数量 | 台 | 4（两台机组） |
| | | 型式 | | 卧式离心 |
| | | 壳体/叶轮材料 | | 合金 |
| | | 吸入侧压力 | kPa | |
| | | 扬程 | | 35mH$_2$O |
| | | 流量 | m$^3$/h | 70 |
| | | 介质含固量 | % | 30 |
| | | 密封形式 | | 机械密封 |
| | | 密封材料 | | SiC |
| | | 轴功率 | kW | 20 |
| | | 电动机额定功率 | kW | 22 |
| 4 | 石膏脱水系统 | | | |
| 4.1 | 石膏浆液旋流装置 | 旋流装置数量 | 套 | 2（两台机组） |
| | | 每套旋流装置旋流器总数 | 个 | 5 |
| | | 旋流器备用数 | 个 | 2（两台机组） |
| | | 旋流器材质 | | 聚氨酯 |
| | | 直径 | m | 0.1 |
| | | 给料含量 | % | 15~25 |
| | | 溢流含固量 | % | 1.3 |
| | | 底流含固量 | % | 50 |

续表

| 序号 | | 项目名称 | 单位 | 数据 |
|---|---|---|---|---|
| 4.2 | 圆盘脱水机 | 数量 | 台 | 2（两台机组） |
| | | 出力（含水量≤10%） | t/h | 30 |
| | | 脱水面积 | $m^2$ | — |
| | | 石膏比产量（含水量≤10%） | $kg/(h·m^2)$ | — |
| | | 电动机功率 | | 7.5 |
| 4.3 | 真空泵 | 型式 | | 水环式 |
| | | 数量 | 个 | 2（两台机组） |
| | | 进口流量 | $m^3/h$ | 7400 |
| | | 运行真空（绝对） | Pa | 50 000 |
| | | 外壳/叶轮材料 | | 铸钢/铸钢 |
| | | 电动机功率 | kW | 15 |
| 4.4 | 气液分离器 | 数量 | 个 | 2（两台机组） |
| | | 容积 | $m^3$ | 5 |
| | | 尺寸（直径×高度） | m | 1.8×2 |
| | | 运行压力 | Pa | -53 000 |
| | | 材料 | | 碳钢 |
| 4.5 | 滤液水箱 | 数量（1、2号机组公用） | 个 | 1（两台机组） |
| | | 有效容积 | $m^3$ | 100 |
| | | 直径 | m | 6 |
| | | 高 | m | 7 |
| | | 材料 | | 碳钢 |
| | | 防腐材料 | | 玻璃鳞片 |
| 4.6 | 滤液水泵 | 数量 | 台 | 2（两台机组） |
| | | 型式 | | 卧式离心 |
| | | 壳体/叶轮材料 | | 合金/合金 |
| | | 吸入侧压力 | Pa | |
| | | 扬程 | | $25mH_2O$ |
| | | 流量 | $m^3/h$ | 60 |
| | | 介质含固量 | % | 约为0 |
| | | 密封方式 | | 机械密封 |
| | | 密封材料 | | SiC |
| | | 轴功率 | kW | 15 |
| 4.7 | 溢流箱 | 数量（1、2号机组公用） | 个 | 1（两台机组） |
| | | 有效容积 | $m^3$ | 166 |
| | | 直径 | m | 6.2 |
| | | 高 | m | 6.1 |
| | | 材料 | | 碳钢 |
| | | 防腐材料 | | 玻璃鳞片 |

续表

| 序号 | 项目名称 | | 单位 | 数据 |
|---|---|---|---|---|
| 4.8 | 溢流泵 | 数量 | 台 | 2（两台机组） |
| | | 型式 | | 卧式离心 |
| | | 壳体/叶轮材料 | | 合金/合金 |
| | | 吸入侧压力 | Pa | |
| | | 扬程 | Pa | 35m$H_2O$ |
| | | 流量 | $m^3$/h | 150 |
| | | 介质含固量 | | 约为5% |
| | | 密封方式 | | 机械密封 |
| | | 密封材料 | | SiC |
| | | 轴功率 | kW | 35.4 |
| 4.9 | 废水缓冲箱 | 数量（1、2号机组公用） | 个 | 1（两台机组） |
| | | 有效容积 | $m^3$ | 26 |
| | | 直径 | m | 3.2 |
| | | 高 | m | 4.5 |
| | | 材料 | | 碳钢 |
| | | 防腐材料 | | 玻璃鳞片 |
| 4.10 | 废水缓冲泵 | 数量 | 台 | 2（两台机组） |
| | | 型式 | | 卧式离心 |
| | | 壳体/叶轮材料 | | 合金/合金 |
| | | 吸入侧压力 | Pa | |
| | | 扬程 | Pa | 30m$H_2O$ |
| | | 流量 | $m^3$/h | 17 |
| | | 介质含固量 | | 约为1% |
| | | 密封方式 | | 机械密封 |
| | | 密封材料 | | SiC |
| | | 轴功率 | kW | 4.1 |
| 4.11 | 石膏库 | 数量 | 座 | 1 |
| | | 有效容积 | $m^3$ | 2160 |
| 5 | 脱硫供水和排放系统 | | | |
| 5.1 | 工艺水箱 | 数量 | 个 | 1（两台机组） |
| | | 有效容积 | $m^3$ | 200 |
| | | 直径 | m | 6 |
| | | 高 | m | 7.5 |
| | | 材料 | | 碳钢 |

续表

| 序号 | 项目名称 | | 单位 | 数据 |
|---|---|---|---|---|
| 5.2 | 工艺水泵 | 数量 | 台 | 2（两台机组） |
| | | 型式 | | 离心式 |
| | | 壳体材质 | | 铸钢 |
| | | 叶轮材质 | | 铸钢 |
| | | 轴功率 | kW | 28 |
| | | 吸入滤网 | | 无 |
| | | 吸入侧压力 | Pa | — |
| | | 扬程 | Pa | 45m |
| | | 体积流量 | m³/h | 150 |
| | | 密封方式 | | 机械密封 |
| | | 密封材质 | | SiC |
| 5.3 | 事故浆液箱 | 数量 | 个 | 1（两台机组） |
| | | 有效容积 | m³ | 2600 |
| | | 直径 | m | 14 |
| | | 深度 | m | 17.5 |
| | | 防腐材料 | | 玻璃鳞片 |
| | | 搅拌器数量 | 个 | 3（两台机组） |
| | | 搅拌器材料（叶轮/轴） | | 碳钢衬胶 |
| | | 搅拌器功率 | kW | 37 |
| 5.4 | 事故浆液返回泵 | 数量 | 台 | 1（两台机组） |
| | | 型式 | | 离心式 |
| | | 壳体/叶轮材料 | | 合金 |
| | | 吸入侧压力 | Pa | — |
| | | 扬程 | Pa | 25m |
| | | 流量 | m³/h | 325 |
| | | 介质含固量 | | 20% |
| | | 密封方式 | | 机械密封 |
| | | 密封材料 | | SiC |
| | | 轴功率 | kW | 64 |
| 5.5 | 吸收塔排水坑 | 数量 | 个 | 2（两台机组） |
| | | 有效容积 | m³ | 54 |
| | | 材料 | | 混凝土 |
| | | 防腐材料 | | 玻璃鳞片 |
| | | 搅拌器数量 | 个 | 2（两台机组） |
| | | 搅拌器材料（叶轮/轴） | | 碳钢衬胶/碳钢衬胶 |
| | | 搅拌器功率 | kW | 2.2 |

续表

| 序号 | 项目名称 | | 单位 | 数据 |
|---|---|---|---|---|
| 5.6 | 吸收塔排水坑泵 | 数量 | 台 | 4（两台机组） |
| | | 型式 | | 液下式 |
| | | 扬程 | kPa | 25mH$_2$O |
| | | 流量 | m$^3$/h | 70 |
| | | 轴功率 | kW | 14 |
| 5.7 | 石灰石制备区排水坑 | 数量 | 个 | 1 |
| | | 有效容积 | m$^3$ | 10 |
| | | 材料 | | 混凝土 |
| | | 防腐材料 | | 玻璃鳞片 |
| | | 搅拌器数量 | 个 | 1 |
| | | 搅拌器材料（叶轮/轴） | | |
| | | 搅拌器功率 | kW | 1.1 |
| 5.8 | 石灰石制备区排水坑泵 | 数量 | 台 | 2 |
| | | 型式 | | 液下式 |
| | | 扬程 | m | 15 |
| | | 流量 | m$^3$/h | 30 |
| | | 轴功率 | kW | 6.8 |
| 5.9 | 石膏脱水区排水坑 | 数量 | 个 | 1（两台机组） |
| | | 有效容积 | m$^3$ | 10 |
| | | 材料 | | 混凝土 |
| | | 防腐材料 | | 玻璃鳞片 |
| | | 搅拌器数量 | 个 | 1（两台机组） |
| | | 搅拌器材料（叶轮/轴） | | 碳钢衬胶/碳钢衬胶 |
| | | 搅拌器功率 | kW | 1.1 |
| 5.10 | 石膏脱水区排水坑泵 | 数量 | 台 | 2（两台机组） |
| | | 型式 | | 液下式 |
| | | 壳体/叶轮材料 | | 合金/合金 |
| | | 扬程 | | 15mH$_2$O |
| | | 流量 | m$^3$/h | 30 |
| | | 轴功率 | kW | 6 |

## 3 超低排放工程进度概况

该电厂 2 号机组超低排放工程进度见表 5-8。

表 5-8　　　　　某电厂 2 号机组超低排放工程进度表

| 项目 | 新建工程项目核准批复时间 | 可研完成时间 | 初设完成时间 | 批复开工时间 | 停机时间 | 启动（通烟气）时间 | 168h 试运行完成时间 |
|---|---|---|---|---|---|---|---|
| 脱硝 | 2013/11/20 | 2012/12/26 | 2014/3/28 | 2014/11/17 | 2015/4/25 | 2015/5/27 | 2015/6/4 |
| 脱硫 | 2013/11/20 | 2012/12/26 | 2014/3/28 | 2014/11/17 | 2015/4/25 | 2015/5/27 | 2015/6/4 |
| 除尘 | 2013/11/20 | 2012/12/26 | 2014/3/28 | 2014/11/17 | 2015/4/25 | 2015/5/27 | 2015/6/4 |

## 4　技术路线

### 4.1　边界条件

2 号机组环保超低排放工程项目为新建项目，设计煤种及煤质参数见表 5-9，入口设计烟气参数见表 5-10，改造后性能指标见表 5-11。

表 5-9　　　　　改造设计煤质条件

| 序号 | 名　称 | 符号 | 单位 | 设计煤种（华亭矿区） | 校核煤种（华亭彬长混煤） |
|---|---|---|---|---|---|
| 1.1 | 工业分析 | | | | |
| | 收到基水分 | $M_{ar}$ | % | 18.0 | 12.0 |
| | 空气干燥基水分 | $M_{ad}$ | % | 5.68 | 2.55 |
| | 收到基灰分 | $A_{ar}$ | % | 13.75 | 23.93 |
| | 干燥无灰基挥发分 | $V_{daf}$ | % | 38.43 | 33.18 |
| | 收到基低位发热量 | $Q_{net,ar}$ | MJ/kg | 19.94 | 18.52 |
| 1.2 | 元素分析 | | | | |
| | 收到基碳 | $C_{ar}$ | % | 53.97 | 49.56 |
| | 收到基氢 | $H_{ar}$ | % | 3.32 | 2.90 |
| | 收到基氧 | $O_{ar}$ | % | 9.92 | 10.34 |
| | 收到基氮 | $N_{ar}$ | % | 0.40 | 0.57 |
| | 全硫 | $S_{t,ar}$ | % | 0.64 | 0.70 |
| 1.3 | 哈氏可磨性指数 | HGI | | 56 | 83 |
| 1.4 | 冲刷磨损指数 | $Ke$ | | 1.6 | 2.3 |

表 5-10　　　　　入口设计烟气参数

| 设施 | 项　目 | 单位 | 设计煤种 | 校核煤种 | 备　注 |
|---|---|---|---|---|---|
| 脱硝 | 烟气量 | m³/h | 1 044 600 | 1 077 900 | 标态、干基、6%$O_2$ |
| | 烟气温度 | ℃ | 375 | 359 | |
| | $NO_x$ 含量 | mg/m³ | 350 | 350 | 标态、干基、6%$O_2$ |
| | 烟尘浓度 | g/m³ | 17.18 | 32.78 | 标态、干基、6%$O_2$ |
| | $SO_2$ | % | 0.06 | 0.07 | |

续表

| 设施 | 项目 | 单位 | 设计煤种 | 校核煤种 | 备注 |
|---|---|---|---|---|---|
| 除尘 | 烟气量 | m³/h | 2 075 359 | 2 022 866 | 实际状态 |
| | 烟气温度 | ℃ | 139 | 142 | |
| | 烟尘浓度 | g/m³ | 16.46 | 31.74 | |
| 脱硫 | 烟气量 | m³/h | 1 209 800 | 1 181 700 | 标态、干基、6%O₂ |
| | 烟气温度 | ℃ | 145 | 150 | |
| | SO₂ | mg/m³ | 2866.27 | 3158.57 | 标态、干基、6%O₂ |
| | 烟气压力 | Pa | 3100 | 3100 | |

表 5-11  改造性能指标

| 项目 | 内容 | 单位 | 设计值 | 备注 |
|---|---|---|---|---|
| 脱硝 | 出口 NO$_x$ 浓度 | mg/m³ | 50 | 标态、干基、6%O₂ |
| | SCR 脱硝效率 | % | 86 | |
| | NH₃逃逸 | mg/m³ | 2.28 | 标态、干基、6%O₂ |
| | SO₂/SO₃转化率 | % | 1 | 三层催化剂 |
| | 系统压降 | Pa | 950 | |
| | 设计烟气温度 | ℃ | 375/359 | |
| | 最低连续运行烟温 | ℃ | 310 | |
| | 最高连续运行烟温 | ℃ | 420 | |
| 除尘 | 烟囱入口粉尘浓度 | mg/m³ | 8 | |
| | 本体漏风率 | % | 2.0 | |
| 脱硫 | SO₂浓度 | mg/m³ | 35 | |
| | 脱硫效率 | % | 99.06 | |

## 4.2 技术路线

2 号机组超低排放技术路线见图 5-1。

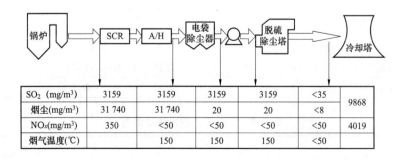

图 5-1  某电厂 2 号机组超低排放技术路线

# 5 投资估算与运行成本分析

## 5.1 投资估算

脱硝工程投资估算见表 5-12，除尘和脱硫工程投资估算见表 5-13。

表 5-12　　　　　　　　新建脱硝工程投资估算表　　　　　　　　万元

| 序号 | 工程或费用名称 | 建筑工程费 | 设备购置费 | 安装工程费 | 其他费用 | 合计 | 各项占总计（%） | 单位投资（元/kW） |
|---|---|---|---|---|---|---|---|---|
| （一） | 脱硝装置系统 | | | | | | | |
| 1 | 工艺系统 | 57 | 2132 | 874 | | 3063 | 76.21 | 87.51 |
| 2 | 电气系统 | | 64 | 72 | | 136 | 3.37 | 3.87 |
| 3 | 热工控制系统 | | 307 | 125 | | 432 | 10.74 | 12.33 |
| 4 | 脱硝系统调试工程 | | | 48 | | 48 | 1.18 | 1.36 |
| | 小　计 | 57 | 2502 | 1119 | 0 | 3677 | 91.50 | 105.06 |
| （二） | 编制基准期价差 | -2.5 | 0 | 14.5 | 0 | 12 | 0.30 | 0.34 |
| （三） | 其他费用 | | | | | | 0.00 | |
| 1 | 建设场地征用及清理费 | | | | 0 | 0 | 0.00 | |
| 2 | 项目建设管理费 | | | | 80 | 80 | 1.98 | 2.27 |
| 3 | 项目建设技术服务费 | | | | 137 | 137 | 3.40 | 3.90 |
| 4 | 脱硝装置整套启动试运费 | | | | 18 | 18 | 0.44 | 0.50 |
| 5 | 生产准备费 | | | | 37 | 37 | 0.91 | 1.04 |
| （四） | 基本预备费 | | | | 60 | 60 | 1.48 | 1.70 |
| | 小　计 | 0 | 0 | 0 | 330 | 330 | 8.20 | 9.41 |
| | 工程静态投资 | 54 | 2502 | 1133 | 330 | 4019 | 100.00 | 114.82 |
| | 各类费用单位投资（元/kW） | 1.55 | 71.49 | 32.37 | 9.41 | 114.82 | | |
| | 各类费用占静态投资的（%） | 1.35 | 62.26 | 28.19 | 8.20 | 100.00 | | |
| （五） | 动态费用 | | | | 105 | 105 | | 3.01 |
| 1 | 价差预备费 | | | | 0 | 0 | | |
| 2 | 建设期贷款利息 | | | | 105 | 0 | | |
| | 小　计 | | | | 105 | 0 | | |
| | 工程动态投资 | 54 | 2502 | 1133 | 435 | 4124 | | 117.83 |
| | 各项动态单位投资（元/kW） | 1.55 | 71.49 | 32.37 | 12.42 | 117.83 | | |
| | 各项占动态投资的比例（%） | 1.31 | 60.67 | 27.47 | 10.54 | 100.00 | | |

表 5-13　　　　　　　新建除尘、脱硫工程投资估算表　　　　　　　万元

| 序号 | 工程或费用名称 | 建筑工程费 | 设备购置费 | 安装工程费 | 其他费用 | 合计 | 各项占静态投资（%） | 单位投资（元/kW） |
|---|---|---|---|---|---|---|---|---|
| 一 | 主辅生产工程 | 945.5 | 5583.5 | 2293.5 | | 8822.5 | 89.41 | 294 |
| （一） | 脱硫系统 | 945.5 | 3275 | 2043.5 | | 6264 | 63.48 | 209 |

续表

| 序号 | 工程或费用名称 | 建筑工程费 | 设备购置费 | 安装工程费 | 其他费用 | 合计 | 各项占静态投资（%） | 单位投资（元/kW） |
|---|---|---|---|---|---|---|---|---|
| （二） | 电袋复合式除尘器 |  | 2308.5 | 250 |  | 2558.5 | 25.93 | 85 |
| 二 | 编制基准期价差（仅计列不汇总） | 16.5 |  | 20.5 |  | 37 | 0.37 | 1 |
| 三 | 其他费用 |  |  |  | 758 | 758 | 7.68 | 25 |
| 1 | 建设场地征用及清理费 |  |  |  |  |  |  |  |
| 2 | 项目建设管理费 |  |  |  | 212.5 | 212.5 |  |  |
| 3 | 项目建设技术服务费 |  |  |  | 432 | 432 |  |  |
| 4 | 整套启动试运费 |  |  |  | 40 | 40 |  |  |
| 5 | 生产准备费 |  |  |  | 73 | 73 |  |  |
| 6 | 大件运输措施费 |  |  |  | 0 | 0 |  |  |
| 四 | 基本预备费 |  |  |  | 287.5 | 287.5 | 2.91 | 10 |
| 五 | 特殊项目费用 |  |  |  |  |  |  |  |
|  | 工程静态投资 | 945.5 | 5583.5 | 2293.5 | 1045.5 | 9868 | 100.00 | 329 |
|  | 各项占静态投资（%） | 5 | 28.5 | 11.5 | 5.5 | 50 |  |  |
|  | 各项静态单位投资（元/kW） | 32 | 186 | 76 | 35 | 329 |  |  |
| 六 | 动态费用 |  |  |  | 517 | 517 |  |  |
| 1 | 价差预备费 |  |  |  |  |  |  |  |
| 2 | 建设期贷款利息 |  |  |  | 517 | 517 |  |  |
|  | 项目建设总费用（动态投资） | 945.5 | 5583.5 | 2293.5 | 1562.5 | 10385 |  |  |
|  | 其中：生产期可抵扣的增值税 |  |  |  |  |  |  |  |
|  | 各项占动态投资（%） | 4.5 | 27 | 11 | 7.5 | 50 |  |  |
|  | 各项动态单位投资（元/kW） | 32 | 186 | 76 | 52 | 346 |  |  |
| 七 | 铺底流动资金 |  |  |  |  |  |  |  |
|  | 项目计划总资金 | 945.5 | 5583.5 | 2293.5 | 1562.5 | 10 385 |  |  |

## 5.2 运行成本分析

脱硝系统年总运行成本见表5-14。

表5-14　　　　脱硝系统年总运行成本估算

| 序号 | 项目 | 单位 | 费用 |
|---|---|---|---|
| 1 | 项目总投资 | 万元 | 4019 |
| 2 | 年利用小时 | h | 5000 |
| 3 | 厂用电率 | % | 8.19 |
| 4 | 年售电量 | GW·h | 1439 |

续表

| 序号 | 项目 | | 单位 | 费用 |
|---|---|---|---|---|
| 5 | 生产成本 | 工资 | 万元 | 119 |
| | | 折旧费 | 万元 | 622 |
| | | 修理费 | 万元 | 237 |
| | | 还原剂费用（扣除进项税） | 万元 | 499 |
| | | 电耗费用 | 万元 | 359 |
| | | 低压蒸汽费用 | 万元 | 188 |
| | | 除盐水费用 | 万元 | — |
| | | 催化剂更换费用（扣除进项税） | 万元 | 336 |
| | | 催化剂性能检测费 | 万元 | 60 |
| | | 催化剂处理费用 | 万元 | 52 |
| | | 总计 | 万元 | 2472 |
| 6 | 财务费用（平均） | | 万元 | 220 |
| 7 | 生产成本+财务费用 | | 万元 | 2692 |
| 8 | 增加上网电费 | | 元/(MW·h) | 15.8 |

注 本项年总成本考虑整个自然年的成本及发电量，不考虑建设年份机组投运时间及发电量。

除尘系统年总运行成本见表5-15。

表5-15　　　　　除尘系统年总运行成本估算

| 序号 | 项目 | 费用（万元） |
|---|---|---|
| 1 | 耗品更换（滤袋、极板） | 209 |
| 2 | 电耗 | 255 |
| 3 | 修理维护费 | 60 |
| 4 | 折旧费 | 225 |
| 5 | 财务费用（平均） | 68 |
| 6 | 总年成本 | 817 |

注　1. 全布袋除尘器滤袋及袋笼使用寿命均按4年考虑；

2. 成本电价按0.4元/kW计算，年利用小时数按5000h考虑；

3. 修理维护费率按2%考虑；

4. 还款期和折旧年限按10年计。

脱硫系统年总运行成本见表5-16。

表5-16　　　　　脱硫系统年总运行成本估算

| 序号 | 项目 | 单位 | 费用 |
|---|---|---|---|
| 1 | 脱硫工程静态总投资 | 万元 | 6868 |
| | 建设期贷款利息 | 万元 | 387 |
| | 脱硫工程动态总投资 | 万元 | 7185 |
| 2 | 年利用小时数 | h | 5000 |

续表

| 序号 | 项 目 | 单位 | 费用 |
|---|---|---|---|
| 3 | 装机容量 | MW | 350 |
| 4 | 固定资产原值 | 万元 | 6538 |
| 5 | 年发电量 | GW·h | 1570 |
| 6 | 石灰石成本 | 万元 | 465 |
| 7 | 年用电费用 | 万元 | 931 |
| 8 | 年用水费（增量） | 万元/年 | 86 |
| 9 | 修理维护费（增量） | 万元/年 | 157 |
| 10 | 折旧费（增量） | 万元/年 | 384 |
| 11 | 长期贷款利息（增量） | 万元/年 | 174 |
| 12 | 总成本增量 | 万元/年 | 1727 |
| 13 | 单位成本增加值 | 元/(MW·h) | 11.02 |

# 6 性能试验与运行情况

## 6.1 脱硝系统

该电厂2号机组脱硝系统性能考核试验于2016年4月完成，试验结果见表5-17。

表5-17　　　　脱硝系统性能考核试验结果汇总

| 序号 | | 项 目 | 单位 | 保证值/设计值 | 考核结果 |
|---|---|---|---|---|---|
| 1 | 前提条件测试结果 | 烟气量 | m³/h | 1 044 600 | 1 228 436 |
| 2 | | 入口烟气温度 | ℃ | 375 | 366 |
| 3 | | SCR入口$NO_x$浓度 | mg/m³ | 350 | 325 |
| 4 | | SCR入口烟尘浓度 | mg/m³ | 17 180 | — |
| 5 | | SCR入口$SO_3$浓度 | mg/m³ | — | 3.5 |
| 6 | 性能指标测试结果 | SCR出口$NO_x$浓度 | mg/m³ | ≤50 | 35 |
| 7 | | SCR出口$SO_3$浓度 | mg/m³ | — | 6.9 |
| 8 | | 逃逸氨浓度 | mg/m³ | ≤2.28 | 1.96 |
| 9 | | 脱硝效率 | % | ≥86 | 89.22 |
| 10 | | 尿素耗量 | kg/h | ≤213 | 235 |
| 11 | | 氨氮摩尔比 | | 0.878 | 0.909 |
| 12 | | $SO_2/SO_3$转化率 | % | ≤1 | 0.71 |
| 13 | | 系统阻力 | Pa | ≤950 | — |
| 13.1 | | A反应器 | Pa | — | 500 |
| 13.2 | | B反应器 | Pa | — | 522 |

注　烟气成分状态均为标态、干基、6%$O_2$。

## 6.2 除尘系统

该电厂 2 号机组电袋复合除尘器性能考核试验于 2016 年 5 月完成，试验结果见表 5-18。

表 5-18　　　　　　　电袋复合除尘性能考核试验结果汇总

| 序号 | 项目 | 单位 | 设计值 | 考核结果 |
|---|---|---|---|---|
| 1 | 烟气量 | m³/h | 2 075 359 | 1 702 709 |
| 2 | 进口烟温 | ℃ | 139 | 123 |
| 3 | 出口烟温 | ℃ | — | 120 |
| 4 | 进口烟尘浓度 | g/m³ | 16.46/31.74 | 29.514 |
| 5 | 出口烟尘浓度* | mg/m³ | 8 | 7.8 |
| 6 | 除尘效率* | % | ≥99.97 | 99.94 |
| 7 | 漏风率* | % | ≤2.0 | 1.18 |
| 8 | 本体阻力* | Pa | ≤800 | 609 |

注　烟气量状态为实际状态，其他烟气成分状态均为标态、干基、6%$O_2$。

\* 性能保证值条款包含项目。

## 6.3 脱硫系统

该电厂 2 号机组脱硫系统性能考核试验于 2016 年 9 月完成，试验结果见表 5-19。

表 5-19　　　　　　　脱硫系统性能考核试验结果汇总

| 序号 | 项目 | | 单位 | 保证值/设计值 | 结果 |
|---|---|---|---|---|---|
| 1 | 脱硫装置烟气量 | 标态、干基、6%$O_2$ | m³/h | 1 209 800 | 1 294 737 |
|  |  | 标态、湿基、6%$O_2$ | m³/h | 1 375 400 | 1 298 748 |
| 2 | 原烟气 | 温度 | ℃ | 145 | 129 |
|  |  | $SO_2$浓度 | mg/m³ | 3725.6 | 2956.0 |
|  |  | 烟尘浓度 | mg/m³ | 20.0 | 9.6 |
|  |  | $SO_3$浓度 | mg/m³ | — | 20.24 |
|  |  | HCl浓度 | mg/m³ | — | 45.92 |
|  |  | HF浓度 | mg/m³ | — | 30.05 |
| 3 | 净烟气 | 温度* | ℃ | ≥50 | 51 |
|  |  | $SO_2$浓度（修正到设计值）* | mg/m³ | ≤35.0 | 33.4 |
|  |  | 烟尘浓度* | mg/m³ | ≤6.0 | 3.7 |
|  |  | $SO_3$浓度 | mg/m³ | ≤30.00 | 12.39 |
|  |  | HCl浓度 | mg/m³ | ≤0.80 | 0.46 |
|  |  | HF浓度 | mg/m³ | ≤0.3 | 0.3 |
| 4 | 脱硫效率* | | % | ≥99.06 | 99.10 |

续表

| 序号 | 项目 | | 单位 | 保证值/设计值 | 结果 |
|---|---|---|---|---|---|
| 5 | 协同洗尘效率* | | % | ≥80.00 | 82.29 |
| 6 | $SO_3$脱除效率* | | % | ≥30.0 | 38.8 |
| 7 | HCl脱除效率* | | % | ≥99 | 99 |
| 8 | HF脱除效率* | | % | ≥99 | 99 |
| 9 | 石膏品质* | 含水量 | % | ≤10 | 11.63 |
| | | $CaSO_4 \cdot 2H_2O$ 含量 | % | ≥90 | 90.37 |
| | | $CaSO_3 \cdot 1/2H_2O$ 含量（以$SO_2$计） | % | <1 | 0.91 |
| | | $CaCO_3$的含量 | % | <3 | 1.79 |
| | | $Cl^-$ | % | <0.01 | 0.685 |
| 10 | 噪声（设备附近位置）* | 氧化风机 A | dB（A） | ≤85 | 93 |
| | | 循环泵 A | dB（A） | ≤80 | 84 |
| | | 循环泵 B | dB（A） | ≤80 | 85 |
| | | 循环泵 C | dB（A） | ≤80 | 87 |
| | | 循环泵 D | dB（A） | ≤80 | 90 |
| | | 循环泵 E | dB（A） | ≤80 | 90 |
| 11 | 石灰石消耗量（干态）* | | t/h | ≤8.5 | 6.12 |
| 12 | FGD装置电耗（6kV馈线处）* | | kW | ≤2550 | 2423 |
| 13 | FGD装置总压损 | | Pa | 3000 | 2329 |
| 14 | 耗水量* | | t/h | ≤90.3 | 84.6 |
| 15 | 除雾器出口烟气携带的水滴含量（标态、干基）* | | mg/m³ | ≤20 | 17.79 |
| 16 | 石灰石成分 | | — | | 见附件 |

注 烟气成分状态均为标态、干基、6%$O_2$。
\* 性能保证值条款包含项目。

# 7 项目特色与经验

2014年11月，该电厂2号机组环保超低排放工程与锅炉同步开工建设，技术路线见图5-1，项目建设内容涉及脱硫、脱硝和除尘系统，脱硝、除尘较为常规，石灰石-石膏湿法除尘脱硫工程则成为项目亮点。该项目由中国华电××公司总承包，项目实施中采用了高效除尘除雾系统技术，配置"三级屋脊式除雾器+一级管式冷凝器+二次冷却极细雾化喷淋"。该项目的投运，使得该电厂2号机组仅采用常规脱硝、除尘、脱硫系统，即可使$NO_x$、$SO_2$、粉尘达到超低排放的要求，投资省、占地面积小、布置空间省，为超低排放新建/改造工程提供了新的思路，具有广泛的适应性和应用前景。

# 案例6

## 烟气流速可调式除雾器在某600MW机组上应用

**技术路线** ▶▶

SCR脱硝+电袋除尘器+石灰石-石膏湿法脱硫

# 1 电厂概况

## 1.1 机组概况

某电厂3号机组锅炉为哈尔滨锅炉厂引进美国CE公司技术设计的国产亚临界机组，一次中间再热控制循环汽包炉，采用平衡通风、直吹、四角切圆燃烧，设计煤种为鹤岗烟煤（掺烧部分双鸭山烟煤），于1996年投产。

锅炉主要参数见表6-1。

表6-1　　　　　　　　　锅炉主要技术规范

| 名称 | 参数名称 | 单位 | 参　　数 |
|---|---|---|---|
| 锅炉 | 型式 | | 600MW亚临界自然循环锅炉 |
| | 过热器蒸发量 | t/h | 2008 |
| | 过热器出口蒸汽压力（表压） | MPa | 18.27 |
| | 过热器出口蒸汽温度 | ℃ | 540.6 |
| | 再热器蒸发量 | t/h | 1634 |
| | 再热器进口压力（表压） | MPa | 3.86 |
| | 再热器出口压力（表压） | MPa | 3.64 |
| | 再热器进口温度 | ℃ | 315 |
| | 再热器出口温度 | ℃ | 540.6 |
| | 锅炉排烟温度（修正后） | ℃ | 123 |
| | 锅炉效率 | % | 92.08 |

采用中速磨煤机正压直吹冷一次风机制粉系统，每台锅炉按6台磨煤机（5台运行、1台备用）配置。

## 1.2 设计煤质

某电厂3号机组设计燃煤为鹤岗烟煤（掺烧部分双鸭山烟煤），燃煤煤质见表6-2。

表6-2　　　　　　　　　3号机组设计与校核燃煤煤质

| 项　目 | 符号 | 单位 | 数　　值 | | |
|---|---|---|---|---|---|
| 煤种情况 | | | 鹤岗烟煤 | 校核煤种（下限） | 校核煤种（上限） |
| 元素分析 | | | | | |
| 全水分 | $M_t$ | % | 8.88 | 12.35 | 7.43 |
| 收到基灰分 | $A_{ar}$ | % | 28.1 | 34.02 | 17.73 |
| 收到基碳 | $C_{ar}$ | % | 52.99 | 45.33 | 62.91 |
| 收到基氢 | $H_{ar}$ | % | 3.63 | 2.63 | 4.62 |
| 收到基氧 | $O_{ar}$ | % | 5.7 | 5.12 | 6.58 |
| 收到基氮 | $N_{ar}$ | % | 0.57 | 0.43 | 0.67 |
| 收到基全硫 | $S_{t,ar}$ | % | 0.13 | 0.12 | 0.16 |

续表

| 项 目 | 符号 | 单位 | 数 值 | | |
|---|---|---|---|---|---|
| 煤种情况 | | | 鹤岗烟煤 | 校核煤种（下限） | 校核煤种（上限） |
| 工业分析 | | | | | |
| 收到基固定碳 | $FC_{ar}$ | % | 40.38 | 32.26 | 45.51 |
| 收到基挥发分 | $V_{ar}$ | % | 22.64 | 20.87 | 29.33 |
| 收到基低位发热量 | $Q_{net,ar}$ | MJ/kg | 20.525 | 18.134 | 24.414 |
| 哈氏可磨性指数 | HGI | | 72.66 | 61 | |

## 2 环保设施概况

### 2.1 低氮燃烧装置

该电厂3号机组投产初期并未设置低氮燃烧器，2014年完成低氮燃烧改造，改造内容包括直流浓淡燃烧器、微油点火燃烧器、燃尽风系统改造等。

改造前锅炉$NO_x$排放浓度约为700mg/m³（标态、干基、6%$O_2$），改造后保证炉膛出口的$NO_x$排放浓度不大于350mg/m³（标态、干基、6%$O_2$）；锅炉效率不低于设计值（92.08%），同时未燃碳热损失不大于1.0%，CO排放浓度不高于100μL/L，改造后锅炉出力维持不变。过热蒸汽和再热蒸汽的温度达到原设计值540.6℃/540.6℃。过热蒸汽的减温水量在可控范围之内（0~40t/h）。改造后在100%MCR负荷时，一、二级喷水量应控制在0t/h。

### 2.2 SCR烟气脱硝装置

该电厂3号锅炉脱硝改造工程采用选择性催化还原（SCR）工艺，原设计入口$NO_x$浓度为450mg/m³（标态、干基、6%$O_2$），脱硝效率不低于80%，每台锅炉配备两个SCR反应器。烟气脱硝改造工程于2015年8月投运。脱硝装置主要设计参数及设备规范见表6-3与表6-4。

表6-3　　　　　　　　脱硝装置入口设计参数

| 序号 | 名　称 | 单位 | 设计煤质 |
|---|---|---|---|
| 1 | 脱硝装置入口烟气量（BMCR工况、标态、湿基、实际$O_2$） | m³/h | 2 280 000 |
| 2 | 脱硝装置入口烟气量（BMCR工况、标态、干基、实际$O_2$） | m³/h | 2 000 244 |
| 3 | 脱硝装置入口烟气温度（BMCR工况、设计值） | ℃ | 350 |
| 4 | 脱硝装置入口烟气温度（脱硝投运温度范围） | ℃ | 300~420 |
| 5 | 烟气压力（表压） | Pa | 99 490 |
| 6 | $O_2$（体积分数） | % | 3.76 |
| 7 | $N_2$（体积分数） | % | 70.83 |
| 8 | $H_2O$（体积分数） | % | 12.27 |

| 序号 | 名　　称 | | 单位 | 设计煤质 |
|---|---|---|---|---|
| 9 | | $CO_2$（体积分数） | % | 13.03 |
| 10 | SCR入口主要污染物成分（标态、干基、$6\%O_2$） | $SO_2$ | mg/m³ | 2222 |
| 11 | | $SO_3$ | mg/m³ | 22.2 |
| 12 | | $NO_x$ | mg/m³ | 450 |
| 13 | | 烟尘浓度 | g/m³ | 42 |

表6-4　　　　　　　　　　脱硝系统主要设备参数

| 序号 | 名称 | 规格型号 | 材料 | 单位 | 3号机 | 4号机 | 公用 | 合计 | 备注 |
|---|---|---|---|---|---|---|---|---|---|
| 1 | 氨的制备供应系统 | | | | | | | | |
| 1.1 | 卸料压缩机 | 往复式，排气量为1m³/min，功率为22kW | | 台 | | | 2 | 2 | 1用1备 |
| 1.2 | 卸氨鹤管 | 组合件 | | 台 | | | 1 | 1 | |
| 1.3 | 液氨储罐 | 卧式，容积为98m³，φ3200mm×13000mm | 16MnDR | 台 | | | 2 | 2 | |
| 1.4 | 液氨供应泵 | 流量为1.5m³/h，扬程为50m，功率为1.5kW | | 台 | | | 2 | 2 | 1用1备 |
| 1.5 | 液氨蒸发槽 | 蒸汽加热，蒸发能力为380kg/h | | 台 | 1 | 1 | 1 | 3 | 2用1备 |
| 1.6 | 氨气缓冲槽 | 立式，尺寸为φ2000mm×3000mm，容积为6m³ | 16MnDR | 台 | | | 1 | 1 | |
| 1.7 | 氨气稀释槽 | 立式，尺寸为φ2000mm×3000mm，容积为6m³ | | 台 | | | 1 | 1 | |
| 1.8 | 废水池 | 地下，混凝土结构，尺寸为2m×2m×2m | | 座 | | | 1 | 1 | |
| 1.9 | 废水泵 | 液下泵，流量为50m³/h，扬程为0.3MPa，功率为15kW | | 台 | | | 2 | 2 | 1用1备 |
| 1.10 | 事故水池 | 地下，混凝土结构，尺寸为15m×6m×4.5m，容积为400m³ | | 座 | | | 1 | 1 | |
| 1.11 | 事故水泵 | 潜水泵，流量为50m³/h，扬程为0.5MPa，功率为18.5kW | | 台 | | | 1 | 1 | 1用 |
| 1.12 | 氮气吹扫系统 | 氮气汇流排 | 不锈钢 | 套 | | | 1 | 1 | |
| 2 | 氨的喷射系统 | | | | | | | | |
| 2.1 | 氨气、空气混合器 | 圆筒式，出口流量为4800m³/h（标态） | 16MnR | 台 | 2 | 2 | | 4 | |
| 2.2 | 稀释风机 | 离心式，空气量9200Nm³/h，压升为4500Pa | 组合件 | 台 | 2 | 2 | | 4 | 2用2备 |

续表

| 序号 | 名称 | 规格型号 | 材料 | 单位 | 3号机 | 4号机 | 公用 | 合计 | 备注 |
|---|---|---|---|---|---|---|---|---|---|
| 2.3 | 电机 | 功率为30kW,电压为380V | | 台 | 2 | 2 | | 4 | |
| 2.4 | 氨喷射格栅 | | | 组合件 | t | 13 | 13 | | 26 | |
| 2.5 | 喷嘴 | 喷嘴口径为8.5mm | 16Mn | 个 | 930 | 930 | | 1860 | 另设备用10个 |
| 2.6 | 孔板 | DN80 | | 组合件 | 个 | 46 | 46 | | 92 | |
| 3 | 烟道系统 | | | | | | | | |
| 3.1 | 膨胀节 | | 非金属 | 套 | 8 | 8 | | 16 | |
| 4 | SCR反应器 | | | | | | | | |
| 4.1 | 反应器 | 尺寸为13.5m×13.005m×17.4m | 碳钢 | 个 | 2 | 2 | | 4 | |
| 4.2 | 催化剂 | 平板式,单层模块,布置为7×13 | | m³ | 745 | 745 | | 1490 | |
| 5 | 催化剂装卸系统 | | | | | | | | |
| 5.1 | 反应器内运送推车 | | | 台 | | | 2 | 2 | |
| 5.2 | 电动葫芦 | 提升高度50m,载荷2t | | 套 | 1 | 1 | | 2 | |
| 5.3 | 手动葫芦 | 提升高度5m,载荷2t | | 套 | | | 2 | 2 | |
| 6 | 吹灰系统 | | | | | | | | |
| 6.1 | 吹灰器 | 声波吹灰器 | | 组合件 | 套 | 20 | 20 | | 40 | 不含备用层 |
| 6.2 | 空气压缩机 | 螺杆空压机,流量为8m³/min,压头为0.8MPa,电压为380V,功率为55kW | | 台 | | | 1 | 1 | |
| 6.3 | 后处理装置 | 冷冻干燥+吸附再生式干燥,处理量为10m³/min(标态),进气压力为0.4~0.8MPa,电压为380V,功率为5.5kW | | 台 | | | 1 | 1 | |
| 6.4 | 压缩空气储罐 | 立式,$\phi$2000mm×3000mm,容积为6m³ | 16Mn | 台 | 1 | 1 | | 2 | |

根据2015年12月进行的3号机组脱硝装置性能考核试验,其主要性能指标如表6-5所示。经与电厂沟通,机组低负荷工况下SCR入口烟温为310℃左右。

表6-5  3号机组脱硝摸底试验结果

| 序号 | 项目 | | 单位 | 保证值/设计值 | 性能试验 | | | 常规工况 |
|---|---|---|---|---|---|---|---|---|
| | | | | | 100%负荷 | 80%负荷 | 60%负荷 | 100%负荷 |
| 1 | 前提条件测试结果 | 烟气量 | m³/h | 2 298 947 | 2 149 225 | 1 705 374 | 1 463 361 | 2 147 893 |
| 2 | | 入口烟气温度 | ℃ | 350 | 348 | 331 | 320 | 345 |
| 3 | | SCR入口$NO_x$浓度 | mg/m³ | 450 | 463 | 464 | 476 | 359 |
| 4 | | SCR入口$SO_3$浓度 | mg/m³ | 22.2 | 11.2 | — | — | — |
| 5 | 性能指标测试结果 | SCR出口$NO_x$浓度 | mg/m³ | ≤100 | 68 | 64 | 78 | 54 |
| 6 | | SCR出口$SO_3$浓度 | mg/m³ | — | 18 | — | — | — |
| 7 | | 逃逸氨浓度 | mL/m³ | ≤3 | 0.85 | 1.23 | — | 2.35 |
| 8 | | 脱硝效率 | % | ≥80 | 85.4 | 86.3 | 83.6 | 85.0 |
| 9 | | 氨耗量 | kg/h | ≤365 | 316 | 254 | — | 246 |
| 10 | | 氨氮摩尔比 | — | — | 0.857 | 0.868 | — | 0.863 |
| 11 | | $SO_2/SO_3$转化率 | % | <1 | 0.61 | — | — | — |
| 12 | | 系统压力损失 | Pa | ≤1000 | | | | |
| 12.1 | | A反应器 | Pa | — | 533 | 395 | 336 | 457 |
| 12.2 | | B反应器 | Pa | — | 482 | 380 | 320 | 441 |

注 表中烟气成分状态为标态、干基、6%$O_2$。

根据测试数据,SCR入口$NO_x$可控制在设计值以内,出口$NO_x$在50~80mg/m³(标态、干基、6%$O_2$)之间,脱硝效率达到设计值,氨逃逸合格。

3号机组SCR反应器入口$NO_x$分布较为均匀,相对标准偏差均在5%以内;出口$NO_x$分布较为不均,A侧反应器出口$NO_x$浓度的相对标准偏差约为26%,B侧反应器达到39%(见表6-6),对脱硝效率、出口$NO_x$浓度及氨逃逸控制,均将产生不利的影响。

表6-6  B侧反应器出口$NO_x$浓度的相对标准偏差    mg/m³

| 深度位置 | 1 | | 2 | | 3 | | 4 | | 5 | | 6 | | 7 | |
|---|---|---|---|---|---|---|---|---|---|---|---|---|---|---|
| 测点1 | 79 | 78 | 80 | 79 | 81 | 80 | 81 | 79 | 79 | 80 | 79 | 79 | 79 | 79 |
| | 86 | 84 | 85 | 83 | 84 | 85 | 84 | 83 | 84 | 85 | 83 | 79 | 81 | 80 |
| 测点2 | 72 | 72 | 73 | 74 | 75 | 75 | 76 | 78 | 77 | 77 | 78 | 79 | 79 | 79 |
| | 79 | 78 | 78 | 78 | 77 | 77 | 78 | 78 | 78 | 78 | 77 | 76 | 76 | 77 |
| 测点3 | 51 | 51 | 50 | 51 | 51 | 51 | 51 | 52 | 53 | 54 | 54 | 55 | 55 | 56 |
| | 54 | 54 | 53 | 53 | 53 | 53 | 53 | 53 | 53 | 53 | 52 | 52 | 52 | 53 |
| 测点4 | 48 | 48 | 49 | 49 | 50 | 50 | 50 | 50 | 50 | 50 | 51 | 50 | 49 | 49 |
| | 50 | 50 | 50 | 50 | 51 | 51 | 51 | 51 | 51 | 51 | 51 | 52 | 52 | 52 |
| 测点5 | 19 | 20 | 20 | 20 | 20 | 21 | 21 | 20 | 20 | 19 | 19 | 20 | 20 | 19 |
| | 20 | 21 | 20 | 21 | 21 | 21 | 21 | 20 | 21 | 20 | 21 | 21 | 21 | 21 |
| 最大值 | 86 | | 最小值 | | 19 | | 平均值 | | 56 | | 相对标准偏差 | | 0.391 | |

## 2.3 电袋除尘器

该电厂 3 号机组原配置 4 台双室三电场卧式电除尘器。2015 年 8 月改造为电袋复合除尘器，改造后原有除尘器钢架及壳体均不变，仅在现有静电除尘器 3 电场钢架后部增加 3.5m 一排钢柱，以满足电袋除尘器袋区布置要求，原有除尘器后烟道及钢支架均利旧，在新增 3.5m 钢架后部重新设计电袋除尘器喇叭口并引接烟道。具体改造如图 6-1 所示，改造后主要技术参数见表 6-7。

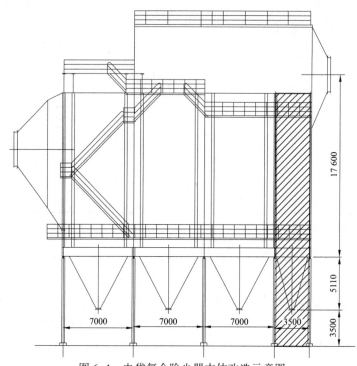

图 6-1 电袋复合除尘器本体改造示意图

表 6-7　　　　　除尘器技术参数（单台除尘器）

| 序号 | 项目 | 单位 | 数据 |
|---|---|---|---|
| 性能参数 | | | |
| 1 | 处理烟气量 | m³/h | 3 880 773 |
| 2 | 除尘器综合效率 | % | 99.97% |
| 3 | 出口含尘浓度（标态） | mg/m³ | ≤20 |
| 4 | 电场/仓室数 | | 1/2 |
| 5 | 设备阻力 | Pa | ≤900 |
| 6 | 入口温度 | ℃ | <139 |
| 7 | 入口粉尘浓度 | g/m³ | 45.958 |
| 8 | 除尘器本体漏风率 | % | 2 |
| 9 | 壳体设计压力 | Pa | -9466 |
| 10 | 改造前后尺寸（单台） | m | 前：21m (3×7) ×18.64m；后：24.5m (7+8.75×2) ×18.64m |

续表

| 序号 | 项目 | 单位 | 数据 |
|---|---|---|---|
| 静电部分 ||||
| 1 | 总流通面积 | m² | 4×246 |
| 2 | 电场数 | 个 | 1 |
| 3 | 单电场宽度 | m | 18.64 |
| 4 | 电场有效长度 | m | 4.55 |
| 5 | 总集尘面积 | m² | 4×5502 |
| 6 | 阳极板型式 |  | 480C |
| 7 | 阴极型式 |  | RSB芒刺线 |
| 8 | 阴极振打方式 |  | 卧式水平振打 |
| 9 | 阳极板振打型式 |  | 卧式双层水平振打 |
| 10 | 同极间距 | mm | 410 |
| 11 | 电场风速 | m/s | 1.096 |
| 12 | 比集尘面积 | m²/(m³·s) | 约20.42 |
| 13 | 驱进速度 | Cm/s | 8 |
| 14 | 烟气处理时间 | s | 4.54 |
| 布袋部分 ||||
| 1 | 室数 | 个 | 4 |
| 2 | 过滤面积 | m²/炉 | 64 730 |
| 3 | 过滤速度 | m/min | 1.00 |
| 4 | 滤袋材质 |  | PPS+PTFE基布（20%） |
| 5 | 滤袋规格 |  | φ130（当量直径）×8150 |
| 6 | 滤袋数量 | 个 | 19 456 |
| 7 | 滤袋允许连续使用温度 | ℃ | <160 |
| 8 | 滤袋允许最高使用温度 | ℃ | <190（瞬间） |
| 9 | 滤笼规格 |  | φ127mm（当量直径）×8100mm |
| 10 | 滤笼数量 | 个 | 6752 |
| 11 | 电磁脉冲阀型式及规格 |  | 14英寸（35.56mm） |
| 12 | 喷吹气源压力 | MPa | 0.08~0.085 |
| 13 | 清灰方式 |  | 旋转喷吹 |
| 14 | 清灰气耗量（标态） | m³/min | 约25 |

该电厂3号机组除尘器出口设计排放浓度为小于20mg/m³。2015年12月10日~12日，第三方检测机构对3号机组电袋复合除尘器进行了性能测试，除尘器进、出口测试主要结果见表6-8。

表 6-8　　3 号机组满负荷除尘器摸底试验结果

| 项目 | | | 单位 | 正常运行工况 | 一电场全停工况 |
|---|---|---|---|---|---|
| 烟气量 | 入口 | 总烟气量（实际状态） | m³/h | 3 524 756 | 3 575 802 |
| | | A 侧除尘器（实际状态） | m³/h | 1 777 754 | 1 798 154 |
| | | B 侧除尘器（实际状态） | m³/h | 1 747 002 | 1 777 648 |
| | | A 侧除尘器（标态、干基、6%O₂） | m³/h | 1 096 323 | 1 097 112 |
| | | B 侧除尘器（标态、干基、6%O₂） | m³/h | 1 095 967 | 1 114 643 |
| 粉尘浓度 | 入口 | A 侧（标态、干基、6%O₂） | mg/m³ | 38 027 | 36 524 |
| | | B 侧（标态、干基、6%O₂） | mg/m³ | 38 370 | 36 484 |
| | 出口 | A1 侧（标态、干基、6%O₂） | mg/m³ | 10.7 | 23.8 |
| | | A2 侧（标态、干基、6%O₂） | mg/m³ | 10.8 | 23.1 |
| | | B1 侧（标态、干基、6%O₂） | mg/m³ | 10.5 | 21.9 |
| | | B2 侧（标态、干基、6%O₂） | mg/m³ | 10.4 | 23.2 |
| 除尘器效率 | | A1 侧除尘器 | % | 99.972 | 99.935 |
| | | A2 侧除尘器 | % | 99.972 | 99.937 |
| | | B1 侧除尘器 | % | 99.973 | 99.940 |
| | | B2 侧除尘器 | % | 99.973 | 99.936 |
| $O_2$ 浓度 | 入口 | A1 侧 | % | 5.51 | 5.39 |
| | | A2 侧 | % | 5.54 | 5.50 |
| | | B1 侧 | % | 5.40 | 5.43 |
| | | B2 侧 | % | 5.52 | 5.50 |
| | 出口 | A1 侧 | % | 5.81 | 5.67 |
| | | A2 侧 | % | 5.84 | 5.80 |
| | | B1 侧 | % | 5.69 | 5.72 |
| | | B2 侧 | % | 5.79 | 5.78 |
| 漏风率 | | A1 侧 | % | 1.95 | 1.79 |
| | | A2 侧 | % | 1.88 | 1.95 |
| | | B1 侧 | % | 1.82 | 1.89 |
| | | B2 侧 | % | 1.70 | 1.81 |
| 除尘器阻力 | | A1 侧 | Pa | 982 | 1033 |
| | | A2 侧 | Pa | 984 | 1091 |
| | | B1 侧 | Pa | 1070 | 1117 |
| | | B2 侧 | Pa | 1032 | 1120 |
| 烟气温度 | 入口 | A1 侧 | ℃ | 135 | 140 |
| | | A2 侧 | ℃ | 123 | 130 |
| | | B1 侧 | ℃ | 118 | 119 |
| | | B2 侧 | ℃ | 127 | 135 |

续表

| 项 目 | | | 单位 | 正常运行工况 | 一电场全停工况 |
|---|---|---|---|---|---|
| 烟气温度 | 出口 | A1 侧 | ℃ | 128 | 137 |
| | | A2 侧 | ℃ | 118 | 126 |
| | | B1 侧 | ℃ | 114 | 116 |
| | | B2 侧 | ℃ | 120 | 130 |
| 烟囱入口烟尘浓度 | | 标态、干基、$6\%O_2$ | mg/m³ | 9.75 | 12.05 |
| 脱硫出口雾滴浓度 | | 标态、干基、$6\%O_2$ | mg/m³ | 103.5 | |

从试验结果来看，目前3号机组电袋复合除尘器的运行参数如下：

一电场正常模式下运行时，除尘器出口粉尘浓度约为10.6mg/m³（标态、干基、$6\%O_2$），烟囱入口烟尘排放浓度为9.75mg/m³。

一电场全部停运时，除尘器出口粉尘浓度约为23.0mg/m³（标态、干基、$6\%O_2$），烟囱入口烟尘排放浓度为12.05mg/m³。

另外，现有脱硫系统出口雾滴含量约为103.5mg/m³（标态、干基）。

综上所述，可以看出现有电袋复合除尘器正常运行时可以将除尘器出口粉尘浓度控制在10mg/m³（标态、干基、$6\%O_2$）左右，总体运行情况较好，但此时烟囱入口烟尘排放浓度仍无法达到超低排放的要求。

## 2.4 脱硫设施

该电厂3号机组脱硫装置采用石灰石-石膏湿法脱硫工艺，配置4层喷淋层，不设GGH、引增合一、"一炉一塔"配置，设计燃煤收到基硫分为0.89%，设计入口烟气$SO_2$浓度为2481mg/m³（标态、干基、$6\%O_2$），脱硫装置设计出口$SO_2$浓度不超过124mg/m³（标态、干基、$6\%O_2$），脱硫效率不低于95%。3号机组脱硫装置于2011年12月投运。

2015年12月14日~19日，对3号机组脱硫装置进行摸底试验，主要测试结果见表6-9。

表6-9　　　　　　　　3号机组脱硫装置摸底试验主要结果

| 项 目 | 单位 | 12-14<br>9:50-15:20 | 12-19<br>15:00-20:30 | 设计值（额定值） |
|---|---|---|---|---|
| 机组编号 | | 3号机组 | | — |
| 循环泵投运方式 | | B+C+D | A+B+C+D | |
| 机组负荷 | MW | 486 | 484 | 600 |
| 锅炉蒸发量 | t/h | 1723 | 1819 | 2008，供热期间满负荷约为1850 |

续表

| 项　目 | 单位 | 12-14<br>9：50-15：20 | 12-19<br>15：00-20：30 | 设计值（额定值） |
|---|---|---|---|---|
| FGD 进口实测烟气量 | m³/h（标态、干基、6%O₂） | 2 043 276 | 2 163 506 | |
| 脱硫装置实际负荷率 | % | 91.3 | 96.7 | |
| FGD 入口烟温 | ℃ | 119 | 124 | 124 |
| FGD 入口烟气 SO₂ 浓度 | mg/m³（标态、干基、实际O₂） | 725 | 1017 | — |
| FGD 入口烟气 O₂ 浓度 | %（标态、干基） | 6.70 | 6.63 | — |
| FGD 入口烟气 SO₂ 浓度 | mg/m³（标态、干基、6%O₂） | 761 | 1062 | 2480 |
| 吸收塔出口烟气 SO₂ 浓度 | mg/m³（标态、干基、实际O₂） | 55 | 61 | — |
| 吸收塔出口烟气 O₂ 浓度 | %（标态、干基） | 6.88 | 6.84 | — |
| 吸收塔出口烟气 SO₂ 浓度 | mg/m³（标态、干基、6%O₂） | 58 | 65 | 124 |
| 脱硫效率 | % | 92.33 | 93.90 | 95 |
| 吸收塔浆液 pH | | 5.57 | 5.61 | |
| FGD 进口粉尘浓度 | mg/m³（标态、干基、6%O₂） | | 11 | 109 |
| FGD 出口粉尘浓度 | mg/m³（标态、干基、6%O₂） | | 10 | |
| 吸收塔出口烟气温度 | ℃ | 53 | 53 | |
| 引风机入口压力 | | -5649 | -5696 | |
| 引风机出口压力 | | 1098 | 1212 | |
| 引风机压升 | | 6747 | 6908 | 12 000（TB 工况）|
| FGD 入口压力 | Pa | 1149 | 1265 | |
| FGD 出口压力 | Pa | -321 | -363 | |
| 脱硫装置压力损失 | Pa | 1464 | 1623 | |
| 脱硫塔压力损失（包括除雾器）| Pa | 792 | 922 | |
| 雾滴含量 | mg/m³（标态、干基、6%O₂） | | 116.1 | 75 |

3 号机组脱硫装置原设计煤种硫分为 0.89%，入口二氧化硫浓度为 2480mg/m³（标态、干基、6%O₂），烟囱入口不大于 124mg/m³（标态、干基、6%O₂），脱硫效率要求不低于 95%。

3 号机组脱硫装置为"一炉一塔"装置，测试期间脱硫装置负荷率为 91.3%、入口 SO₂ 浓度为 761mg/m³（标态、干基、6%O₂）时，三台浆液循环泵运行，浆液 pH 为 5.6，

吸收塔出口排放 $SO_2$ 浓度为 58mg/m³（标态、干基、6%$O_2$），脱硫效率为 92.33%。

脱硫装置负荷率为 96.7%、入口 $SO_2$ 浓度为 1062mg/m³（标态、干基、6%$O_2$）时，四台浆液循环泵运行，浆液 pH 为 5.6，吸收塔出口排放 $SO_2$ 浓度为 65mg/m³（标态、干基、6%$O_2$），脱硫效率为 93.90%。

测试期间，脱硫装置入口粉尘浓度为 11mg/m³（标态、干基、6%$O_2$）时，出口粉尘浓度为 10mg/m³（标态、干基、6%$O_2$），此时吸收塔出口雾滴含量为 116mg/m³（标态、干基、6%$O_2$）。

引风机 TR 工况下设计全压升为 12 000Pa，测试期间 3 号机组引风机实际压升为 6908Pa，在目前情况下，引风机出力具有较大裕量。

## 3 超低排放工程进度概况

3 号机组超低排放改造工程进度见表 6-10。

表 6-10　　　　　3 号机组超低排放改造工程进度

| 项目 | 可研完成时间 | 初设完成时间 | 开工时间 | 停机时间 | 启动（通烟气）时间 | 168h 试运行完成时间 |
|---|---|---|---|---|---|---|
| 脱硝 | 2016/3/29 | 2016/4/30 | 2016/5/17 | 2016/6/10 | 2016/7/29 | 2016/8/29 |
| 脱硫 | 2016/3/29 | 2016/4/30 | 2016/5/17 | 2016/6/10 | 2016/7/29 | 2016/8/29 |
| 除尘 | 2016/3/29 | 2016/4/30 | 2016/5/17 | 2016/6/10 | 2016/7/29 | 2016/8/29 |

## 4 技术路线选择

### 4.1 边界条件

综合煤质分析结果，并考虑电厂未来煤质的变化，该电厂提出了 3 号机组超低排放改造设计煤质，本次改造的煤质条件见表 6-11。

表 6-11　　　　　烟气超低排放改造工程设计煤质

| 项目 | 符号 | 单位 | 设计煤质 |
|---|---|---|---|
| 全水分 | $M_{ar}$ | % | 10 |
| 收到基灰分 | $A_{ar}$ | % | 33.10 |
| 干燥无灰基挥发分 | $V_{daf}$ | % | 43.18 |
| 收到基碳 | $C_{ar}$ | % | 44.30 |
| 收到基氢 | $H_{ar}$ | % | 3.27 |
| 收到基氧 | $O_{ar}$ | % | 8.17 |
| 收到基氮 | $N_{ar}$ | % | 0.56 |
| 收到基硫 | $S_{tar}$ | % | 0.60 |
| 低位发热量 | $Q_{net,ar}$ | MJ/kg | 17.173 |

本次超低排放改造的设计烟气参数见表6-12。

表6-12　　　　　　　　　　改造设计烟气参数

| 设施 | 项目 | 单位 | 设计值 | 备注 |
|---|---|---|---|---|
| 脱硝 | 烟气量 | $m^3/h$ | 2 187 410 | 标态、干基、6%$O_2$ |
| | $NO_x$ | $mg/m^3$ | 400 | 标态、干基、6%$O_2$ |
| | 烟温 | ℃ | 355 | |
| | 烟尘浓度 | $g/m^3$ | 45.98 | 标态、干基、6%$O_2$ |
| | $SO_2$浓度 | $mg/m^3$ | 1578 | |
| | $SO_3$浓度 | $mg/m^3$ | 16 | 标态、干基、6%$O_2$ |
| 除尘 | 烟尘浓度 | $g/m^3$ | 45.98 | |
| | 烟温 | ℃ | 139 | |
| 脱硫 | $SO_2$浓度 | $mg/m^3$ | 1578 | |
| | 烟温 | ℃ | 124 | 正常值 |
| | 烟尘浓度 | $mg/m^3$ | 15 | 标态、干基、6%$O_2$ |

本次超低排放改造的性能指标见表6-13。

表6-13　　　　　　　　　　改造性能指标

| 项目 | 内容 | 单位 | 设计值 | 备注 |
|---|---|---|---|---|
| 脱硝 | 出口$NO_x$浓度 | $mg/m^3$ | 50 | 标态、干基、6%$O_2$ |
| | SCR脱硝效率 | % | 87.5 | |
| | $NH_3$逃逸 | $mg/m^3$ | 2.28 | 标态、干基、6%$O_2$ |
| | $SO_2/SO_3$转化率 | % | ≤0.35 | 新增层催化剂 |
| | 系统压降 | Pa | ≤1000 | 三层催化剂 |
| | 设计烟气温度 | ℃ | 355 | |
| | 最低连续运行烟温 | ℃ | 310 | |
| | 最高连续运行烟温 | ℃ | 420 | |
| 除尘 | 烟囱入口粉尘浓度 | $mg/m^3$ | 5 | |
| | 本体漏风率 | % | 2 | |
| 脱硫 | $SO_2$浓度 | $mg/m^3$ | 35 | |
| | 脱硫效率 | % | 97.8 | |

## 4.2　脱硝

低氮燃烧是国内外燃煤锅炉控制$NO_x$排放的优先选用技术。3号机组已采用低氮燃烧技术,性能保证值为350mg/$m^3$(标态、干基、6%$O_2$)。但当前满负荷工况运行时,3号机组SCR入口$NO_x$浓度控制在400mg/$m^3$左右。鉴于3号锅炉低氮改造较早兼之SCR运行成本高,本次改造再针对3号锅炉进行低氮燃烧进行提效改造以期实现3号锅炉出口$NO_x$浓度不高于320mg/$m^3$(标态、干基、6%$O_2$)。在后续运行中应进一步优化炉内燃烧方式，确保将 SCR 入口 $NO_x$ 浓度控制在本次 SCR 改造设计值以下，在此基础上实施烟气脱硝提效改造，以确保后续达标排放的稳定性与可靠性。

针对烟气脱硝提效改造，考虑到 3 号锅炉低氮改造后炉膛出口 $NO_x$ 设计浓度不超过 320mg/m³（标态、干基、$6\%O_2$）以及电厂实际燃煤变化的复杂性，设定本次改造 SCR 入口 $NO_x$ 浓度为 400mg/m³（标态、干基、$6\%O_2$）、出口 $NO_x$ 排放浓度为 50mg/m³（标态、干基、$6\%O_2$）为控制目标，相应烟气脱硝效率须达到 87.5%。考虑到 SCR 脱硝工艺本身能够达到 90% 以上的脱硝效率，且 3 号机组现已配套建设 SCR 脱硝装置，因此建议本次改造对当前脱硝装置进行提效改造即可。

## 4.3 除尘

虽然目前可供选择的除尘器改造技术方案较多，但根据 3 号机组目前电袋复合除尘器运行情况良好的现状，认为能够满足设计指标。

3 号机组电袋复合除尘器于 2015 年 8 月完成改造，原设计除尘效率大于 99.97%，按照入口设计烟尘浓度为 45958mg/m³（标态、干基、$6\%O_2$），则除尘器出口烟尘排放浓度应小于 14mg/m³（标态、干基、$6\%O_2$），且实际运行时电袋复合除尘器出口烟尘排放浓度小于 11mg/m³（标态、干基、$6\%O_2$），因此本次超低排放改造保持现有电袋复合除尘器方案不变，考虑通过脱硫系统协同洗尘，实现烟囱入口烟尘排放浓度小于 5mg/m³（标态、干基、$6\%O_2$）的要求。

## 4.4 脱硫

根据 3 号机组脱硫改造情况，FGD 设计入口 $SO_2$ 浓度为 1578mg/m³（标态、干基、$6\%O_2$），FGD 出口 $SO_2$ 浓度不大于 35mg/m³（标态、干基、$6\%O_2$），脱硫效率需达到 97.79%，根据目前石灰石-石膏法脱硫改造工艺，在合理的设计参数情况下，如液气比、烟气阻力合理等，并对原吸收塔进行彻底恢复性改造，选择成熟的提效措施，单塔完全可以实现此脱硫效率，且已有不少成功改造业绩。因此，本次工作考虑采用高效脱硫单塔改造方案。常见的高效脱硫单塔改造方案包括合金托盘塔、旋汇耦合塔、单塔双区等。

同时，考虑本次改造需充分考虑脱硫协同除尘作用，需对吸收塔内流场进行优化，考虑到合金托盘或旋汇耦合塔可以有效改善吸收塔内流场均布情况，且在不增加循环泵的前提下有效提高脱硫效率，本次改造考虑采用合金托盘塔或者旋汇耦合塔改造方案。

考虑到合金托盘塔较旋汇耦合塔运行阻力更低、静态投资更低，3 号机组脱硫改造选用合金托盘塔方案，即：拆除最低层喷淋层，拆除位置布置一层合金托盘，原有最高层喷淋层上方增加一层喷淋层，形成"四层喷淋层+一层托盘"的配置。

针对脱硫系统高效协同除尘，3 号机组脱硫系统通过应用烟气流速可调式集成型脱硫塔高效除雾器，实现在不同负荷工况下脱硫系统的高效协同除尘，其主要改造方案如下：拆除原吸收塔除雾器及附属设备，将吸收塔进行加高改造，在原除雾器荷载梁上安装一套管式气流分配器+一级屋脊型除雾器，上下游各布置一层冲洗管道，新增加一层荷载梁。在新增加的一层荷载梁上安装一套并列组合式二级旋流板除雾器，布置一层冲洗管道，对二级旋流板除雾器实施同步冲洗。在新增的一层荷载梁下部两端边缘安装二级旋流板除雾器烟气流速调节风门，调节率0~22%。

烟气流速可调式集成型脱硫塔高效除雾器的性能保证如下：

（1）机组在45%~103%负荷工况范围内，当吸收塔入口烟尘浓度小于等于50mg/m³（标态、干基、6%$O_2$）的情况下，实现烟尘排放小于等于5mg/m³（标态、干基）、雾滴排放小于等于20mg/m³（标态、干基）的技术标准。

（2）旋流板除雾器烟气流速调节风门调节率在0~22%。

（3）除雾器一个冲洗周期的冲洗水量不大于改造前。

## 4.5 技术路线

该电厂3号机组超低排放改造技术路线为：低氮燃烧提效+增加备用层催化剂（脱硝）+电袋除尘器维持不变（除尘）+烟气流速可调式集成型脱硫塔（脱硫），如图6-2所示。

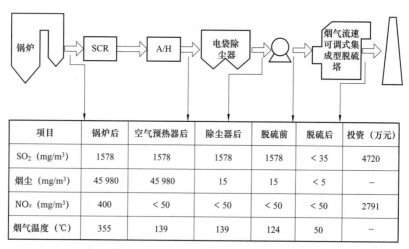

| 项目 | 锅炉后 | 空气预热器后 | 除尘器后 | 脱硫前 | 脱硫后 | 投资（万元） |
|---|---|---|---|---|---|---|
| $SO_2$（mg/m³） | 1578 | 1578 | 1578 | 1578 | <35 | 4720 |
| 烟尘（mg/m³） | 45 980 | 45 980 | 15 | 15 | <5 | — |
| $NO_x$（mg/m³） | 400 | <50 | <50 | <50 | <50 | 2791 |
| 烟气温度（℃） | 355 | 139 | 139 | 124 | 50 | — |

图6-2 某电厂3号机组超低排放改造技术路线

# 5 投资估算与运行成本分析

## 5.1 投资估算

脱硝系统超低排放改造工程投资估算见表6-14。

表6-14　　　脱硝系统超低排放改造工程投资估算　　　　　万元

| 序号 | 项目名称 | 建筑工程费 | 设备购置费 | 安装工程费 | 其他费用 | 合计 | 各项占静态投资比例（%） | 单位投资（元/kW） |
|---|---|---|---|---|---|---|---|---|
| 一 | 脱硝工程主体部分 | | | | | | | |
| （一） | 脱硝装置系统 | 1 | 693 | 112 | | 805 | 72.43 | 13.41 |
| 1 | 工艺系统 | 1 | 624 | 72 | | 696 | 62.63 | 11.59 |

续表

| 序号 | 项目名称 | 建筑工程费 | 设备购置费 | 安装工程费 | 其他费用 | 合计 | 各项占静态投资比例（%） | 单位投资（元/kW） |
|---|---|---|---|---|---|---|---|---|
| 2 | 电气系统 | | 2 | | | 2 | 0.19 | 0.04 |
| 3 | 热工控制系统 | | 67 | 16 | | 83 | 7.42 | 1.37 |
| 4 | 调试工程费 | | | 24 | | 24 | 2.18 | 0.40 |
| | 小计 | 1 | 693 | 112 | | 805 | 72.43 | 13.41 |
| （二） | 编制年价差 | | | 1 | | 1 | 0.03 | 0.00 |
| （三） | 其他费用 | | | | 253 | 253 | 22.78 | 4.22 |
| 1 | 建设场地征用及清理费 | | | | | | 0.00 | 0.00 |
| 2 | 建设项目管理费 | | | | 27 | 27 | 2.39 | 0.44 |
| 3 | 项目建设技术服务费 | | | | 190 | 190 | 17.06 | 3.16 |
| 4 | 整套启动试运费 | | | | 37 | 37 | 3.33 | 0.62 |
| 5 | 生产准备费 | | | | | | 0.00 | 0.00 |
| （四） | 基本预备费 | | | | 53 | 53 | 4.76 | 0.88 |
| | 脱硝工程主体部分静态投资 | 1 | 693 | 112 | 306 | 1111 | 100.00 | 18.51 |
| | 各项占静态投资比例（%） | 0.05 | 62.35 | 10.06 | 27.55 | 100.00 | | |
| | 各项静态单位投资（元/kW） | 0.01 | 11.54 | 1.86 | 5.10 | 18.51 | | |
| 二 | 相关配套改造工程 | | | | | | | |
| （一） | 低氮燃烧器改造 | | | | | | | |
| 1 | 燃烧器改造 | | 116 | 78 | | 194 | 13.86 | 3.22 |
| 2 | 电气系统 | | 4 | 16 | | 20 | 1.41 | 0.33 |
| 3 | 调试工程费 | | | 37 | | 37 | 2.64 | 0.61 |
| | 小计 | | 120 | 131 | | 250 | 17.90 | 4.16 |
| （二） | 编制年价差 | | | | | | | |
| （三） | 其他费用 | | | | | | | |
| 1 | 建设场地征用及清理费 | | | | | | 0.00 | 0.00 |
| 2 | 建设项目管理费 | | | | | | 0.00 | 0.00 |
| 3 | 项目建设技术服务费 | | | | 4 | 4 | 0.30 | 0.07 |
| 4 | 整套启动试运费 | | | | 18 | 18 | 1.25 | 0.29 |
| 5 | 生产准备费 | | | | | | 0.00 | 0.00 |
| | 小计 | | | | 22 | 22 | 1.55 | 0.36 |
| （四） | 基本预备费 | | | | 14 | 14 | 0.97 | 0.23 |
| | 工程静态投资 | 1 | 812 | 242 | 341 | 1396 | 100.00 | 23.26 |
| | 各项占静态投资比例（%） | 0.04 | 58.17 | 17.35 | 24.45 | 100.00 | | |
| | 各项静态单位投资（元/kW） | 0.01 | 13.53 | 4.04 | 5.69 | 23.26 | | |
| （五） | 动态费用 | | | | | | | |
| 1 | 价差预备费 | | | | | | | |

续表

| 序号 | 项目名称 | 建筑工程费 | 设备购置费 | 安装工程费 | 其他费用 | 合计 | 各项占静态投资比例（%） | 单位投资（元/kW） |
|---|---|---|---|---|---|---|---|---|
| 2 | 建设期贷款利息 | | | | 37 | | | |
| | 小计 | | | | 37 | | | |
| | 工程动态投资 | 1 | 812 | 242 | 378 | 1432 | | 23.87 |
| | 其中：生产期可抵扣的增值税 | | 118 | | | | | |
| | 各项占动态投资比例（%） | 0.03 | 56.68 | 16.91 | 26.37 | 100.00 | | |
| | 各项动态单位投资（元/kW） | 0.01 | 13.53 | 4.04 | 6.29 | 23.87 | | |

脱硫系统超低排放改造工程投资估算见表 6-15。

表 6-15　脱硫系统超低排放改造工程投资估算　　　　　　万元

| 序号 | 项目名称 | 建筑工程费 | 设备购置费 | 安装工程费 | 其他费用 | 合计 | 各项占静态投资比例（%） | 单位投资（元/kW） |
|---|---|---|---|---|---|---|---|---|
| 一 | 脱硫主体工程 | | | | | | | |
| （一） | 脱硫装置系统 | 92 | 1134 | 646.5 | | 1872.5 | 79.33 | 31.21 |
| 1 | 工艺系统 | 92 | 869 | 507.5 | | 1468.5 | 62.22 | 24.48 |
| 2 | 电气系统 | | 15 | 35 | | 50 | 2.12 | 0.83 |
| 3 | 热工控制系统 | | 250 | 56 | | 306 | 12.96 | 5.10 |
| 4 | 调试工程 | | | 48 | | 48 | 2.03 | 0.80 |
| （二） | 编制年价差 | | 2 | 1.5 | | 3.5 | 0.14 | 0.06 |
| （三） | 其他费用 | | | | 268 | 268 | 11.36 | 4.47 |
| 1 | 建设场地征用及清理费 | | | | | | 0 | 0 |
| 2 | 项目建设管理费 | | | | 39 | 39 | 1.66 | 0.65 |
| 3 | 项目建设技术服务费 | | | | 192 | 192 | 8.13 | 3.20 |
| 4 | 整套启动试运费 | | | | 37 | 37 | 1.57 | 0.62 |
| 5 | 生产准备费 | | | | | | 0.00 | 0.00 |
| （四） | 基本预备费 | | | | 107 | 107 | 4.54 | 1.79 |
| | 脱硫主体部分工程静态投资合计 | 94 | 1134 | 648 | 375.5 | 2251 | 95.38 | 37.52 |
| 二 | 特殊项目 | 19 | | | 90 | 109 | 4.62 | 1.82 |
| 1 | 吸收塔顶升措施费 | | | | 60 | 60 | 2.54 | 1.00 |
| 2 | 烟道顶升措施费 | | | | 30 | 30 | 1.27 | 0.50 |
| 3 | 相关拆除 | 19 | | | | 19 | 0.80 | 0.32 |
| 三 | 工程静态投资 | 113 | 1134 | 648 | 465.5 | 2360 | 100.00 | 39.34 |
| | 各项占静态投资比例（%） | 4.79 | 48.04 | 27.46 | 19.72 | 100 | | |
| | 各项静态单位投资（元/kW） | 1.88 | 18.9 | 10.8 | 7.76 | 39.34 | | |
| 四 | 动态费用 | | | | 61.5 | 61.5 | | |

续表

| 序号 | 项目名称 | 建筑工程费 | 设备购置费 | 安装工程费 | 其他费用 | 合计 | 各项占静态投资比例（%） | 单位投资（元/kW） |
|---|---|---|---|---|---|---|---|---|
| 1 | 价差预备费 | | | | | | 0 | 0 |
| 2 | 建设期贷款利息 | | | | 61.5 | 61.5 | | 1.03 |
| | 其中：生产期可抵扣的增值税 | | 164.5 | | | | | |
| 五 | 工程动态投资 | 113 | 1134 | 648 | 527 | 2422 | | 40.37 |
| | 各项占动态投资比例（%） | 4.66 | 46.82 | 26.76 | 21.76 | 100 | | |
| | 各项动态单位投资（元/kW） | 1.88 | 18.9 | 10.8 | 8.78 | 40.37 | | |

注 本次不对现有电袋除尘器进行改造，脱硫协同除尘提效改造费用已在脱硫工程中考虑。

## 5.2 运行成本分析

脱硝系统年总成本估算见表6-16。脱硫系统年总成本估算见表6-17。本次不对现有电袋除尘器进行改造，不增加运行成本。

表6-16　　　　　　　　　脱硝系统年总成本估算

| 序号 | 项目名称 | | 单位 | 数值 |
|---|---|---|---|---|
| 1 | 项目总投资 | | 万元 | 1396 |
| 2 | 年利用小时 | | h | 4500 |
| 3 | 厂用电率 | | % | 6.25% |
| 4 | 年售电量 | | GW·h | 2532 |
| 5 | 生产成本 | 工资 | 万元 | 0 |
| | | 折旧费 | 万元 | 91 |
| | | 修理费 | 万元 | 28 |
| | | 还原剂费用 | 万元 | -25 |
| | | 电耗费用（含由于阻力增加导致的引风机电耗） | 万元 | 91 |
| | | 低压蒸汽费用 | 万元 | -1 |
| | | 除盐水费用 | 万元 | 0 |
| | | 催化剂更换费用（扣除进项税） | 万元 | 34 |
| | | 催化剂性能检测费 | 万元 | 20 |
| | | 催化剂处理费用 | 万元 | 15 |
| | | 总计 | 万元 | 252 |
| 6 | 财务费用（平均） | | 万元 | 31 |
| 7 | 生产成本+财务费用 | | 万元 | 284 |
| 8 | 增加上网电费 | | 元/(MW·h) | 1.12 |

表 6-17　　脱硫年总成本估算

| 序号 | 项目名称 | 单位 | 成本 |
|---|---|---|---|
| 1 | 脱硫工程静态总投资 | 万元 | 2360 |
| | 建设期贷款利息 | 万元 | 62 |
| | 脱硫工程动态总投资 | 万元 | 2422 |
| 2 | 年利用小时数 | h | 4500 |
| 3 | 装机容量 | MW | 600 |
| 4 | 年发电量 | GW·h | 2532 |
| 5 | 石灰石耗量（增量） | t/h | 1 |
| | 石灰石价格（不含税） | 元/t | 54 |
| | 年石灰石费用（增量） | 万元 | 29 |
| 6 | 用电量（增量） | kW·h/h | 1856 |
| | 成本电价 | 元/(kW·h) | 0 |
| | 年用电费用 | 万元 | 315 |
| 7 | 用水量（增量） | t/h | 0 |
| | 水价 | 元/t | 0 |
| | 年用水费（增量） | 万元/年 | 0 |
| 8 | 修理维护费（增量） | 万元/年 | 47 |
| 9 | 折旧费（增量） | 万元/年 | 154 |
| 10 | 贷款利息（增量） | 万元/年 | 53 |
| 11 | 总成本增量 | 万元/年 | 597 |
| 12 | 单位成本增加值 | 元/(MW·h) | 2.36 |

# 6　性能试验与运行情况

## 6.1　脱硝系统

该公司3号机组脱硝系统超低排放改造工程性能考核试验于2016年12月完成，试验结果见表6-18。

表 6-18　　脱硝性能考核试验结果

| 序号 | 项目 | | 单位 | 保证值/设计值 | 100%负荷率测试结果 |
|---|---|---|---|---|---|
| 1 | 前提条件测试结果 | 烟气量 | m³/h | 2 298 947 | 2 149 225 |
| 2 | | 入口烟气温度 | ℃ | 350 | 348 |
| 3 | | SCR入口$NO_x$浓度 | mg/m³ | 450 | 363 |
| 4 | | SCR入口烟尘浓度 | mg/m³ | 42 000 | 34 491 |
| 5 | | SCR入口$SO_3$浓度 | mg/m³ | 22.2 | 11.2 |

续表

| 序号 | 项目 | | 单位 | 保证值/设计值 | 100%负荷率测试结果 |
|---|---|---|---|---|---|
| 6 | 性能指标测试结果 | SCR 烟气温降 | ℃ | 3 | 2 |
| 7 | | SCR 出口 $NO_x$ 浓度 | mg/m³ | ≤50 | 38 |
| 8 | | SCR 出口 $SO_3$ 浓度 | mg/m³ | — | 25.0 |
| 9 | | 逃逸氨浓度 | ppm | ≤3 | 1.85 |
| 10 | | 脱硝效率 | % | ≥88.9 | 91.8 |
| 11 | | 氨耗量 | kg/h | 417 | 336 |
| 12 | | 氨氮摩尔比 | | ≤0.83 | 0.928 |
| 13 | | $SO_2/SO_3$ 转化率 | % | <1 | 0.81 |
| 14 | 系统阻力 | A 反应器 | Pa | ≤1000 | 734 |
| 14.1 | | B 反应器 | Pa | ≤1000 | 781 |

## 6.2 除尘系统

本次改造现有电袋除尘器不做改造。

## 6.3 脱硫系统

该公司 3 号机组脱硫系统超低排放改造工程性能考核试验于 2016 年 12 月完成，试验结果见表 6-19。

表 6-19　　　　　　　脱硫性能考核试验结果

| 序号 | 项目 | | 单位 | 保证值/设计值 | 结果 |
|---|---|---|---|---|---|
| 1 | 脱硫装置烟气量（标态、干基、6%$O_2$） | | m³/h | 2 187 410 | 2 124 639 |
| 2 | 原烟气 | 温度 | ℃ | 124 | 126 |
| | | $SO_2$ 浓度（标态、干基、6%$O_2$） | mg/m³ | 1578 | 1289 |
| | | 烟尘浓度（标态、干基、6%$O_2$） | mg/m³ | 15 | 11 |
| | | $SO_3$ 浓度（标态、干基、6%$O_2$） | mg/m³ | 30 | 26 |
| | | HCl 浓度（标态、干基、6%$O_2$） | mg/m³ | 50 | 26.74 |
| | | HF 浓度（标态、干基、6%$O_2$） | mg/m³ | 25 | 17.82 |
| 3 | 净烟气 | $SO_2$ 浓度（标态、干基、6%$O_2$） | mg/m³ | ≤35 | 21 |
| | | 脱硫效率 | % | 97.78 | 98.37 |
| | | 烟尘浓度（标态、干基、6%$O_2$） | mg/m³ | 5 | 3.9 |
| | | $SO_3$ 浓度（标态、干基、6%$O_2$） | mg/m³ | — | 6.24 |
| | | HCl 浓度（标态、干基、6%$O_2$） | mg/m³ | — | 1.23 |
| | | HF 浓度（标态、干基、6%$O_2$） | mg/m³ | — | 0.64 |
| 4 | $SO_3$ 脱除效率 | | % | — | 76.00 |
| 5 | HCl 脱除效率 | | % | — | 95.40 |

续表

| 序号 | 项目 | | 单位 | 保证值/设计值 | 结果 |
|---|---|---|---|---|---|
| 6 | HF 脱除效率 | | % | — | 96.40 |
| 7 | 除尘效率 | | % | 66.7 | 64.55 |
| 8 | 石膏品质 | 含水量 | % | <10 | 11.23 |
| | | $CaSO_4 \cdot 2H_2O$ 含量 | % | >90 | 91.67 |
| | | $CaSO_3 \cdot 1/2H_2O$ 含量（以 $SO_2$ 计） | % | <1 | 0.58 |
| | | $CaCO_3$ 含量 | % | <3 | 3 |
| | | $Cl^-$ 含量 | % | <0.01 | 0.121 |
| 9 | 噪声（设备附近位置） | 氧化风机房 | dB（A） | ≤80 | 99 |
| | | 浆液循环泵房 | dB（A） | ≤80 | 95 |
| | | 脱硫控制室 | dB（A） | ≤55 | 57 |
| 10 | 热损失（所有保温设备的表面最高温度） | | ℃ | ≤50 | 34 |

# 7 项目特色与经验

目前，火电企业发电设备年利用小时数逐年下降，大部分电厂常年处于低负荷状态运行，且运行负荷波动较大，这也给环保设施的正常运行增加了难度。特别对于脱硫塔内除雾器，不同类型的除尘器（屋脊式除雾器、管束式除尘除雾装置等）均有着其最佳运行流速区间，机组负荷的波动也导致吸收塔烟气量的波动，从而影响除雾器的协同除尘效果。

针对此问题，该电厂 3 号机组在国内首次采用脱硫塔内烟气流速可调式除雾器，可以根据机组负荷的变化，调整除雾器开度，确保在任何工况下除雾器均在最佳运行区间内工作，克服了以往除雾器无法发挥最佳效果的弊病。该技术能够适应目前火电企业运行现状，也为下一步除雾器的优化设计指明了方向。

## 案例7

# MGGH 技术在某 660MW 机组上应用

**技术路线** ▶▶

低低温除尘器+湿式静电除尘+烟气再热器

# 1 电厂概况

## 1.1 机组概况

某电厂现有装机容量2740MW，共4台燃煤机组和2台燃气机组，其中两台300MW级的燃煤机组分别于1989年与1997年投运，两台660MW级燃煤机组分别于2009年和2010年投运，两台390MW燃气-蒸汽联合循环发电机组于2005年投运。

## 1.2 锅炉概况

3号机组配备上海锅炉厂生产制造的600MW等级变压运行螺旋管圈直流炉，单炉膛、一次中间再热、采用四角切圆燃烧方式、平衡通风、固态排渣、全钢悬吊结构Π型锅炉，露天布置。3号锅炉的主要技术参数见表7-1，锅炉的设计煤种为淮南煤，校核煤种为淮北煤，具体煤质和煤灰参数见表7-2和表7-3所示。

表7-1　　　　　　　　　　3号机组锅炉主要技术参数

| 参数名称 | 单位 | 参数 | |
|---|---|---|---|
| 型式 | | 超超临界一次中间再热螺旋管圈直流锅炉 | |
| 过热器蒸发量（BMCR） | t/h | 1991 | |
| 过热器出口蒸汽压力（BMCR，表压） | MPa | 26.15 | |
| 过热器出口蒸汽温度（BMCR） | ℃ | 605 | |
| 再热器蒸发量（BMCR） | t/h | 1680 | |
| 再热器进口压力（BMCR，表压） | MPa | 6.11 | |
| 再热器出口压力（BMCR，表压） | MPa | 5.92 | |
| 再热器进口温度（BMCR） | ℃ | 377 | |
| 再热器出口温度（BMCR） | ℃ | 603 | |
| 锅炉的点火方式 | | 微油点火 | |
| 锅炉排烟温度（BMCR） | ℃ | 127.2（修正后） | |
| 锅炉实际耗煤量（BMCR） | t/h | 263.7（设计煤种） | 270.8（校核煤种） |

## 1.3 设计煤质

3号锅炉的设计煤种为淮南煤，校核煤种为淮北煤，具体煤质和煤灰参数见表7-2和表7-3。

表7-2　　　　　　　　　　3号机组锅炉原设计煤质资料

| 项目 | 单位 | 设计煤种 | 偏差值 | 校核煤种 | 偏差值 |
|---|---|---|---|---|---|
| 全水分 $M_t$ | % | 7.0 | | 8.5 | |
| 挥发分 $V_{ar}$ | % | 28.5 | -9.5 | 23 | +2 |
| 挥发分 $V_{daf}$ | % | 42.5 | -14 | 35.57 | +3 |

续表

| 项目 | 单位 | 设计煤种 | 偏差值 | 校核煤种 | 偏差值 |
|---|---|---|---|---|---|
| 灰分 $A_{ar}$ | % | 28.0 | | 31.67 | |
| 低位发热量 $Q_{net,ar}$ | MJ/kg | 21.30 | | 20.74 | -2% |
| 碳 $C_{ar}$ | % | 54.73 | | 53.35 | |
| 氢 $H_{ar}$ | % | 3.74 | | 3.47 | |
| 氧 $O_{ar}$ | % | 7.12 | | 6.84 | |
| 氮 $N_{ar}$ | % | 1.04 | | 0.96 | |
| 硫 $S_{ar}$ | % | 0.37 | +0.5 | 0.71 | +1.1 |
| 哈氏可磨性指数 | HGI | 55 | | 85 | |

表 7-3　　　　　　　　　灰 组 分 分 析

| 项目 | 单位 | 设计煤种 | 校核煤种 |
|---|---|---|---|
| $SiO_2$ | % | 54.00 | 54.80 |
| $Al_2O_3$ | % | 33.00 | 33.63 |
| $Fe_2O_3$ | % | 3.20 | 2.08 |
| CaO | % | 2.00 | 2.75 |
| MgO | % | 1.20 | 1.98 |
| $SO_3$ | % | 1.20 | 0.95 |
| $K_2O$ | % | 1.00 | 1.65 |
| $Na_2O$ | % | 0.70 | 0.42 |
| $TiO_2$ | % | 1.40 | 0.74 |
| $MnO_2$ | % | — | 0.012 |

## 2　环保设施概况

### 2.1　低氮燃烧

该电厂 3 号机组燃烧设备按中速磨煤机、冷一次风机、正压直吹式制粉系统设计，配 6 台 HP1043 型中速磨煤机，其中 5 台运行，1 台备用。煤粉细度 200 目筛子通过量为 75%。锅炉燃烧方式采用低 $NO_x$ 同轴燃烧系统（LNCFS），煤粉燃烧器为四角布置、切向燃烧、摆动式燃烧器。具有以下技术特点：

（1）LNCFS 是一种经过考验的成熟技术，迄今在全球范围内已有超过 200 台的新建和改造锅炉的成功运行业绩，总的装机容量大于 62GW；

（2）LNCFS 在降低 $NO_x$ 排放的同时，着重考虑提高锅炉不投油低负荷稳燃能力和燃烧效率；

（3）通过技术的不断更新，LNCFS 在防止炉内结渣、高温腐蚀和降低炉膛出口烟温偏差等方面，同样具有独特的效果；

(4) LNCFS 燃烧设备在相同容量机组上有很好的运行业绩，运行数据表明，该燃烧设备在保证获得较高的燃烧效率的同时，$NO_x$ 排放较低。

LNCFS 的主要组件包括紧凑燃尽风（CCOFA）、可水平摆动的分离燃尽风（SOFA）、预置水平偏角的辅助风喷嘴（CFS）和强化着火（EI）煤粉喷嘴。

主风箱设 6 层强化着火煤粉喷嘴，在煤粉喷嘴四周布置燃料风（周界风）。在每相邻 2 层煤粉喷嘴之间布置 1 层辅助风喷嘴，其中包括上下 2 只偏置的 CFS 喷嘴，1 只直吹风喷嘴。在主风箱上部设有 2 层紧凑燃尽风喷嘴，在主风箱下部设有 1 层火下风（UFA）喷嘴。在主风箱上部布置分离燃尽风燃烧器，包括 5 层可水平摆动的分离燃尽风喷嘴。每台磨煤机出口由 4 根煤粉管道接至同一层四角布置的煤粉燃烧器，煤粉管道直径为 630mm×10mm。燃烧器入口弯头采用 V 形联管器连接，吸收轴向微量膨胀和微量倾斜。在入口弯头和燃烧器之间布置电动煤闸门，在检修时可以起到隔断的作用。由于煤粉管道的设计对燃烧器的摆动灵活性有一定的影响，在连接至燃烧器入口弯头的垂直煤粉管道上采用恒力弹簧吊架支吊，不允许煤粉管道的重量传递到燃烧器的入口弯头和一次风管上。最下层（A 层）煤粉管道的重量可以通过支架传递到燃烧器箱壳上。

油燃烧器的总输入热量按 20% BMCR 计算，油系统管道及阀门按 30% BMCR 配置。常规点火方式为高能电火花先点燃轻油，然后再点燃煤粉。油枪采用压缩空气雾化。油枪雾化油压 1.8MPa，雾化压缩空气压力 0.6~0.70MPa。油喷嘴的材质具有良好的耐高温和耐腐蚀性能。

## 2.2 SCR 烟气脱硝装置

该电厂 3 号机组烟气脱硝采用选择性催化还原烟气脱硝方法，系统主要设计参数及设备规范见表 7-4~表 7-7。

表 7-4　　　　　　省煤器出口烟气成分（过量空气系数为 1.20）

| 项目 | 单位 | BMCR（设计煤种，湿基） | BMCR（设计煤种，干基） | BMCR（校核煤种，湿基） | BMCR（校核煤种，干基） |
| --- | --- | --- | --- | --- | --- |
| $CO_2$ | % | 14.15 | 15.456 | 14.25 | 15.575 |
| $SO_2$ | % | 0.036 | 0.039 | 0.021 | 0.023 |
| $N_2$ | % | 74.094 | 80.925 | 73.953 | 80.827 |
| $O_2$ | % | 3.278 | 3.58 | 3.272 | 3.576 |
| $H_2O$ | % | 8.442 | — | 8.505 | — |

表 7-5　　　　　　锅炉不同负荷时的省煤器出口烟气量和温度

| 项目 | 单位 | BMCR | BRL | 75%BMCR | 50%BMCR |
| --- | --- | --- | --- | --- | --- |
| 省煤器出口湿烟气量（设计煤种，标态） | m³/s | 524.9 | 506.1 | 375 | 279.7 |
| 省煤器出口干烟气量（设计煤种，标态） | m³/s | 480.6 | 463.4 | 343.4 | 256.1 |
| 省煤器出口湿烟气量（校核煤种，标态） | m³/s | 521.8 | 503.2 | 372.9 | 278.1 |
| 省煤器出口干烟气量（校核煤种，标态） | m³/s | 477.4 | 460.4 | 341.2 | 254.4 |

续表

| 项目 | 单位 | BMCR | BRL | 75%BMCR | 50%BMCR |
|---|---|---|---|---|---|
| 省煤器出口烟气温度（设计煤种，标态） | ℃ | 364 | 359 | 329 | 303 |
| 省煤器出口烟气温度（校核煤种，标态） | ℃ | 364 | 359 | 329 | 303 |

表7-6　　　　锅炉BMCR工况脱硝系统入口烟气中污染物成分

| 项目 | 单位 | 设计煤种 | 校核煤种 | 备注 |
|---|---|---|---|---|
| 烟尘浓度 | g/m³ | 31.9 | 41.4 | 标态、湿基、实际含氧量 |
| $NO_x$ | mg/m³ | 450 | 450 | 标态、干基、6%含氧量 |
| Cl（HCl） | mg/m³ | 50 | 50 | 标态、湿基、实际含氧量 |
| F（HF） | mg/m³ | 20 | 20 | 标态、湿基、实际含氧量 |
| $SO_2$ | mg/m³ | 1926 | 2996.5 | 标态、湿基、实际含氧量 |
| $SO_3$ | mg/m³ | 28.9 | 44.9 | 标态、湿基、实际含氧量 |

表7-7　　　　　　　　　　3号机组脱硝装置设备规范

| 序号 | 名称 | 规格型号 | 材料 | 重量 | 单位 | 数量 | 备注 |
|---|---|---|---|---|---|---|---|
| 一 | 氨的制备供应系统 | | | | | | |
| 1 | 卸料压缩机（冷冻式） | 往复式、排气量2m³/min；功率22kW | 组合件 | | 台 | 2 | 公用1用1备 |
| 2 | 氨储罐 | 容积95m³，卧式，$\phi$3300mm×11 200mm | 16MnR | | 台 | 2 | 公用 |
| 3 | 电加热液氨蒸发器 | LDZ 0.7m×1.1m×1.7m，功率约110kW | 组合件 | | 台 | 3 | 公用2用1备 |
| 4 | 氨气缓冲罐 | 立式，$\phi$800mm×2400mm | 16MnR | — | 台 | 3 | 公用 |
| 5 | 氨气吸收罐 | 立式，$\phi$2000mm×2000mm | 16MnR | | 台 | 1 | 公用 |
| 6 | 氨气、空气混合器 | 圆筒式 | 16MnR | | 套 | 2 | |
| 7 | 废水泵 | 离心式，15m³/h、0.3MPa，5.5kW | 组合件 | — | 台 | 2 | 公用1用1备 |
| 8 | 喷淋冷却循环泵 | | | | 台 | 1 | |
| 9 | 氮气吹扫系统 | | 组件 | — | 套 | 1 | 公用（$N_2$气瓶业主供货） |
| 二 | 氨的喷射系统 | | | | | | |
| 1 | 氨气空气混和器 | 圆筒式，氨气处理量154.5kg/h | 16Mn | | 台 | 2×2 | 2台锅炉 |
| 2 | 稀释风机 | $p=2690Pa$，$Q=8600m^3/h$，$N=15kW$ | 组合件 | | 台 | 2×2 | 2台锅炉 |
| 3 | 喷嘴 | $\phi$9 | 组合件 | | 套 | 600×4 | 2台锅炉 |
| 三 | 烟气系统 | | | | | | |

续表

| 序号 | 名称 | 规格型号 | 材料 | 重量 | 单位 | 数量 | 备注 |
|---|---|---|---|---|---|---|---|
| 1 | 烟道补偿器 | 非金属，温度420℃，3600mm×8400mm | | | 个 | 2×2 | 2台锅炉 |
| | 烟道补偿器 | 非金属，温度420℃，3500mm×13 480mm | | | 个 | 2×2 | 2台锅炉 |
| | 烟道补偿器 | 非金属，温度420℃，3600mm×13 480mm | | | 个 | 2×2 | 2台锅炉 |
| 2 | SCR反应器入、出口烟道 | | Q345 | 570 | t | 2×2 | 2台锅炉 |
| 3 | 烟道导流板 | | Q345 | | t | | 2台锅炉（含在烟道中） |
| 4 | SCR入口烟道灰斗 | | Q345 | 40 | t | 4×4 | 2台锅炉 |
| 四 | SCR反应器 | | | | | | |
| 1 | SCR反应器 | 12 010mm×13 480mm×16 050mm | Q345 | 796 | 台 | 2×2 | 2台锅炉 |
| 五 | 催化剂 | | | | | | |
| 1 | 反应器的催化剂层数 | | | | 层 | 2 | |
| 2 | 每层催化剂的模块数 | | | | 个 | 84 | |
| 3 | 每个反应器的模块数 | | | | 个 | 168 | |
| 4 | 总的催化剂模块 | | | | 个 | 168×4 | 2台锅炉 |
| 5 | 模块尺寸（L×W×H） | | | | mm | 1910×970×1914 | |
| 6 | 单个催化剂模块重量 | | | | kg | 1298 | |
| 六 | 吹灰系统 | | | | | | |
| 1 | 声波喇叭 | | | | 个 | 4×12 | 2台锅炉（含备用层）|

为了获得准确的运行数据，对某电厂3号机组脱硝装置进行了详细的摸底测试。测试结果如下：

1. 试验工况

本次摸底试验选择3号机组在不同负荷、不同脱硝运行工况下进行了测试，具体工况安排见表7-8。其中T-1与T-2为满负荷工况，T-3为75%负荷运行工况，T-4为50%负荷常规运行工况。

表7-8　　　　　　　　摸底试验工况安排

| 序号 | 负荷 | 时间 |
|---|---|---|
| T-1 | 满负荷 | 7.10 |
| T-2 | 满负荷 | 7.14 |
| T-3 | 75%负荷 | 7.9 |
| T-4 | 50%负荷 | 7.13 |

## 2. 入口烟气参数

摸底试验期间反应器入口烟气参数测试结果见表 7-9。试验结果表明,反应器入口 $NO_x$ 浓度在满负荷工况下基本维持在 174~252mg/m³(标态、干基、6%$O_2$)。此外,试验期间满负荷试验工况下反应器入口 $SO_2$ 浓度约为 1802mg/m³(标态、干基、6%$O_2$)。

表 7-9　　　　　　　　　反应器入口烟气参数试验结果

| 工况 | 单位 | T-1 | T-2 | T-3 | T-4 | 备注 |
|---|---|---|---|---|---|---|
| 负荷 | MW | 600 | 600 | 500 | 350 | |
| 烟气量 | m³/h | 1947912 | 2065480 | — | — | 标态、干基、6%$O_2$ |
| 入口烟温 | ℃ | 355 | 357 | 337 | 317 | |
| 入口 $O_2$ 浓度 | % | 2.2 | 2.0 | 3.5 | 4.4 | |
| 入口 $NO_x$ 浓度 | mg/m³ | 252 | 174 | 315 | 252 | 标态、干基、6%$O_2$ |
| 入口 $SO_2$ 浓度 | mg/m³ | — | 1802 | — | — | 标态、干基、6%$O_2$ |

## 3. 脱硝效率

如表 7-10 所示,T-1、T-2 工况均为满负荷运行工况,T-1 工况中 A 侧脱硝效率约为 57.0%,B 侧脱硝效率约为 57.2%,平均效率为 57.1%;T-2 工况中 A 侧脱硝效率约为 59.6%,B 侧脱硝效率约为 60.7%,平均效率为 60.2%;T-3 工况为 75%负荷运行工况,可以看到 A 侧脱硝效率约为 52.6%,B 侧脱硝效率约为 53.3%,平均效率为 53.0%;T-4 工况为 50%负荷运行工况,可以看到 A 侧脱硝效率约为 57.6%,B 侧脱硝效率约为 47.2%,平均效率为 52.6%。

表 7-10　　　　　　　　　脱硝效率数据

| 工况 | 反应器 | SCR 入口 $NO_x$ 浓度 (mg/m³) | SCR 出口 $NO_x$ 浓度 (mg/m³) | 脱硝效率(%) | 测试工况 |
|---|---|---|---|---|---|
| T-1 | A 反应器 | 243 | 104 | 57.0 | 100%负荷率 |
| T-2 | A 反应器 | 164 | 66 | 59.6 | 100%负荷率 |
| T-3 | A 反应器 | 397 | 141 | 52.6 | 75%负荷率 |
| T-4 | A 反应器 | 262 | 111 | 57.6 | 50%负荷率 |
| T-1 | B 反应器 | 260 | 111 | 57.2 | 100%负荷率 |
| T-2 | B 反应器 | 184 | 72 | 60.7 | 100%负荷率 |
| T-3 | B 反应器 | 333 | 155 | 53.3 | 75%负荷率 |
| T-4 | B 反应器 | 242 | 128 | 47.2 | 50%负荷率 |
| T-1 | 单台炉平均脱硝效率 | 252 | 108 | 57.1 | 100%负荷率 |
| T-2 | 单台炉平均脱硝效率 | 174 | 69 | 60.2 | 100%负荷率 |
| T-3 | 单台炉平均脱硝效率 | 315 | 148 | 53.0 | 75%负荷率 |
| T-4 | 单台炉平均脱硝效率 | 252 | 120 | 52.6 | 50%负荷率 |

## 4. 氨逃逸

表 7-11 为不同工况条件下的氨逃逸测试结果。可以看到,在 T-1 和 T-2 两个满负

荷运行工况下，氨逃逸浓度分别为 1.69mg/m³ 和 3.24mg/m³。

表 7-11　　　　　　　　　　氨逃逸试验结果

| 工况 | 反应器 | SCR 入口 $NO_x$ 浓度（mg/m³） | SCR 出口 $NO_x$ 浓度（mg/m³） | 脱硝效率（%） | 氨逃逸（mg/m³） | 测试工况 |
|---|---|---|---|---|---|---|
| T-1 | A 反应器 | 243 | 104 | 57.0 | 1.73 | 100%负荷率 |
| T-2 | | 164 | 66 | 59.6 | 3.33 | |
| T-1 | B 反应器 | 260 | 111 | 57.2 | 1.65 | 100%负荷率 |
| T-2 | | 184 | 72 | 60.7 | 3.15 | |
| T-1 | 单台炉平均氨逃逸 | 252 | 108 | 57.11 | 1.69 | 100%负荷率 |
| T-2 | | 174 | 69 | 60.20 | 3.24 | |

5. $SO_2/SO_3$ 转化率

满负荷工况下，试验测得反应器入口 $SO_2$ 浓度为 1802mg/m³（标态、干基、6%$O_2$），$SO_3$ 浓度为 23.3mg/m³（标态、干基、6%$O_2$），出口 $SO_3$ 浓度为 34.4mg/m³（标态、干基、6%$O_2$），经折算 $SO_2/SO_3$ 转化率为 0.49%，表明当前脱硝装置能够将 $SO_2/SO_3$ 转化率控制在较低水平。

6. 系统阻力

脱硝系统阻力测试结果见表 7-12。试验结果表明，满负荷工况下反应器前静压约为 -890Pa，系统阻力约为 580Pa，随着负荷降低，系统阻力呈明显下降趋势。

表 7-12　　　　　　　　　　脱硝系统阻力试验结果

| 工况 | T-1 | T-2 | T-3 |
|---|---|---|---|
| 负荷（MW） | 600 | 600 | 500 |
| 反应器前静压 A（Pa） | -891 | -880 | -771 |
| 反应器后静压 A（Pa） | -1472 | -1406 | -1238 |
| 反应器前静压 B（Pa） | -901 | -874 | -802 |
| 反应器后静压 B（Pa） | -1425 | -1459 | -1273 |
| A 侧阻力（Pa） | 581 | 526 | 467 |
| B 侧阻力（Pa） | 524 | 585 | 471 |

此外，摸底试验结果显示，脱硝系统温降已达到 10℃，已明显超出性能保证要求。

### 2.3　除尘器

该电厂 3 号机组配置了 2 台福建××公司设计制造的电除尘器，设计除尘效率大于等于 99.75%。现有电除尘器主要设计与技术性能参数见表 7-13。

表 7-13　　静电除尘器主要设计参数

| 序号 | 项目 | 单位 | 设计参数 |
|---|---|---|---|
| 1 | 型号 | | 2BEL480/2-4 |
| 2 | 型式 | | 卧式、双室、四电场 |
| 3 | 烟气处理量 | m³/h | 3 119 760 |
| 4 | 烟气温度 | ℃ | 127 |
| 5 | 入口含尘浓度（标态） | g/m³ | 33.306 |
| 6 | 保证除尘效率 | % | ≥99.75 |
| 7 | 设备阻力 | Pa | ≤200 |
| 8 | 设计负压 | Pa | -9800 |
| 9 | 设计正压 | Pa | +9800 |
| 10 | 本体漏风率 | % | ≤2 |
| 11 | 通道数 | 个 | 2×40 |
| 12 | 单个电场的有效长度 | m | 4.25 |
| 13 | 电场的总有效长度 | m | 17 |
| 14 | 烟气流速 | m/s | 0.9 |
| 15 | 烟气停留时间 | s | 18.89 |
| 16 | 阳极板型式及材质 | | ZT24板/SPCC |
| 17 | 同极间距 | mm | 400 |
| 18 | 阳极板规格（高×宽×厚） | m×mm×mm | 15×500×1.5 |
| 19 | 单个电场阳极板块数 | 个 | 328 |
| 20 | 阳极板总有效面积 | m² | 40 800 |
| 21 | 最小振打加速度 | g | ≥150 |
| 22 | 振打装置的数量 | 套 | 8 |
| 23 | 阴极线型式及材质 | | 针刺线/不锈钢 |
| 24 | 沿气流方向阴极线间距 | mm | 400 |
| 25 | 阴极线总长度 | m | 8084.67 |
| 26 | 振打装置的数量 | 套 | 68 |

电除尘器的电气设备由高压硅整流器、微机自动控制系统、四点式高压直流闸刀（简称四点式闸刀）、高压电缆、400V配电装置、振打装置、电动卸灰机和加热装置等组成，其中，整流变压器的技术规范见表7-14。

表 7-14　　整流变压器技术规范

| 项目 | 一电场 | 二电场 | 三、四电场 |
|---|---|---|---|
| 型号 | GGAj02-1.6/72YTC | GGAj02-2.0/72YTC | GGAj02-1.8/72YTC |
| 每台炉数量 | 4 | 4 | 8 |
| 输入电压 | 1-380V | 1-380V | 1-380V |
| 输入电流 | 433A | 541A | 487A |

续表

| 项目 | 一电场 | 二电场 | 三、四电场 |
|---|---|---|---|
| 额定整流电压 | 72kV | 72kV | 72kV |
| 额定整流电流 | 1.6A | 2.2A | 1.8A |

第三方检测机构对该电厂3号机组在满负荷下进行摸底试验,试验过程中电除尘器进、出口测试的主要结果见表7-15。

表7-15　　　　　　　　　3号机除尘器运行参数

| 测试工况 | | | 660MW | | |
|---|---|---|---|---|---|
| 项目 | | | | 单位 | 数据 |
| 实际烟气量 | 入口 | | A侧电除尘器（实际状态） | $m^3/h$ | 1641801 |
| | | | B侧电除尘器（实际状态） | | 1550723 |
| 标态烟气量 | 入口 | | A侧电除尘器（标态、干基、$6\%O_2$） | $m^3/h$ | 1125213 |
| | | | B侧电除尘器（标态、干基、$6\%O_2$） | | 1062793 |
| 粉尘浓度 | 入口 | | A侧电除尘器（标态、干基、$6\%O_2$） | $g/m^3$ | 30.35 |
| | | | B侧电除尘器（标态、干基、$6\%O_2$） | | 31.27 |
| | 出口 | | A侧电除尘器（标态、干基、$6\%O_2$） | $mg/m^3$ | 204 |
| | | | B侧电除尘器（标态、干基、$6\%O_2$） | | 197 |
| 压力 | 入口 | | A侧电除尘器 | Pa | -2883 |
| | | | B侧电除尘器 | Pa | -2917 |
| | 出口 | | A侧电除尘器 | Pa | -3162 |
| | | | B侧电除尘器 | Pa | -3221 |
| $O_2$浓度 | 入口 | | A侧电除尘器 | % | 3.7 |
| | | | B侧电除尘器 | % | 3.9 |
| | 出口 | | A侧电除尘器 | % | 4.3 |
| | | | B侧电除尘器 | % | 4.2 |
| 烟气温度 | 入口 | | A侧电除尘器 | ℃ | 142 |
| | | | B侧电除尘器 | ℃ | 140 |
| | 出口 | | A侧电除尘器 | ℃ | 140 |
| | | | B侧电除尘器 | ℃ | 138 |
| 漏风率 | | | A侧电除尘器 | % | 3.16 |
| | | | B侧电除尘器 | % | 2.08 |
| 除尘效率 | | | A侧电除尘器 | % | 99.31 |
| | | | B侧电除尘器 | % | 99.36 |
| 压差 | | | A侧电除尘器 | Pa | 279 |
| | | | B侧电除尘器 | Pa | 305 |

从摸底试验结果来看,3号锅炉常规运行状况下电除尘器出口粉尘浓度为200mg/$m^3$,经脱硫系统后,烟囱入口粉尘排放浓度仍超出环保排放要求,需对3号机组进行超低排

放改造。

## 2.4 脱硫设施

该电厂3号机组采用石灰石-石膏湿法烟气脱硫技术,一炉一塔配置,脱硫效率不小于95%。脱硫吸收剂为石灰石,脱硫副产物为石膏。

3号机组脱硫装置由湖北××公司总承包,于2009年通过168h试运行并投入商业运营,设置GGH,吸收塔内设置4层喷淋层。设计煤种含硫量为1.0%,烟气进口$SO_2$浓度2346mg/m³(标态、干基、6%$O_2$),设计脱硫效率大于等于95%,出口$SO_2$浓度小于等于117mg/m³(标态、干基、6%$O_2$)。脱硫系统主要性能参数见表7-16。

表7-16　　　　　　　　　脱硫系统主要性能参数

| 项目 | | 单位 | 参数 |
|---|---|---|---|
| FGD入口烟气流量(标态、湿基、实际$O_2$) | | m³/h | 2 129 040 |
| FGD入口烟气流量(标态、干基、实际$O_2$) | | m³/h | 1 965 600 |
| FGD入口烟气流量(标态、干基、6%$O_2$) | | m³/h | 2 009 160 |
| 吸收塔入口$SO_2$浓度(标态、干基、6%$O_2$) | | mg/m³ | 2346 |
| 吸收塔出口$SO_2$浓度(标态、干基、6%$O_2$) | | mg/m³ | 117 |
| 入口烟气粉尘质量浓度(标态、干基、6%$O_2$) | | mg/m³ | ≤83.3 |
| 出口烟气粉尘质量浓度(标态、干基、6%$O_2$) | | mg/m³ | 50 |
| FGD工艺设计入口烟温 | | ℃ | 127 |
| FGD出口烟温 | | ℃ | 80 |
| 脱硫效率 | | % | 95 |
| 钙硫比Ca/S | | | 1.028 |
| 液气比(标态、湿基、实际$O_2$) | | L/m³ | 14.64 |
| 除雾器出口液滴质量浓度(标态) | | mg/m³ | ≤75 |
| 石灰石耗量(2台机组) | | t/h | 16 |
| 工艺水消耗量(2台机组) | | t/h | 142 |
| 工业水消耗量(2台机组) | | t/h | 30 |
| 仪用压缩空气消耗量(2台机组) | | m³/h | 13 |
| 蒸汽消耗量(2台机组) | | t/h | 10 |
| 石膏品质 | 石膏产量(两台机组) | t/h | 28 |
| | 石膏纯度 | % | >90 |
| | 自由水分 | % | <10 |
| | $CaCO_3$含量 | % | <3 |
| | Cl(水溶性) | % | <0.01 |
| | $CaSO_3 \cdot 1/2H_2O$ | % | <1 |
| 脱硫废水 | 排水量 | t/h | 10.2 |
| | $Cl^-$含量 | mg/m³ | 20 000 |
| | F含量 | mg/L | <10 |

第三方检测机构于 2014 年 1 月完成 3 号机组的脱硫改造摸底试验，试验结果如下：

1. 脱硫装置烟气流量

机组负荷 660MW 工况下，实测的 3 号机组脱硫装置增压风机出口烟气量为 2 081 137$m^3$/h（标态、湿基、实际 $O_2$）[脱硫装置设计入口烟气量 2 129 040$m^3$/h（标态、湿基、实际 $O_2$）]，烟气负荷率基本接近 100%。

2. 脱硫效率

（1）负荷 660MW 工况下、pH 为 5.55 时，测试时段 GGH 入口原烟气 $SO_2$ 浓度均值为 1643mg/$m^3$（标态、干基、6%$O_2$），吸收塔出口 $SO_2$ 浓度均值为 84mg/$m^3$（标态、干基、6%$O_2$），GGH 净烟气出口 $SO_2$ 浓度均值为 103mg/$m^3$（标态、干基、6%$O_2$），吸收塔脱硫效率为 94.9%，脱硫系统脱硫效率 93.7%；

（2）负荷 660MW 工况下、pH 为 5.45 时，测试时段 GGH 入口原烟气 $SO_2$ 浓度均值为 3389mg/$m^3$（标态、干基、6%$O_2$），吸收塔出口 $SO_2$ 浓度均值为 112mg/$m^3$（标态、干基、6%$O_2$），GGH 净烟气出口 $SO_2$ 浓度均值为 142mg/$m^3$（标态、干基、6%$O_2$），吸收塔脱硫效率为 96.7%，脱硫系统脱硫效率 95.8%；

（3）负荷 660MW 工况下、pH 为 5.45 时，测试时段 GGH 入口原烟气 $SO_2$ 浓度均值为 3638mg/$m^3$（标态、干基、6%$O_2$），吸收塔出口 $SO_2$ 浓度均值为 152mg/$m^3$（标态、干基、6%$O_2$），GGH 净烟气出口 $SO_2$ 浓度均值为 175mg/$m^3$（标态、干基、6%$O_2$），吸收塔脱硫效率为 95.8%，脱硫系统脱硫效率 95.2%。

3. 脱硫系统阻力

1 月 20 日，机组负荷 660MW，吸收塔总阻力（包含除雾器）1180Pa，GGH 原烟气侧压差 987Pa，GGH 净烟气侧压差 820Pa，脱硫系统总压力损失 2987Pa。

1 月 21 日，机组负荷 660MW，吸收塔总阻力（包含除雾器）1186Pa，GGH 原烟气侧压差 966Pa，GGH 净烟气侧压差 926Pa，脱硫系统总压力损失 3078Pa。

4. GGH 漏风率

1 月 20 日，机组负荷 660MW，脱硫系统 GGH 漏风率为 1.222%。

1 月 21 日，机组负荷 660MW，脱硫系统 GGH 漏风率为 0.917%。

5. 真空皮带脱水机出力

1 月 21 日，机组负荷 660MW，真空皮带脱水机最大石膏产量 20.78t/h（含水 9.8%），折算至含水 10% 后最大石膏产量 20.83t/h。

# 3 超低排放工程进度概况

该电厂 3 号机组超低排放改造工程进度见表 7-17。

表 7-17　　　　　该电厂 3 号机组超低排放改造工程进度

| 项目 | 可研完成时间 | 初设完成时间 | 开工时间 | 停机时间 | 启动（通烟气）时间 | 168h 试运行完成时间 |
|---|---|---|---|---|---|---|
| 脱硝 | 2014/8/20 | 2014/09/8 | 2015/01/01 | 2015/01/01 | 2015/03/12 | 2015/03/19 |

续表

| 项目 | 可研完成时间 | 初设完成时间 | 开工时间 | 停机时间 | 启动（通烟气）时间 | 168h试运行完成时间 |
|---|---|---|---|---|---|---|
| 脱硫 | 2014/08/01 | 2014/09/01 | 2015/01/01 | 2015/01/01 | 2015/03/12 | 2015/03/19 |
| 除尘 | 2014/08/01 | 2014/09/01 | 2015/01/01 | 2015/01/01 | 2015/03/12 | 2015/03/19 |

# 4 技术路线选择

## 4.1 边界条件

针对本次改造工作，根据历年煤质统计，并兼顾考虑试验数据情况，确定超低排放改造的设计煤质见表7-18，设计烟气参数见表7-19，改造的性能指标见表7-20。

表7-18　除尘器改造设计煤种

| 项目 | 单位 | 3号机组 | | 2012年平均值 | 2013年平均值 |
|---|---|---|---|---|---|
| | | 设计煤种 淮南煤 | 校核煤种 淮北煤 | | |
| 硫 $S_{ar}$ | % | 0.37 | 0.21 | 0.64 | 0.71 |
| 全水分 $M_t$ | % | 7 | 8.5 | 13.34 | 13.12 |
| 灰分 $A_{ar}$ | % | 26 | 26.67 | 20.74 | 19.55 |
| 挥发分 $V_{ar}$ | % | 28.5 | 23 | 23.99 | 24.8 |
| 挥发分 $V_{daf}$ | % | 42.5 | | 36.43 | 36.85 |
| 低位发热量 $Q_{net,ar}$ | MJ/kg | 21.3 | 20.74 | 20.18 | 20.27 |
| 碳 | % | 54.73 | 53.35 | | |
| 氢 | % | 3.74 | 3.47 | | |
| 氧 | % | 7.12 | 6.84 | | |
| 氮 | % | 1.04 | 0.96 | | |

表7-19　改造设计烟气参数

| 设施 | 项目 | 单位 | 设计值 | 备注 |
|---|---|---|---|---|
| 脱硝 | 烟气量 | m³/h | 2 009 160 | 标态、干基、6%$O_2$ |
| | $NO_x$ | mg/m³ | 450 | 标态、干基、6%$O_2$ |
| | 烟温 | ℃ | 364 | |
| | 烟气静压 | Pa | −1360 | |
| | 烟尘浓度 | g/m³ | 33.306 | 标态、干基、6%$O_2$ |
| | $SO_2$浓度 | mg/m³ | 2346 | |
| | $SO_3$浓度 | mg/m³ | 23.46 | 标态、干基、6%$O_2$ |

续表

| 设施 | 项目 | 单位 | 设计值 | 备注 |
|---|---|---|---|---|
| 除尘 | 烟气量 | m³/h | 2 009 160 | 标态、干基、6%$O_2$ |
| | 烟尘浓度 | g/m³ | 33.3 | |
| | 烟温 | ℃ | 140 | |
| 脱硫 | $SO_2$浓度 | mg/m³ | 2346 | |
| | 烟温 | ℃ | 140 | 正常值 |
| | | ℃ | 160 | 最高连续运行烟温 |
| | | ℃ | 170 | 最高（≤20min） |
| | 烟尘浓度 | mg/m³ | 20 | 标态 |

表7-20    改造性能指标

| 项目 | 内容 | 单位 | 设计值 | 备注 |
|---|---|---|---|---|
| 脱硝 | 出口$NO_x$浓度 | mg/m³ | 50 | 标态、干基、6%$O_2$ |
| | SCR脱硝效率 | % | 88.9 | |
| | $NH_3$逃逸 | mg/m³ | 2.28 | 标态、干基、6%$O_2$ |
| | $SO_2/SO_3$转化率 | % | 1 | 三层催化剂 |
| | 系统压降 | Pa | 1000 | |
| | 脱硝系统温降 | ℃ | 3 | |
| | 系统漏风率 | % | 0.4 | |
| | 设计烟气温度 | ℃ | 382 | |
| | 最低连续运行烟温 | ℃ | 320 | |
| | 最高连续运行烟温 | ℃ | 420 | |
| 除尘 | 烟囱入口粉尘浓度 | mg/m³ | 5 | |
| | 本体漏风率 | % | 2 | |
| 脱硫 | $SO_2$浓度 | mg/m³ | 35 | |
| | 脱硫效率 | % | 97.9 | |

## 4.2 脱硝

摸底测试结果显示SCR脱硝系统入口$NO_x$排放浓度为260mg/m³（标态、干基、6%$O_2$），表明当前锅炉$NO_x$排放浓度能够控制在较低水平，因此本项目改造方案不再对锅炉进行低氮燃烧改造。考虑到本项目要求$NO_x$排放浓度达到50mg/m³（标态、干基、6%$O_2$），相应要求达到80%以上脱硝效率，且对脱硝装置运行的高效稳定性要求较高，本次改造仍采用SCR烟气脱硝技术。

还原剂的选择是影响SCR脱硝效率的主要因素之一，应具有效率高、价格低廉、安全可靠、存储方便、运行稳定、占地面积小等特点。目前，常用的还原剂有液氨、尿素和氨水三种。由于液氨来源广泛、价格便宜、投资及运行费用均较其他两种物料节省，因而目前国内SCR装置大多采用液氨作为SCR脱硝还原剂；但同时液氨属于危险品，对于存储、卸车、制备、采购及运输路线国家均有较为严格的规定。鉴于本项目原SCR脱硝系统已采用液氨作为还原剂，因此本项目仍采用液氨作为还原剂。

## 4.3 除尘

考虑满负荷时，现有除尘器入口平均烟温在140℃左右，进行低低温烟气余热利用改造，不仅可以降低除尘器入口的烟温、减少入口烟气量，又可进一步降低烟尘的比电阻，提高粉尘的驱进速度。同时，3号机组为实现$SO_2$排放限值$35mg/m^3$的限制，必须取消GGH。取消GGH后将面临烟囱防腐的问题，又会带来烟囱冒"白烟"的影响。因此，为解决烟囱防腐和"白烟"的问题，采用低低温烟气余热利用+再热装置改造将是改造的前提方案。

3号机组进行低低温烟气余热利用改造的同时进行除尘器扩容改造，则可稳定实现除尘器出口烟尘排放浓度小于$20mg/m^3$。为进一步确保烟尘达标排放的稳定性和低风险性，考虑在脱硫系统后增设湿式除尘器。湿式除尘器布置在脱硫系统出口和烟囱入口之间，在保证入口烟尘含量的前提下，可以实现烟尘浓度小于$5mg/m^3$排放要求。

## 4.4 脱硫

石灰石/石灰-石膏湿法烟气脱硫工艺是技术最成熟、应用最广泛的烟气脱硫技术，我国90%左右的电厂烟气脱硫装置都是采用该种工艺。对于本次3号机组烟气脱硫改造，由于前期脱硫系统采用的工艺为石灰石-石膏湿法，因此，本次烟气脱硫增容改造仍采用石灰石-石膏湿法脱硫工艺。

由于烟气系统设置有GGH，GGH漏风现象导致经吸收塔脱硫后的净烟气$SO_2$浓度有所提高，同时结合除尘改造工作，提出了以下四个方案：

（1）方案一：取消GGH，吸收塔出口设置管式换热器，在现有最上层喷淋层增加一层喷淋层，预留托盘支架。

采用方案一时，需结合除尘改造工作，取消GGH，吸收塔设置管式换热器。管式换热器将除尘器进口处烟气降温，并用以对吸收塔出口烟气升温，升温后烟囱入口净烟气烟温温度高于80℃。改造时需要控制吸收塔即脱硫系统脱硫效率不小于97.9%。

同时，考虑到将来更为严格的环保排放标准，方案一预留托盘支架，可以在需要时迅速安装托盘，提高脱硫效率。

（2）方案二：取消GGH，吸收塔出口设置管式换热器，改造现有最上层喷淋层，并增加一层托盘。

采用方案二时，需结合除尘改造工作，取消GGH，吸收塔设置管式换热器。管式换热器将除尘器进口处烟气降温，并用以对吸收塔出口烟气升温，升温后烟囱入口净烟气温度高于80℃。改造时需要控制吸收塔即脱硫系统脱硫效率不小于97.9%。

（3）方案三：保留GGH，在现有最上层喷淋层增加一层喷淋层。

采用方案三时，改造时需要控制吸收塔脱硫效率不小于98.7%（按GGH改造后漏风率不高于0.8%设计），系统脱硫效率不小于97.9%。现有GGH漏风率和压差较高，必须

(4) 方案四：保留 GGH，改造现有最上层喷淋层，并增加一层托盘。

采用方案四时，改造时需要控制吸收塔脱硫效率不小于 98.7%（按 GGH 改造后漏风率不高于 0.8% 设计），系统脱硫效率不小于 97.9%。现有 GGH 漏风率和压差较高，必须进行改造。

结合本工程燃烧煤质的实际情况，本次改造四个方案采用两种思路：保留 GGH 和取消 GGH 进行。

对于方案一和方案二，取消 GGH，增设管式换热器，则不再存在因 GGH 漏风导致的 $SO_2$ 浓度增加现象，FGD 脱硫效率即为吸收塔脱硫效率，经过工艺计算，改造后吸收塔脱硫效率满足不小于 97.9% 即可实现达标排放。对于现有单塔脱硫工艺，此设计效率较易实现，且完全能够长期稳定运行。因此，若取消 GGH，改造可靠性更高。

对于方案三和方案四，保留 GGH，由于 FGD 出口 $SO_2$ 排放浓度必须满足不大于 $50mg/m^3$ 的排放要求，现有 GGH 漏风率约为 1.22%，若按此漏风率计算，必须保证改造后吸收塔出口 $SO_2$ 排放浓度在 $21.4mg/m^3$ 以下，吸收塔单塔脱硫效率必须保证在 99.1% 以上，基本无实现可能。因此，必须对 GGH 漏风现象进行治理，降低 GGH 漏风率，按改造后 GGH 漏风率低于 0.8% 来控制，则吸收塔脱硫效率必须满足不小于 98.7%，同样设计脱硫效率相对较高。同时，随着机组运行时间的延长，如此高的脱硫效率和如此低的 GGH 漏风率较难长期稳定达标，因此，若保留 GGH，从长期运行来看，实现重点地区排放标准难度较高。因此，结合除尘改造工作，本次建议对 GGH 进行取消，不推荐方案三和方案四。

方案二和方案四两个托盘方案由于不涉及吸收塔抬高，改造工作量相对较小，投资费用要低于方案一和方案三两个喷淋空塔方案。但要达到出口 $50mg/m^3$ 的要求，采用 5 层喷淋层比 4 层喷淋层更有优势，在相同的液气比条件下，增加吸收容积，可以有效地增加烟气停留时间，使得烟气与浆液接触得更充分，提高脱硫效率。因此，采用五层喷淋设计裕量要高于采用托盘方案的四层喷淋。

同时，方案二和方案四由于托盘的存在，托盘设置导致的脱硫塔压差增加（约 650Pa），这块造成的风机电耗将相对较高。而对于方案一和方案三，在低负荷和硫分较低情况下，完全可以停运一台循环泵，此时吸收塔压差较低，因此，实际运行时设置托盘和不设置托盘的方案运行成本相差不大。

由于 GGH 堵塞不可避免，而 GGH 堵塞造成的风机电耗将无法控制，此处会占烟风系统电耗的最大比重，因此，方案三/四的总运行成本要高于方案一/二。

对比方案一和方案二，方案一在设计时预留有托盘支架，现有设计完全能够满足当前运行需求，本次改造可暂不加装托盘，不会存在由于托盘阻力造成的风机电耗偏高的现象。由于目前为五台泵配置，低负荷低 $SO_2$ 浓度工况时可以停运 1 台或者 2 台循环泵来实现达标排放，经济性更高。同时，预留托盘支架可以提供将来进一步提效的空间，而方案二不具备，因此，方案一的达标可靠性更高。

综上所述，结合本工程在重点地区的实际情况，分别从投资、控制、运行、成本的角度综合考虑，3 号机组采用方案一为超低排放改造方案见表 7-21。

表7-21  脱硫超低排放改造方案比较

| 项目 | 方案一 | 方案二 | 方案三 | 方案四 |
|---|---|---|---|---|
| 改造可靠性 | 高 | 高 | 低 | 低 |
| 改造工程量 | 较高 | 较低 | 较低 | 较低 |
| 运行维护 | 最小 | 较小 | 较高 | 较高 |
| 改造工期（停机天数） | 75 | 45 | 75 | 45 |
| 静态投资（万元） | 5646 | 5380 | 6118 | 5282 |
| 运行成本（万元） | 1660 | 1661 | 1753 | 1714 |

### 4.5 技术路线

3号机组最终确定的超低排放改造技术路线如图7-1所示。

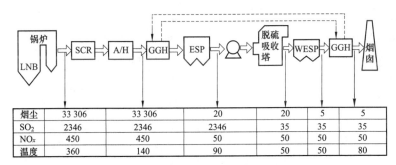

图7-1  3号机组超低排放改造技术路线

## 5 投资估算与运行成本分析

### 5.1 投资估算

脱硝系统超低排放改造投资估算见表7-22。

表7-22  脱硝系统超低排放改造工程投资估算   万元

| 序号 | 项目名称 | 建筑工程费 | 设备购置费 | 安装工程费 | 其他费用 | 合计 | 各项占总静态投资比例（%） | 单位投资（元/kW） |
|---|---|---|---|---|---|---|---|---|
| 一 | 脱硝工程主体部分 | | | | | | | |
| （一） | 脱硝装置系统 | | | | | | | |
| 1 | 工艺系统 | 14 | 1524 | 238.5 | | 1776.5 | 76.04 | 26.91 |
| 2 | 电控系统 | 0 | 66.5 | 10.5 | | 76.5 | 3.28 | 1.16 |
| 3 | 调试工程费 | | | 8 | | 8 | 0.34 | 0.12 |
| | 小计 | 14 | 1590.5 | 256.5 | | 1861 | 79.67 | 28.2 |
| （二） | 编制基准期价差 | | | 8 | | 8.5 | 0.36 | 0.13 |
| （三） | 其他费用 | | | | 292 | 292 | 12.49 | 4.42 |

续表

| 序号 | 项目名称 | 建筑工程费 | 设备购置费 | 安装工程费 | 其他费用 | 合计 | 各项占总静态投资比例（%） | 单位投资（元/kW） |
|---|---|---|---|---|---|---|---|---|
| 1 | 建设场地征用及清理费 | | | | | | | |
| 2 | 建设项目管理费 | | | | 32 | 32 | 1.36 | 0.48 |
| 3 | 项目建设技术服务费 | | | | 203.5 | 203.5 | 8.72 | 3.09 |
| 4 | 整套启动试运费 | | | | 56 | 56 | 2.4 | 0.85 |
| 5 | 生产准备费 | | | | 0.5 | 0.5 | 0.01 | 0 |
| （四） | 基本预备费 | | | | 107.5 | 107.5 | 4.61 | 1.63 |
| | 脱硝工程主体部分静态投资 | 14.5 | 1590.5 | 264.5 | 399.5 | 2269 | 97.12 | 34.38 |
| 二 | 相关配套改造 | | | | | | | |
| （一） | 配套改造 | | | | | | | |
| 1 | 省煤器、脱硝灰斗输灰改造 | | 47 | 16 | 0 | 63 | 2.7 | 0.95 |
| | 小计 | | 47 | 16 | 0 | 63 | 2.7 | 0.95 |
| （二） | 编制基准期价差 | | | 0.5 | 0 | 0.5 | 0.02 | 0.01 |
| （三） | 其他费用 | | | | 0.5 | 0.5 | 0.02 | 0.01 |
| 1 | 建设场地征用及清理费 | | | | | | | |
| 2 | 项目建设管理费 | | | | 0.5 | 0.5 | 0.02 | 0.01 |
| 3 | 项目建设技术服务费 | | | | | | | |
| 4 | 分系统调试费及整套启动试运费 | | | | | | | |
| 5 | 生产准备费 | | | | | | | |
| （四） | 基本预备费 | | | | 3 | 3 | 0.14 | 0.05 |
| | 配套改造部分工程静态投资 | | 47 | 16.5 | 4 | 67 | 2.88 | 1.02 |
| 三 | 工程总静态投资 | 14.5 | 1637.5 | 281 | 403.5 | 2336 | 100 | 35.4 |
| | 各项站静态投资比例（%） | 0.00305 | 0.3505 | 0.06015 | 0.0863 | 0.5 | | |
| | 各项静态单位投资（元/kW） | 0.11 | 12.405 | 2.13 | 3.055 | 17.7 | | |
| 四 | 动态费用 | | | | 79.5 | | | |
| 1 | 价差预备费 | | | | | | | |
| 2 | 建设期贷款利息 | | | | 79.5 | | | |
| | 工程动态投资 | 14.5 | 1637.5 | 281 | 482.5 | 2415.5 | 100 | 36.6 |
| | 各项占动态投资比例（%） | 0.59 | 67.8 | 11.63 | 19.98 | 100 | | |
| | 各项动态单位投资（元/kW） | 0.22 | 24.81 | 4.26 | 7.31 | 36.6 | | |

除尘系统超低排放改造工程投资估算见表 7-23。

表 7-23　　　　除尘超低排放改造工程投资估算　　　　　　　　　　万元

| 序号 | 工程或费用名称 | 建筑工程费 | 设备购置费 | 安装工程汇总 | | | 其他费用 | 合计 | 各项占静态投资比例（%） | 单位投资（元/kW） |
|---|---|---|---|---|---|---|---|---|---|---|
| | | | | 装置性材料 | 安装工程费 | 小计 | | | | |
| 一 | 改造工程 | 396.5 | 6672 | 814.5 | 1140 | 1954 | | 9022.5 | 94.28 | 78.23 |

续表

| 序号 | 工程或费用名称 | 建筑工程费 | 设备购置费 | 安装工程汇总 装置性材料 | 安装工程费 | 小计 | 其他费用 | 合计 | 各项占静态投资比例（%） | 单位投资（元/kW） |
|---|---|---|---|---|---|---|---|---|---|---|
| 1 | 原除尘器提效改造 | 112.5 | 594 | 51.5 | 100 | 151.5 | | 858 | 8.97 | 13 |
| 2 | 新增第五电场改造 | 97 | 664.5 | 124 | 182.5 | 306.5 | | 1068 | 11.16 | 16.18 |
| 3 | 低低温提效改造 | 98.5 | 2733 | 109.5 | 296.5 | 406 | | 3237.5 | 33.83 | 49.05 |
| 4 | 湿式电除尘器 | 88 | 2463.5 | 464.5 | 527 | 991.5 | | 3543 | 37.02 | 53.68 |
| 5 | 输灰系统 | | 195.5 | 59 | 32 | 91 | | 286.5 | 2.99 | 4.34 |
| 6 | 除尘系统数据联网 | | 22 | 6 | 2 | 8 | | 30 | 0.31 | 0.45 |
| 二 | 其他费用 | | | | | | 184.5 | 184.5 | 1.93 | 2.8 |
| 1 | 项目建设管理费 | | | | | | 27 | | | |
| 2 | 项目建设技术服务费 | | | | | | 82.5 | | | |
| 3 | 性能考核试验费 | | | | | | 60 | | | |
| 4 | 环保验收 | | | | | | 15 | | | |
| 三 | 基本预备费 | | | | | | 362.5 | 362.5 | | |
| 四 | 工程静态投资 | 396.5 | 6672 | 814.5 | 1140 | 1954 | 547 | 9569.5 | 100 | 144.99 |
| 1 | 各项占静态投资的比例（%） | 4.14 | 69.72 | 8.51 | 11.91 | 20.42 | 5.72 | 100 | | |
| 2 | 各项静态单位投资（元/kW） | 6.01 | 101.09 | 12.34 | 17.27 | 29.61 | 8.29 | 144.99 | | |
| 五 | 动态费用 | | | | | | | 125.5 | | |
| 1 | 价差预备费 | | | | | | | | | |
| 2 | 建设期贷款利息 | | | | | | | 125.5 | | |
| 六 | 工程动态投资 | 396.5 | 6672 | 814.5 | 1140 | 1954 | 547 | 9695 | | |
| | 各项占动态投资的比例（%） | 4.09 | 68.82 | 8.4 | 11.76 | 20.15 | 5.64 | 100 | | |
| | 各项动态单位投资（元/kW） | 6.01 | 101.09 | 12.34 | 17.27 | 29.61 | 8.29 | 146.89 | | |

脱硫系统超低排放改造工程投资估算见表7-24。

表7-24　　　　脱硫超低排放改造工程投资估算　　　　万元

| 序号 | 项目名称 | 建筑工程费 | 设备购置费 | 安装工程费 | 其他费用 | 合计 | 各项占静态投资比例（%） | 单位投资（元/kW） |
|---|---|---|---|---|---|---|---|---|
| 一 | 脱硫技改工程主体部分 | 99.5 | 1200 | 1282.5 | | 2582 | 82.57% | 39.14 |
| 1 | 工艺系统 | 99.5 | 1078.5 | 1059 | | 2238.5 | 71.55% | 33.91 |
| 2 | 电气系统 | | 32.5 | 78 | | 110.5 | 3.54% | 1.68 |
| 3 | 热工控制系统 | | 88.5 | 67 | | 155.5 | 4.97% | 2.36 |
| 4 | 调试工程 | | | 78.5 | | 78.5 | 2.51% | 1.19 |

续表

| 序号 | 项目名称 | 建筑工程费 | 设备购置费 | 安装工程费 | 其他费用 | 合计 | 各项占静态投资比例（%） | 单位投资（元/kW） |
|---|---|---|---|---|---|---|---|---|
| 二 | 与厂址有关的单项工程 | 15 | | 35 | | 50 | 1.60% | 0.76 |
| 1 | 拆除 | | | 35 | | 35 | 1.12% | 0.53 |
| 2 | 隔离 | 15 | | | | 15 | 0.48% | 0.23 |
| 三 | 编制年价差 | 5 | | 9.5 | | 14.5 | 0.47% | 0.22 |
| 四 | 其他费用 | | | | 332.5 | 332.5 | 10.62% | 5.04 |
| 1 | 建设场地征用及清理费 | | | | | | | |
| 2 | 项目建设管理费 | | | | 53 | 53 | 1.70% | 0.81 |
| 3 | 项目建设技术服务费 | | | | 211 | 211 | 6.74% | 3.2 |
| 4 | 分系统调试费及整套启动试运费 | | | | 67 | 67 | 2.13% | 1.01 |
| 5 | 生产准备费 | | | | 1.5 | 1.5 | 0.05% | 0.02 |
| 五 | 基本预备费 | | | | 148 | 148 | 4.74% | 2.25 |
| | 工程静态投资 | 119.5 | 1200 | 1328 | 480.5 | 3127 | 100.00% | 47.4 |
| | 各项站静态投资比例（%） | 3.82% | 38.35% | 42.46% | 15.36% | 100.00% | | |
| | 各项静态单位投资（元/kW） | 1.81 | 18.18 | 20.12 | 7.28 | 47.4 | | |
| 六 | 动态费用 | | | | | 109.5 | | |
| 1 | 价差预备费 | | | | | | | |
| 2 | 建设期贷款利息 | | | | | 109 | | 1.66 |
| | 工程动态投资 | 119.5 | 1200 | 1328 | 590 | 3236 | | 49.05 |
| | 各项占动态投资比例（%） | 3.7 | 37.06 | 41.03 | 18.22 | 100 | | |
| | 各项动态单位投资（元/kW） | 1.81 | 18.18 | 20.12 | 8.94 | 49.05 | | |

## 5.2 运行成本分析

脱硝系统年总成本估算见表7-25。

表7-25　脱硝系统年总成本估算

| 序号 | 项目 | | 单位 | 数值 |
|---|---|---|---|---|
| 1 | 项目总投资 | | 万元 | 2336 |
| 2 | 年利用小时数 | | h | 5500 |
| 3 | 厂用电率 | | % | 5.90% |
| 4 | 年售电量 | | GW·h | 3416 |
| 5 | 生产成本 | 工资 | 万元 | 0 |
| | | 折旧费 | 万元 | 135.5 |
| | | 修理费 | 万元 | 46.5 |
| | | 还原剂费用（扣除进项税） | 万元 | 83.5 |

续表

| 序号 | 项目 | | 单位 | 数值 |
|---|---|---|---|---|
| 5 | 生产成本 | 工资 | 万元 | 0 |
| | | 电耗费用 | 万元 | 0 |
| | | 低压蒸汽费用 | 万元 | 5.5 |
| | | 除盐水费用 | 万元 | 0 |
| | | 催化剂更换费用（扣除进项税） | 万元 | 24 |
| | | 催化剂性能检测费 | 万元 | 30 |
| | | 催化剂处理费用 | 万元 | 1.5 |
| | | 总计 | 万元 | 326.5 |
| 6 | 财务费用（平均） | | 万元 | 68 |
| 7 | 生产成本+财务费用 | | 万元 | 394.5 |
| 8 | 增加上网电费 | | 元/(MW·h) | 1.16 |

注 本项年总成本考虑整个自然年的成本及发电量，不考虑建设年份机组投运时间及发电量。

除尘系统年总成本估算见表7-26。

表7-26    除尘系统年总成本估算    万元

| 序号 | 项目 | | 数值 |
|---|---|---|---|
| 1 | 静态投资 | | 9569.5 |
| 2 | 动态投资 | | 9695 |
| 3 | 年运行费用 | 耗品更换（极板） | 60 |
| | | 电耗 | 378 |
| | | 碱耗 | 31.5 |
| | | 水耗 | 45 |
| | | 修理维护费 | 191 |
| | | 折旧费 | 957 |
| | | 合计 | 1662.5 |
| 4 | 财务费用（平均） | | 275 |
| 5 | 总年成本 | | 1937.5 |

注 1. 成本电价按0.4元/kW计算，年利用小时数按5000h考虑；
2. 修理维护费率按2%考虑；
3. 还款期和折旧年限按10年计。

脱硫系统年总成本估算见表7-27。

表7-27    脱硫系统年总成本估算

| 序号 | 项目 | 单位 | 数值 |
|---|---|---|---|
| 1 | 脱硫工程静态总投资 | 万元 | 2823 |
| | 建设期贷款利息 | 万元 | 98.5 |
| | 脱硫工程动态总投资 | 万元 | 2921.5 |

续表

| 序号 | 项目 | 单位 | 数值 |
|---|---|---|---|
| 2 | 年利用小时数 | h | 5500 |
| 3 | 装机容量 | MW | 660 |
| 4 | 固定资产原值 | 万元 | 2788 |
| 5 | 年发电量 | GW·h | 3956.5 |
| 6 | 石灰石耗量（增量） | t/h | 0.2 |
| 6 | 石灰石粉价格（不含税） | 元/t | 49 |
| 6 | 年石灰石费用（增量） | 万元 | 12 |
| 7 | 用电量（增量） | kW·h/h | 1748.5 |
| 7 | 成本电价 | 元/(kW·h) | 0.176 |
| 7 | 年用电费用 | 万元 | 461.5 |
| 8 | 用水量（增量） | t/h | 25 |
| 8 | 水价 | 元/t | 0.65 |
| 8 | 年用水费（增量） | 万元/年 | 24.5 |
| 9 | 修理维护费（增量） | 万元/年 | 70.5 |
| 10 | 折旧费（增量） | 万元/年 | 176.5 |
| 11 | 长期贷款利息（增量） | 万元/年 | 85 |
| 12 | 总成本增量 | 万元/年 | 830 |
| 13 | 单位成本增加值 | 元/(MW·h) | 2.10 |

# 6 性能试验与运行情况

## 6.1 脱硝系统

3号机组脱硝系统超低排放改造工程性能考核试验于2015年6月完成，试验结果见表7-28。

表7-28　　脱硝性能考核试验结果

| 序号 | 项目 | | 单位 | 保证值/设计值 | 测试结果（100%负荷率） |
|---|---|---|---|---|---|
| 1 | 前提条件测试结果 | 烟气量 | m³/h | 2100000 | 2016041 |
| 2 | 前提条件测试结果 | 入口烟气温度 | ℃ | 375 | 363 |
| 3 | 前提条件测试结果 | SCR入口NO$_x$浓度 | mg/m³ | 300 | 233 |
| 4 | 前提条件测试结果 | SCR入口烟尘浓度 | mg/m³ | 33306 | 25004 |
| 5 | 前提条件测试结果 | SCR入口SO$_3$浓度 | mg/m³ | 23.46 | 16.7 |
| 6 | 性能指标测试结果 | SCR出口NO$_x$浓度 | mg/m³ | ≤50 | 25 |
| 7 | 性能指标测试结果 | SCR出口SO$_3$浓度 | mg/m³ | — | 28.9 |
| 8 | 性能指标测试结果 | 逃逸氨浓度 | mg/m³ | ≤2.28 | 1.44 |

续表

| 序号 | 项目 | | 单位 | 保证值/设计值 | 测试结果（100%负荷率） |
|---|---|---|---|---|---|
| 9 | 性能指标测试结果 | 脱硝效率 | % | ≥83.4 | 88.2 |
| 10 | | 氨耗量 | kg/h | <206 | 165 |
| 11 | | 氨氮摩尔比 | | | 0.906 |
| 12 | | $SO_2/SO_3$转化率 | % | ≤1.0 | 0.69 |
| 13 | | 系统阻力 | Pa | ≤850 | — |
| 13.1 | | A反应器 | Pa | — | 686 |
| 13.2 | | B反应器 | Pa | — | 695 |

## 6.2 除尘系统

3号机组除尘系统超低排放改造工程性能考核试验于2015年7月完成，试验结果见表7-29。

表7-29　　　　　　　　除尘性能考核试验结果

| 序号 | 项目 | 单位 | 保证值/设计值 | 测试 |
|---|---|---|---|---|
| 一 | 低低温除尘器 | | | |
| 1 | 低低温除尘器入口烟气量 | m³/h | 3 193 000 | 3 131 678 |
| 2 | 低低温除尘器进口烟温 | ℃ | 140 | 143 |
| 3 | 低低温除尘器出口烟温 | ℃ | 95 | 103 |
| 4 | 再热器进口烟温 | ℃ | 50 | 50 |
| 5 | 再热器出口烟温 | ℃ | ≥80 | 90 |
| 6 | 进口烟尘浓度（标态、干基、6%$O_2$) | g/m³ | 33.306 | 29.950 |
| 7 | 出口烟尘浓度（标态、干基、6%$O_2$) | mg/m³ | 20 | 16 |
| 8 | 低低温除尘器除尘效率 | % | 99.94 | 99.95 |
| 9 | 进口$SO_3$浓度（标态、干基、6%$O_2$) | mg/m³ | — | 30.33 |
| 10 | 出口$SO_3$浓度（标态、干基、6%$O_2$) | mg/m³ | — | 8.53 |
| 11 | $SO_3$脱除效率 | % | — | 71.88 |
| 12 | 低低温省煤器本体阻力 | Pa | 450 | 430 |
| 13 | 再热器本体阻力 | Pa | 800 | 787 |
| 二 | 湿式除尘器 | | | |
| 1 | 烟气量 | m³/h | 2451270 | 2687164 |
| 2 | 进口烟温 | ℃ | 50 | 51 |
| 3 | 出口烟温 | ℃ | — | 50 |
| 4 | 进口烟尘浓度（标态、干基、6%$O_2$) | mg/m³ | ≤40 | 35.63 |
| 5 | 出口烟尘浓度（标态、干基、6%$O_2$) | mg/m³ | ≤5 | 4.11 |
| 6 | 除尘效率 | % | ≥87.5 | 88.46 |
| 7 | 进口$SO_3$浓度（标态、干基、6%$O_2$) | mg/m³ | — | 5.82 |

续表

| 序号 | 项 目 | 单位 | 保证值/设计值 | 测试 |
|---|---|---|---|---|
| 8 | 出口 $SO_3$ 浓度（标态、干基、6%$O_2$） | mg/m³ | — | 1.07 |
| 9 | $SO_3$ 脱除效率 | % | ≥80 | 81.6 |
| 10 | 进口 PM2.5 浓度（标态、干基、6%$O_2$） | mg/m³ | — | 15.7 |
| 11 | 出口 PM2.5 浓度（标态、干基、6%$O_2$） | mg/m³ | — | 2.51 |
| 12 | PM2.5 脱除效率 | % | ≥80 | 84 |
| 13 | 进口雾滴浓度（标态、干基、6%$O_2$） | mg/m³ | — | 35.46 |
| 14 | 出口雾滴浓度（标态、干基、6%$O_2$） | mg/m³ | — | 8.32 |
| 15 | 雾滴脱除效率 | % | ≥75 | 76.5 |
| 16 | 进口 Hg 浓度（标态、干基、6%$O_2$） | mg/m³ | — | 5.26 |
| 17 | 出口 Hg 浓度（标态、干基、6%$O_2$） | mg/m³ | — | 2.82 |
| 18 | Hg 脱除效率 | % | ≥80 | 46.4 |
| 19 | 本体阻力 | Pa | 350 | 276 |

## 6.3 脱硫系统

3 号机组脱硫系统超低排放改造工程性能考核试验于 2015 年 6 月完成，试验结果见表 7-30。

表 7-30    脱硫性能考核试验结果

| 序号 | 项 目 | | 单位 | 保证值/设计值 | 测试结果 |
|---|---|---|---|---|---|
| 1 | 脱硫装置烟气量（标态、干基、6%$O_2$） | | m³/h | 2 009 160 | 2 109 064 |
| 2 | 原烟气 | 温度 | ℃ | 160 | 116 |
| | | $SO_2$ 浓度（标态、干基、6%$O_2$） | mg/m³ | 2346 | 2080 |
| | | 烟尘浓度（标态、干基、6%$O_2$） | mg/m³ | 83.3 | 16 |
| | | $SO_3$ 浓度（标态、干基、6%$O_2$） | mg/m³ | 58.63 | 10.38 |
| | | HCl 浓度（标态、干基、6%$O_2$） | mg/m³ | 50 | 39.24 |
| | | HF 浓度（标态、干基、6%$O_2$） | mg/m³ | 20 | 16.62 |
| 3 | 净烟气 | 温度 | ℃ | — | 91 |
| | | $SO_2$ 浓度（标态、干基、6%$O_2$） | mg/m³ | ≤35 | 27 |
| | | 脱硫效率 | % | 98.86 | 98.89 |
| | | 烟尘浓度（标态、干基、6%$O_2$） | mg/m³ | — | 11 |
| | | $SO_3$ 浓度（标态、干基、6%$O_2$） | mg/m³ | — | 6.41 |
| | | HCl 浓度（标态、干基、6%$O_2$） | mg/m³ | — | 1.44 |
| | | HF 浓度（标态、干基、6%$O_2$） | mg/m³ | — | 0.79 |
| 4 | $SO_3$ 脱除效率 | | % | — | 38.25 |
| 5 | HCl 脱除效率 | | % | — | 96.33 |
| 6 | HF 脱除效率 | | % | — | 95.25 |

续表

| 序号 | 项目 | | 单位 | 保证值/设计值 | 测试结果 |
|---|---|---|---|---|---|
| 7 | 除尘效率 | | % | — | 28.07 |
| 8 | 石膏品质 | 含水量 | % | <10 | 10.57 |
| | | $CaSO_4 \cdot 2H_2O$ 含量 | % | >90 | 91.61 |
| | | $CaSO_3 \cdot 1/2H_2O$ 含量（以$SO_2$计） | % | <1 | 0.65 |
| | | $CaCO_3$ 含量 | % | <3 | 3 |
| | | $Cl^-$ 含量 | % | <0.01 | 0.061 |
| 9 | 噪声（设备附近位置） | 氧化风机房 | dB（A） | ≤80 | 104 |
| | | 浆液循环泵房 | dB（A） | ≤80 | 95 |
| | | 脱硫控制室 | dB（A） | ≤55 | 62 |
| 10 | 热损失（所有保温设备的表面最高温度） | | ℃ | ≤50 | 31 |
| 11 | 石灰石消耗量 | | t/h | ≤8.5 | 8.27 |
| 12 | FGD 总电耗（6kV 馈线处） | | kW | — | 3586 |
| 13 | 吸收塔压损 | | Pa | — | 1524 |
| 14 | 雾滴（标态、干基、6%$O_2$） | | mg/m³ | <35 | 31 |

# 7 项目特色与经验

2014 年 4 月，该电厂 3 号机组环保改造工程开始立项建设，改造技术路线见图 7-1，项目内容涉及脱硫、脱硝和除尘改造，脱硫脱硝均为常规改造，而低低温除尘器+湿式静电除尘+烟气再热器改造则成为本项目亮点。项目改造后，在实现烟气超低排放的同时，消除了"白烟"的视觉污染。

自 2015 年 6 月底项目投运开始，当地环境监测中心进行了跟踪监测，并出具了监测报告，目前实际运行中 3 号机组各项污染物排放浓度均低于超低排放限值的要求，并已取得超低排放电价。

# 案例8

## 管束式除尘除雾技术在某670MW机组上应用

**技术路线** ▶▶

SCR 脱硝+电袋除尘器+石灰石-石膏湿法脱硫

# 1 电厂概况

## 1.1 锅炉概况

某电厂4号机组锅炉是由上海锅炉厂有限公司生产的超临界参数变压运行直流锅炉，采用单炉膛、一次再热、四角切圆燃烧、平衡通风、露天布置、固态排渣、全钢构架、全悬吊结构Ⅱ型锅炉，型号为SG-2102/25.4-M954，锅炉的主要设计参数见表8-1。

表8-1　　　　　　　　　　　锅炉主要设计参数

| 项目 | 单位 | 设计参数（BMCR） |
|---|---|---|
| 锅炉型号 |  | SG-2102/25.4-M954 |
| 过热蒸汽流量 | t/h | 2102 |
| 过热蒸汽压力 | MPa | 25.4 |
| 过热蒸汽温度 | ℃ | 571 |
| 再热蒸汽流量 | t/h | 1770.5 |
| 再热蒸汽进出口压力 | MPa | 4.60/4.41 |
| 再热蒸汽进出口温度 | ℃ | 318/569 |
| 给水温度 | ℃ | 282 |
| 空预器出口烟温（修正前/修正后） | ℃ | 132/127 |
| 燃料消耗量 | t/h | 248.5 |
| 最低上网负荷 | MW | 335 |
| 锅炉计算效率 | % | 93.55 |

## 1.2 设计煤质

4号锅炉设计煤种为山西晋中地区贫煤，煤质资料见表8-2。

表8-2　　　　　　　　　　4号锅炉设计煤质资料

| | 名称 | 符号 | 单位 | 设计煤种 | 校核煤种 |
|---|---|---|---|---|---|
| 煤质分析 | 收到基低位发热量 | $Q_{net,ar}$ | MJ/kg | 22.031 | 20.970 |
| | 收到基全水分 | $M_{ar}$ | % | 6.0 | 7.4 |
| | 干燥基水分 | $M_{ad}$ | % | 1.18 | 1.21 |
| | 干燥无灰基挥发分 | $D_{af}$ | % | 15.63 | 14.92 |
| | 收到基灰分 | $A_{ar}$ | % | 27.96 | 31.22 |
| | 收到基碳 | $C_{ar}$ | % | 58.09 | 52.46 |
| | 收到基氢 | $H_{ar}$ | % | 2.79 | 2.69 |
| | 收到基氧 | $O_{ar}$ | % | 2.95 | 3.62 |
| | 收到基氮 | $N_{ar}$ | % | 1.01 | 1.11 |
| | 收到基硫 | $S_{ar}$ | % | 1.2 | 1.5 |

续表

| 名称 | | 符号 | 单位 | 设计煤种 | 校核煤种 |
|---|---|---|---|---|---|
| 煤质分析 | 哈氏可磨性指数 | HGI | | 77 | 72 |
| | 灰开始变形温度 | DT | ℃ | 1330 | 1300 |
| | 灰开始软化温度 | ST | ℃ | 1390 | 1350 |
| | 灰熔化温度 | FT | ℃ | 1440 | 1400 |
| 灰成分分析 | 二氧化硅 | $SiO_2$ | % | 43.30 | 42.19 |
| | 三氧化二铝 | $Al_2O_3$ | % | 32.79 | 32.15 |
| | 三氧化二铁 | $Fe_2O_3$ | % | 11.98 | 13.02 |
| | 氧化钙 | CaO | % | 4.14 | 4.37 |
| | 二氧化钛 | $TiO_2$ | % | 0.96 | 0.88 |
| | 氧化钠+氧化钾 | $K_2O$ | % | 2.14 | 2.56 |
| | 氧化镁 | MgO | % | 2.04 | 2.15 |
| | 三氧化硫 | $SO_3$ | % | 1.68 | 1.74 |

# 2 环保设施概况

## 2.1 SCR烟气脱硝装置

4号机组采用选择性催化还原法（SCR）烟气脱硝工艺，烟气脱硝装置安装于锅炉省煤器出口至空气预热器入口之间，随机组同步投运。在锅炉正常负荷范围内，脱硝装置入口$NO_x$浓度为500mg/m³（干基、标态、6%$O_2$），脱硝效率不小于80%（即脱硝装置出口$NO_x$排放浓度不大于100mg/m³）。系统主要设计参数及设备规范如表8-3与表8-4所示。

表8-3　　　　　　　4号机组SCR烟气脱硝装置主要参数

| 项目 | 单位 | 数值 | 备注 |
|---|---|---|---|
| 烟气流量 | m³/h | 2050000 | 标态、湿基、实际$O_2$ |
| $O_2$ | % | 3.54 | 湿基 |
| $CO_2$ | % | 14.13 | 湿基 |
| $N_2$ | % | 74.64 | 湿基 |
| 湿度 | % | 7.48 | |
| 烟气温度 | ℃ | 290~380 | |
| 飞灰浓度 | g/m³ | 50 | 标态、干基、6%$O_2$ |
| $NO_x$浓度 | mg/m³ | 500 | 标态、干基、6%$O_2$ |
| $SO_2$浓度 | mg/m³ | 5685 | 标态、干基、6%$O_2$ |

表8-4　　　　　　　4号机组脱硝装置设备规范

| 序号 | 名称 | 规格型号 | 单位 | 数量 |
|---|---|---|---|---|
| 一 | 机务部分 | | | |

续表

| 序号 | 名称 | | 规格型号 | 单位 | 数量 |
|---|---|---|---|---|---|
| 1 | SCR 反应器 | | 截面尺寸 13 522mm×11 692mm | 台 | 2 |
| 2 | 烟道补偿器 | | 非金属 | 套 | 2 |
| 3 | 声波吹灰器 | | | 套 | 2 |
| | 蒸汽吹灰器 | | | 套 | 2 |
| 4 | 喷氨格栅 | | | 套 | 2 |
| 5 | 稀释风机 | | | 台 | 3 |
| 6 | 氨/空气混合器 | | 圆筒式，出口流量 5160m³/h | 套 | 2 |
| 7 | 检修起吊 | | | 套 | 2 |
| 8 | 阀门及管道 | | | 套 | 1 |
| 9 | 压缩空气储罐 | | | 台 | 1 |
| 二 | 热控部分 | | | | |
| 1 | 脱硝 DCS | | SCR 区两对 DPU，约 620 点（含 1 台操作员站 1 台工程师站、1 台 A4 激光彩色打印机）；氨区一对 DPU，约 250 点（含 1 台操作员站，1 台工程师站，一台 A4 激光彩色打印机） | 套 | 1 |
| 2 | 电动执行机构 | | | | |
| 3 | 气动执行机构 | | | | |
| 4 | 压力变送器 | | 防爆型 | 台 | 37 |
| 5 | SCR 进口、出口 CEMS | | 每个反应器配置 1 个探头，抽取式，检测参数包括 $NO_x$、$O_2$ | 套 | 8 |
| 6 | 氨逃逸检测仪 | | | 套 | 4 |
| 7 | 烟气流量计 | | | 套 | 1 |
| 8 | 压力表 | | Y-150 | 台 | 44 |
| 9 | 热电阻 | | 隔爆型，防磨，带不锈钢保护套管 | 台 | 29 |
| 10 | 热电偶 | | 高温耐磨型，带不锈钢保护套管 | 支 | 16 |
| 11 | 双金属温度计 | | 万向型 | 支 | 12 |
| 12 | 超声波液位计 | | 防爆型 | 台 | 1 |
| 13 | 工业电视 | | 单独设置，6 个监控点 | 套 | 1 |
| 14 | 火灾报警 | | 单独设置，设区域盘 1 个，覆盖范围包括 4 号锅炉 SCR 区、氨区 | 套 | 1 |
| 15 | 氨泄漏检测装置 | | 8 个检测点 | 套 | 1 |
| 16 | 电缆、管线 | | 含 DCS 接地电缆 36mm² | 套 | 1 |
| 17 | 其他安装材料 | | | 套 | 1 |
| 三 | 电气部分 | | | | |
| 1 | 配电系统 | 配电柜 | MNS | 面 | 2 |
| | | 电源分配箱 | | 台 | 6 |
| 2 | 检修系统 | 安全滑线 | 三相 | m | 60 |
| | | 铁盒开关 | | 个 | 4 |
| | | 检修电源箱 | 形式，户外 | 个 | 3 |

续表

| 序号 | 名称 | | 规格型号 | 单位 | 数量 |
|---|---|---|---|---|---|
| 3 | 照明系统 | 照明配电箱 | | 个 | 5 |
| | | 三防灯 | IP65 | 套 | 80 |
| | | 防爆三防灯 | IP65 | 套 | 足量 |
| | | 路灯 | | 套 | 8 |
| | | 导线 | BV-500，2.5mm² | km | 足量 |
| | | 电线管 | DN15 | t | 足量 |
| 4 | 电缆及其构筑物 | | | 套 | 1 |
| 5 | 电缆防火 | | | 套 | 1 |
| 6 | 防雷接地装置及材料 | | | 套 | 1 |

根据2013年10月进行的4号机组脱硝装置性能试验，4号机组脱硝装置主要性能指标见表8-5。试验结果表明，除脱硝系统压降外，其余各项性能指标均能够达到设计性能保证。在50%负荷条件下，脱硝装置入口烟温低于320℃。

表8-5　　　　　　　　　脱硝装置性能试验结果

| 序号 | 项　目 | | 单位 | 保证值/设计值 | 4号机组 | |
|---|---|---|---|---|---|---|
| | | | | | 100%负荷 | 75%负荷 |
| 1 | 前提条件测试结果 | 烟气量 | m³/h | 2207712 | 2277521 | 1567773 |
| 2 | | 入口烟气温度 | ℃ | 360 | 363 | 341 |
| 3 | | SCR 入口 $NO_x$ 浓度 | mg/m³ | 500 | 516 | 478 |
| 4 | | SCR 入口烟尘浓度 | mg/m³ | 50000 | 27923 | — |
| 5 | | SCR 入口 $SO_3$ 浓度 | mg/m³ | | 22 | — |
| 6 | 性能指标测试结果 | SCR 烟气温降 | ℃ | | 3 | 3 |
| 7 | | SCR 出口 $NO_x$ 浓度 | mg/m³ | 100 | 71 | 74 |
| 8 | | SCR 出口 $SO_3$ 浓度 | mg/m³ | — | 42.4 | |
| 9 | | 逃逸氨浓度 | mL/m³ | ≤3 | 1.96 | 1.32 |
| 10 | | 脱硝效率 | % | ≥80 | 86.3 | 84.1 |
| 11 | | 氨耗量 | kg/h | ≤358 | 356 | 236 |
| 12 | | 氨氮摩尔比 | | | 0.870 | 0.851 |
| 13 | | $SO_2/SO_3$ 转化率 | % | ≤1 | 0.75 | — |

## 2.2　原电除尘器设计参数

4号机组原配2台浙江××公司生产的双室四电场静电除尘器。2013年由福建××公司进行了改造，改造后拆除电除尘器二、三、四电场的阴阳极系统、振打系统、顶板、顶大梁、高压整流变压器等，在原电除尘器二、三、四电场位置作为行喷吹滤袋区；更换原一电场所有极板、极线及振打装置，采用前后分区供电模式；沿烟气流向，形成相互独立、与前后两个分区相对应的阴阳极收尘系统、振打系统、供电电源。最终形成"1+

3"型电袋复合除尘器,改造后技术参数见表8-6。

表8-6　　4号机组除尘器改造后除尘技术参数(单台除尘器)

| 序号 | 项目 | 单位 | 参数 |
|---|---|---|---|
| 1 | 电除尘区设计除尘效率 | % | >85 |
| 2 | 室数/电场数 |  | 2个/前后2个分区电场 |
| 3 | 有效总断面积/有效长度 |  | 456m²/4.5m |
| 4 | 长、高比 |  | 0.3 |
| 5 | 同极间距 | mm | 410 |
| 6 | 每个电场板块数/有效长度 | 块/m | 9/4.5 |
| 7 | 每个电场板块数 | 块 | 9 |
| 8 | 极板有效高度 | m | 15 |
| 9 | 电场有效宽度 | m | 7.79 |
| 10 | 阴极线型式/材料 |  | 针刺线/不锈钢 |
| 11 | 比集尘面积 | m²/(m³·s) | 19(仅为一个电场) |
| 12 | 驱进速度 | cm/s | 7.86 |
| 13 | 烟气流速 | m/s | 1.05 |
| 14 | 烟气在电场内停留时间 | s | 3.69 |
| 15 | 通道数量 | 个 | 19 |
| 16 | 阳极振打方式 |  | 顶部电磁锤振打 |
| 17 | 阴极振打方式 |  | 顶部电磁锤振打 |
| 18 | 整流变压器型号、额定容量 | kV·A | 2.0A/72kV,206kV,利旧 |
| 19 | 每台除尘器配整流变压器台数 | 台 | 2 |
| 20 | 每台炉配置的除尘器数目 | 套 | 2 |
| 21 | 最大处理烟气量 | m³/h | 4000000 |
| 22 | 除尘器最大入口粉尘浓度(标态) | g/m³ | 43.3 |
| 23 | 保证效率 | % | 99.95% |
| 24 | 出口烟尘浓度(标态、干烟气) | mg/m³ | ≤20 |
| 25 | 本体漏风率 | % | ≤2 |
| 26 | 仓室数 | 个 | 24 |
| 27 | 过滤面积 | m² | 66501 |
| 28 | 滤袋材质 |  | (50%PPS+50%PTFE)+PTFE基布混纺 |
| 29 | 滤布缝制工艺 |  | PTFE线缝制 |
| 30 | 滤布纺织工艺 |  | 针刺 |
| 31 | 滤袋间距 | mm | 200 |
| 32 | 滤袋滤料单位重量 | g/m² | ≥650 |
| 33 | 过滤风速 | m/min | 1.1 |
| 34 | 袋笼材质/竖筋条数 |  | Q235/16 |
| 35 | 袋笼规格 |  | 与滤袋相匹配 |
| 36 | 袋笼防腐处理工艺 |  | 有机硅喷涂 |

续表

| 序号 | 项目 | 单位 | 参数 |
|---|---|---|---|
| 37 | 袋笼固定及密封方式 | | 不锈钢弹簧涨圈 |
| 38 | 清灰方式 | | 脉冲喷吹，离/在线切换 |
| 39 | 喷吹气源压力 | MPa | ≥0.45，0.2~0.3（清灰时） |
| 40 | 耗气量 | m³/min | 30 |
| 41 | 运行阻力 | Pa | ≤1100 |

4号机组除尘器出口设计排放浓度为小于20mg/m³。4号机组采用"一炉两塔"设计，根据DL/T 5240—2010《火力发电厂燃烧系统设计计算技术规程》，烟气在湿法脱硫装置中的除尘效率一般按不大于50%选取，以此计算，某电厂4号机组无法满足烟气超低排放的要求。4号机组除尘器的摸底试验结果见表8-7。

表8-7 除尘器摸底试验结果

| 项目 | | | 单位 | 数据 |
|---|---|---|---|---|
| 烟气量 | 出口 | A侧除尘器（实际状态） | m³/h | 3 586 082 |
| | | B侧除尘器（实际状态） | m³/h | 3 400 682 |
| 粉尘浓度 | 入口 | A侧（标态、干基、6%O₂） | mg/m³ | 35 364 |
| | | B侧（标态、干基、6%O₂） | mg/m³ | 37 030 |
| | 出口 | A侧（标态、干基、6%O₂） | mg/m³ | 13 |
| | | B侧（标态、干基、6%O₂） | mg/m³ | 10 |
| O₂浓度 | 入口 | A侧 | % | 4.84 |
| | | B侧 | % | 4.41 |
| | 出口 | A侧 | % | 5.13 |
| | | B侧 | % | 4.73 |
| 除尘器阻力 | | A侧 | Pa | 876 |
| | | B侧 | Pa | 779 |
| 烟气温度 | 入口 | A侧 | ℃ | 126 |
| | | B侧 | ℃ | 135 |
| | 出口 | A侧 | ℃ | 122 |
| | | B侧 | ℃ | 131 |
| 除尘器效率 | | A侧除尘器 | % | 99.96 |
| | | B侧除尘器 | % | 99.97 |

## 2.3 脱硫设施

4号机组于2007年6月建成投入运行，烟气脱硫装置随机组同步投运。由于实际运行中燃煤含硫量高于原设计燃煤含硫量，投运后对原脱硫装置进行了第一次增容改造。脱硫装置增容改造工程由青岛××公司承包设计，在原有的四层喷淋系统上加一层喷淋系统，并增加了石灰石制浆系统，按"一炉一塔"配置，改造设计燃煤硫分为2.2%，对应 FGD 装置入口的 $SO_2$ 度为 $5583mg/m^3$（标态、干基、$6\%O_2$），保证脱硫装置出口 $SO_2$ 排放浓度小于 $200mg/m^3$（标态、干基、$6\%O_2$），脱硫效率为 96.5%。由于国家环保政策的日逐严厉，该电厂为满足脱硫装置 $SO_2$ 出口排放浓度小于等于 $50mg/m^3$，需要对原有脱硫装置进一步进行提效改造。

4 号机组于 2014 年 12 月完成了脱硫装置串联吸收塔改造，由青岛华拓采用 EPC 总承包方式建设，采用石灰石/石膏湿法工艺，采用一炉两塔，按照脱硫入口 $SO_2$ 浓度为 $5583mg/m^3$、出口 $SO_2$ 浓度不高于 $50mg/m^3$ 设计，设计脱硫效率不低于 99.11%。

脱硫提效改造工程在原有场地上进行，主要进行吸收系统增容改造（增加二级塔）、取消 GGH、石膏脱水系统的增容改造等。

整套系统采用一炉两塔制，设置两座吸收塔，采用逆流喷淋塔结构，吸收塔内布置除雾器，一级塔喷淋系统设置 5 台循环浆液泵，二级塔喷淋系统设置 3 台循环浆液泵。为了充分氧化，一级吸收塔配备 4 台氧化风机，二级塔配置 2 台氧化风机，净烟气送入烟囱排入大气。

4 号机组脱硫装置目前采用双塔双循环工艺，前期设计虽然按照脱硫装置出口 $SO_2$ 排放浓度不高于 $50mg/m^3$ 设计，但从设计参数（循环泵配置、液气比）和已有的双塔双循环脱硫工艺投运实际效果来看，完全能够满足超低排放的要求。

2014 年 12 月 10~20 日，华电电力科学研究院对 4 号机组脱硫装置完成了改造后性能考核试验，试验结果见表 8-8。

表 8-8      4 号机组脱硫装置性能考核试验结果

| 序号 | 项目 | | 单位 | 保证值 设计值 | 结果（性能修正后） |
|---|---|---|---|---|---|
| 1 | 脱硫装置烟气量 | 标态、干基、$6\%O_2$ | $m^3/h$ | 2 260 000 | 2 289 165（烟气负荷率 101.3%） |
| | | 标态、湿基、实际 $O_2$ | $m^3/h$ | 2 410 000 | 2 542 520 |
| 2 | 原烟气 | 温度 | ℃ | 125 | 116 |
| | | $SO_2$ 浓度（标态、干基、$6\%O_2$） | $mg/m^3$ | 5583 | 5407 |
| | | 烟尘浓度（标态、干基、$6\%O_2$） | $mg/m^3$ | ≤50 | 37 |
| | | $SO_3$ 浓度（标态、干基、$6\%O_2$） | $mg/m^3$ | 50.62 | 85.3 |
| | | HCl 浓度（标态、干基、$6\%O_2$） | $mg/m^3$ | 69.35 | 31.4 |
| | | HF 浓度（标态、干基、$6\%O_2$） | $mg/m^3$ | 63.28 | 8.7 |
| 3 | 净烟气 | 温度 | ℃ | ≥42 | 46 |
| | | $SO_2$ 浓度（标态、干基、$6\%O_2$） | $mg/m^3$ | ≤50 | 26 |
| | | 烟尘浓度（标态、干基、$6\%O_2$） | $mg/m^3$ | ≤20 | 18 |
| | | $SO_3$ 浓度（标态、干基、$6\%O_2$） | $mg/m^3$ | 25.31 | 24.4 |
| | | HCl 浓度（标态、干基、$6\%O_2$） | $mg/m^3$ | 6.93 | 1.2 |
| | | HF 浓度（标态、干基、$6\%O_2$） | $mg/m^3$ | 18.90 | 0.3 |
| 4 | 脱硫效率 | | % | | 99.5 |
| 5 | $SO_3$ 脱除效率 | | % | | 71.4 |

续表

| 序号 | 项目 | | 单位 | 保证值<br>设计值 | 结果<br>（性能修正后） |
|---|---|---|---|---|---|
| 6 | HCl 脱除效率 | | % | | 96.2 |
| 7 | HF 脱除效率 | | % | | 96.7 |
| 8 | 石膏品质 | 含水量 | % | ≤10 | 9.93 |
| | | $CaSO_4 \cdot 2H_2O$ 含量 | % | ≥90 | 86 |
| | | $CaSO_3 \cdot 1/2H_2O$ 含量（以$SO_2$计） | % | <1 | 1.15 |
| | | $CaCO_3$ 含量 | % | <3 | 2.0 |
| | | $Cl^-$ 含量 | % | <0.1 | 0.12 |
| 9 | 噪声（设备附近位置） | 氧化风机 | dB（A） | ≤85 | 95 |
| | | 循环泵 A | dB（A） | ≤80 | 95 |
| | | 循环泵 B | dB（A） | ≤80 | 95 |
| | | 循环泵 C | dB（A） | ≤80 | 95 |
| | | 循环泵 D | dB（A） | ≤80 | 95 |
| | | 循环泵 E | dB（A） | ≤80 | 95 |
| | | 循环泵 F | dB（A） | ≤80 | 86 |
| | | 循环泵 G | dB（A） | ≤80 | 86 |
| | | 循环泵 H | dB（A） | ≤80 | 84 |
| 10 | 热损失（所有保温设备的表面最高温度） | | ℃ | ≤50 | 32 |
| 11 | 石灰石消耗量（干态） | | t/h | ≤23.5 | 27.3 |
| 12 | 水耗量 | | t/h | ≤180.5 | 69.3 |
| 13 | FGD 装置电耗（6kV 馈线处） | | kW | ≤25406 | 23 684 |
| 14 | 压力损失（FGD 装置总压损） | | Pa | | 3382 |
| 15 | 除雾器出口烟气携带的水滴含量（标态、干基） | | $mg/m^3$ | ≤75 | 74 |

由表可以看出，4号机组性能试验实测脱硫效率为99.5%，出口$SO_2$排放浓度为26mg/m³，能够满足超低排放要求。因此，本次超低排放改造工作中不再进一步考虑脱硫装置改造工作。

## 3 超低排放改造工程进度概况

4号机组超低排放改造工程进度见表8-9。

表8-9　　　　　　4号机组超低排放改造工程进度

| 项目 | 可研完成时间 | 初设完成时间 | 开工时间 | 停机时间 | 启动（通烟气）时间 | 168h 试运行完成时间 | 性能试验完成时间 |
|---|---|---|---|---|---|---|---|
| 脱硝 | 2015.9.17 | 2015.10.27 | 2015.10.28 | 2015.10.23 | 2015.12.21 | 2015.12.28 | 2016.7.25 |
| 除尘 | 2015.9.17 | 2015.10.27 | 2015.12.20 | 2015.10.23 | 2015.12.21 | 2015.12.28 | 2016.3.5 |

续表

| 项目 | 可研完成时间 | 初设完成时间 | 开工时间 | 停机时间 | 启动（通烟气）时间 | 168h 试运行完成时间 | 性能试验完成时间 |
|---|---|---|---|---|---|---|---|
| 脱硫 | — | — | — | — | 2014.12.7 | 2014.12.14 | 2015.10.21 |

注 4号机组超低改造项目中，脱硫提效改造时已满足超低排放标准，无改造内容。

# 4 技术路线选择

## 4.1 边界条件

4号机组除尘器改造设计煤质和试验期间入炉煤煤质分析见表8-10，改造设计烟气参数见表8-11，改造性能指标见表8-12。

表8-10　　　　　改造设计煤质条件

| 项目 | 检测项目 | 符号 | 单位 | 改造设计煤种 | 试验煤质 |
|---|---|---|---|---|---|
| 工业与元素分析 | 全水分 | $M_t$ | % | 8.2 | 6.4 |
| | 空气干燥基水分 | $M_{ad}$ | % | 2.04 | 2.03 |
| | 收到基灰分 | $A_{ar}$ | % | 33.02 | 27.12 |
| | 收到基碳 | $C_{ar}$ | % | 50.54 | 56.67 |
| | 收到基氢 | $H_{ar}$ | % | 2.67 | 2.89 |
| | 收到基氮 | $N_{ar}$ | % | 2.79 | 0.90 |
| | 收到基氧 | $O_{ar}$ | % | 0.77 | 4.65 |
| | 全硫 | $S_{t,ar}$ | % | 2.01 | 1.36 |
| | 收到基低位发热量 | $Q_{net,ar}$ | MJ/kg | 18.72 | 21.49 |

表8-11　　　　　改造设计烟气参数

| 项目 | | 单位 | 设计值 | 备注 |
|---|---|---|---|---|
| | 烟气量 | m³/h | 2 260 000 | 标态、干基、6%$O_2$ |
| 脱硝 | $NO_x$ | mg/m³ | 500 | 标态、干基、6%$O_2$ |
| | 烟温 | ℃ | 360 | |
| | 烟气静压 | Pa | −1200 | |
| | 烟尘浓度 | g/m³ | 43.3 | |
| | $SO_2$浓度 | mg/m³ | 5583 | 标态、干基、6%$O_2$ |
| | SO3浓度 | mg/m³ | 56 | 标态、干基、6%$O_2$ |
| 除尘 | 烟尘浓度 | g/m³ | 43.3 | |
| | 烟温 | ℃ | 140 | |

| 项目 | | 单位 | 设计值 | 备注 |
|---|---|---|---|---|
| 脱硫 | $SO_2$浓度 | mg/m³ | 5583 | |
| | 烟温 | ℃ | 125 | 正常值 |
| | | ℃ | — | 最高连续运行烟温 |
| | | ℃ | 160 | 最高（≤20min） |
| | 烟尘浓度 | mg/m³ | 20 | |

表 8-12　　　　　　　　　　　改造性能指标

| 项目 | 内容 | 单位 | 设计值 | 备注 |
|---|---|---|---|---|
| 脱硝 | 出口$NO_x$浓度 | mg/m³ | 50 | 标态、干基、6%$O_2$ |
| | SCR脱硝效率 | % | 90.0 | |
| | $NH_3$逃逸 | mg/m³ | 2.28 | 标态、干基、6%$O_2$ |
| | $SO_2/SO_3$转化率 | % | 1 | 三层催化剂 |
| | 系统压降 | Pa | 1000 | |
| | 脱硝系统温降 | % | 3 | |
| | 系统漏风率 | % | 0.4 | |
| | 设计烟气温度 | ℃ | 360 | |
| | 最低连续运行烟温 | ℃ | 330 | |
| | 最高连续运行烟温 | ℃ | 420 | |
| 除尘 | 烟囱入口粉尘浓度 | mg/m³ | 5 | |
| | 本体漏风率 | % | 2 | |
| 脱硫 | $SO_2$浓度 | mg/m³ | 35 | |
| | 脱硫效率 | % | 99.37 | |

## 4.2　脱硝

4号机组已采用低$NO_x$同轴燃烧技术，且实际运行中，基本能够将$NO_x$浓度控制在SCR脱硝设计值范围内，因此建议本次改造暂不做低氮燃烧改造，在后续运行中应进一步优化炉内燃烧方式，确保将SCR入口$NO_x$浓度稳定控制在设计值以下。

针对本次改造出口$NO_x$排放浓度为50mg/m³（标态、干基、6%$O_2$）的控制目标，相应烟气脱硝效率须达到90.0%。考虑到SCR脱硝工艺本身能够达到90%以上的脱硝效率，且4号机组现已配套建设SCR脱硝装置，因此建议本次改造对当前脱硝装置进行提效改造即可。

## 4.3　除尘

4号机组已在2013年进行了除尘器改造，将除尘器改造为"1+3"电袋复合除尘器，保证除尘器出口烟尘排放浓度降低到20mg/m³（标态、干基、6%$O_2$）以下。根据现有情况，现有除尘器本体不再进行改造。

考虑到已完成4号机组脱硫系统增容改造,将脱硫系统改造为串联吸收塔配置,其中二级吸收塔布置两级屋脊式+一级管式除雾器。因此可考虑对现有二级吸收塔除雾器进行更换,并在二级吸收塔出口烟道内新增一级平板式除雾器,确保除雾器出口雾滴含量不大于20mg/m³,从而有效地提高脱硫系统的协同洗尘效果;同时也可以考虑将现有二级吸收塔除雾器更换为管束式除雾器,提高脱硫系统除雾效果。

## 4.4 脱硫

4号机组脱硫装置目前采用双塔双循环工艺,前期设计虽然按照脱硫装置出口$SO_2$排放浓度不高于50mg/m³(标态)设计,但从设计参数(循环泵配置、液气比)和已有的双塔双循环脱硫工艺投运实际效果来看,完全能够满足超低排放标准。

因此本次超低排放改造不对脱硫部分进行改造。

## 4.5 技术路线

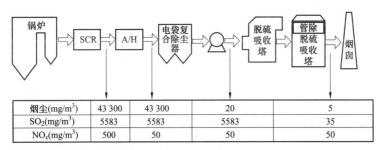

图 8-1　某电厂4号机组超低排放改造技术路线

# 5 投资估算与运行成本分析

## 5.1 投资估算

脱硝、除尘系统超低排放改造工程投资估算见表8-13和表8-14。

表 8-13　　　　　脱硝系统超低排放改造工程投资估算　　　　　万元

| 序号 | 项目名称 | 建筑工程费 | 设备购置费 | 安装工程费 | 其他费用 | 合计 | 各项占静态投资比例(%) | 单位投资(元/kW) |
|---|---|---|---|---|---|---|---|---|
| 一 | 脱硝工程主体部分 | | | | | | | |
| (一) | 脱硝装置系统 | | | | | | | |
| 1 | 工艺系统 | 0 | 1291 | 110 | | 1401 | 60.56 | 10.46 |
| 2 | 电气系统 | | 0 | 0 | | 0 | 0.00 | 0.00 |
| 3 | 热工控制系统 | | 197 | 47 | | 244 | 10.56 | 1.82 |
| 4 | 调试工程费 | | 0 | 38 | | 38 | 1.65 | 0.28 |
| | 小计 | 0 | 1489 | 195 | 0 | 1683 | 72.76 | 12.56 |

续表

| 序号 | 项目名称 | 建筑工程费 | 设备购置费 | 安装工程费 | 其他费用 | 合计 | 各项占静态投资比例（%） | 单位投资（元/kW） |
|---|---|---|---|---|---|---|---|---|
| （二） | 编制年价差 | 0 |  | 0 |  | 0 | 0.00 | 0.00 |
| （三） | 其他费用 |  |  |  | 520 | 520 | 22.48 | 3.88 |
| 1 | 建设场地征用及清理费 |  |  |  | 0 | 0 | 0.00 | 0.00 |
| 2 | 建设项目管理费 |  |  |  | 53 | 53 | 2.29 | 0.40 |
| 3 | 项目建设技术服务费 |  |  |  | 354 | 354 | 15.30 | 2.64 |
| 4 | 整套启动试运费 |  |  |  | 113 | 113 | 4.89 | 0.84 |
| 5 | 生产准备费 |  |  |  | 0 | 0 | 0.00 | 0.00 |
| （四） | 基本预备费 |  |  |  | 110 | 110 | 4.76 | 0.82 |
|  | 工程静态投资 | 0 | 1489 | 195 | 630 | 2314 | 100.00 | 17.27 |
|  | 各项占静态投资比例（%） | 0.00 | 64.34 | 8.42 | 27.24 | 100.00 |  |  |
|  | 各项静态单位投资（元/kW） | 0.00 | 11.11 | 1.45 | 4.70 | 17.27 |  |  |
| 二 | 动态费用 |  |  |  |  |  |  |  |
| 1 | 价差预备费 |  |  |  | 0 |  |  |  |
| 2 | 建设期贷款利息 |  |  |  | 56 |  |  |  |
|  | 小计 |  |  |  | 56 |  |  |  |
|  | 工程动态投资 | 0 | 1489 | 195 | 686 | 2369 |  |  |
|  | 各项占动态投资比例（%） | 0.00 | 62.83 | 8.22 | 28.95 | 100.00 |  |  |
|  | 各项动态单位投资（元/kW） | 0.00 | 11.11 | 1.45 | 5.12 | 17.68 |  |  |

表 8-14　除尘系统超低排放改造工程投资估算　　　　万元

| 序号 | 工程或费用名称 | 建筑工程费 | 设备购置费 | 安装工程汇总 | | | 其他费用 | 合计 | 各项占静态投资比例（%） | 单位投资（元/kW） |
|---|---|---|---|---|---|---|---|---|---|---|
|  |  |  |  | 装置性材料 | 安装工程费 | 小计 |  |  |  |  |
| 一 | 改造工程 | 0 | 880 | 125 | 86 | 211 |  | 1091 | 80.05 | 16.29 |
| 1 | 高效管束式除尘除雾器 | 0 | 880 | 125 | 86 | 211 |  | 1091 | 80.05 | 16.29 |
| 二 | 其他费用 |  |  |  |  |  | 208 | 208 | 208.47 | 3.11 |
| 1 | 项目建设管理费 |  |  |  |  |  | 3 | 3 | 3.47 | 0.05 |
| 2 | 项目建设技术服务费 |  |  |  |  |  | 115 | 115 | 115.00 | 1.72 |
| 3 | 性能考核试验费 |  |  |  |  |  | 60 | 60 | 60.00 | 0.90 |
| 4 | 环保验收 |  |  |  |  |  | 30 | 30 | 30.00 | 0.45 |
| 三 | 基本预备费 |  |  |  |  |  | 63 | 63 | 63.50 | 0.95 |
| 四 | 工程静态投资 | 0 | 880 | 125 | 86 | 211 | 272 | 1363 | 1363.40 | 20.35 |
|  | 各项占静态投资的比例（%） | 0.00 | 64.54 | 9.17 | 6.34 | 15.51 | 19.95 | 100.00 |  |  |
|  | 各项静态单位投资（元/kW） | 0.00 | 13.13 | 1.87 | 1.29 | 3.16 | 4.06 | 20.35 |  |  |

续表

| 序号 | 工程或费用名称 | 建筑工程费 | 设备购置费 | 安装工程汇总 装置性材料 | 安装工程费 | 小计 | 其他费用 | 合计 | 各项占静态投资比例（%） | 单位投资（元/kW） |
|---|---|---|---|---|---|---|---|---|---|---|
| 五 | 动态费用 | | | | | | 14 | 14 | | |
| 1 | 价差预备费 | | | | | | 0 | | | |
| 2 | 建设期贷款利息 | | | | | | 14 | | | |
| | 工程动态投资 | 0 | 880 | 125 | 86 | 211 | 286 | 1377 | | |
| | 各项占动态投资的比例（%） | 0.00 | 63.89 | 9.07 | 6.28 | 15.35 | 20.76 | 100.00 | | |
| | 各项动态单位投资（元/kW） | 0.00 | 13.13 | 1.87 | 1.29 | 3.16 | 4.27 | 20.56 | | |

## 5.2 运行成本分析

脱硝、除尘系统年总成本估算见表8-15和表8-16。

表 8-15　　　　　　　　　脱硝系统年总成本估算

| 序号 | 项目 | | 单位 | 费用 |
|---|---|---|---|---|
| 1 | 项目总投资 | | 万元 | 2314 |
| 2 | 年利用小时数 | | h | 5900 |
| 3 | 厂用电率 | | % | 5.76 |
| 4 | 年售电量 | | GW·h | 7451 |
| 5 | 生产成本 | 工资 | 万元 | 0 |
| | | 折旧费 | 万元 | 150 |
| | | 修理费 | 万元 | 46 |
| | | 还原剂费用 | 万元 | 190 |
| | | 电耗费用 | 万元 | 0 |
| | | 低压蒸汽费用 | 万元 | 9 |
| | | 除盐水费用 | 万元 | 0 |
| | | 催化剂更换费用（扣除进项税） | 万元 | 136 |
| | | 催化剂性能检测费 | 万元 | 24 |
| | | 催化剂处理费用 | 万元 | 61 |
| | | 总计 | 万元 | 617 |
| 6 | 财务费用（平均） | | 万元 | 54 |
| 7 | 生产成本+财务费用 | | 万元 | 671 |
| 8 | 增加上网电费 | | 元/(MW·h) | 0.90 |

注　本项年总成本考虑整个自然年的成本及发电量，不考虑建设年份机组投运时间及发电量。

表 8-16　　　　　　　　　除尘系统年总成本估算

| 序号 | 内容 | 单位 | 数值 |
|---|---|---|---|
| 1 | 机组容量 | MW | 670 |

续表

| 序号 | 内容 | 单位 | 数值 |
|---|---|---|---|
| 2 | 年利用小时数 | h | 5900 |
| 3 | 厂用电率 | % | 5.76 |
| 4 | 年售电量 | GW·h | 3725 |
| 5 | 工程静态投资 | 万元 | 1363 |
| 6 | 折旧费 | 万元 | 87 |
| 7 | 运行维护费用 | 万元 | 27 |
| 8 | 厂用电费 [0.274元/(kW·h)] | 万元 | 34 |
| 9 | 总计 | 万元 | 149 |
| 10 | 年平均财务费用 | 万元 | 31 |
| 11 | 生产成本+财务费用 | 万元 | 180 |
| 12 | 单位发电增加成本 | 元/(MW·h) | 0.48 |

## 6 性能试验与运行情况

### 6.1 脱硝系统

4号机组脱硝系统超低排放改造工程性能考核试验于2016年7月完成,试验结果见表8-17。

表8-17 脱硝性能考核试验结果

| 序号 | 项目 | | 单位 | 保证值/设计值 | 考核结果 |
|---|---|---|---|---|---|
| 1 | 前提条件测试结果 | 烟气量 | $m^3/h$ | 2 260 000 | 2 189 089 |
| 2 | | 入口烟气温度 | ℃ | 290~380 | 382 |
| 3 | | SCR入口$NO_x$浓度 | $mg/m^3$ | 500 | 493 |
| 4 | | SCR入口烟尘浓度 | $mg/m^3$ | 50000 | 34734 |
| 5 | | SCR入口$SO_3$浓度 | $mg/m^3$ | 56 | 47.7 |
| 6 | 性能指标测试结果 | SCR出口$NO_x$浓度 | $mg/m^3$ | ≤50 | 42 |
| 7 | | SCR出口$SO_3$浓度 | $mg/m^3$ | — | 89.1 |
| 8 | | 逃逸氨浓度 | $mL/m^3$ | ≤3 | 2.67 |
| 9 | | 脱硝效率 | % | ≥90 | 91.5 |
| 10 | | 氨耗量 | kg/h | ≤408 | 369 |
| 11 | | 氨氮摩尔比 | | — | 0.925 |
| 12 | | $SO_2/SO_3$转化率 | % | ≤1.4 | 0.87 |
| 13 | | 备用层转化率 | % | ≤0.4 | 0.27 |
| 14 | | 系统阻力 A反应器 | Pa | ≤800 | 1081 |
| | | 　　　　　B反应器 | Pa | ≤800 | 1055 |

## 6.2 除尘系统

4号机组除尘系统超低排放改造工程性能考核试验于2016年3月完成,试验结果表明:

1. 100%工况运行时

二级吸收塔实际处理烟气量为2 961 396m³/h（实际状态、49℃）。

（1）一级吸收塔入口烟尘浓度在16.8~18.6mg/m³（标态、干基、6%$O_2$）时,烟囱入口烟尘浓度为2.2~3.3mg/m³（标态、干基、6%$O_2$）,脱硫系统整体洗尘效率为82.14%~86.92%,满足烟囱入口烟尘浓度不大于5mg/m³的性能保证值,洗尘效率不满足不小于83.33%的性能保证值,但满足性能曲线对应的效率值81.84%~82.52%（根据入口烟尘浓度,结合性能曲线确定的设计效率区间）。

（2）一级吸收塔入口烟温平均值为123℃,二级吸收塔入口烟温平均值为49℃,烟囱入口烟温平均值为48℃。

（3）试验期间在脱硫双塔系统喷淋层不同层数的运行情况下,一级吸收塔本体阻力平均值为1866Pa,二级吸收塔本体阻力平均值为1090Pa。

（4）烟囱入口雾滴含量平均值为32.1mg/m³（标态、干基、6%$O_2$）,不能满足烟囱入口雾滴小于25mg/m³（标态、干基、6%$O_2$）的性能要求。

2. 75%工况运行时

二级吸收塔实际处理烟气量为2 325 729m³/h（实际状态、47℃）。

（1）一级吸收塔入口烟尘浓度平均值为15.6mg/m³（标态、干基、6%$O_2$）,烟囱入口烟尘浓度为2.6mg/m³（标态、干基、6%$O_2$）,脱硫系统整体洗尘效率为83.12%,满足烟囱入口烟尘浓度不大于5mg/m³的性能保证值,洗尘效率不满足不小83.33%的性能保证值,但满足性能曲线对应的效率值80.46%（根据入口烟尘浓度,结合性能曲线确定的效率值）。

（2）一级吸收塔入口烟温为116℃,二级吸收塔入口烟温为47℃,烟囱入口烟温为46℃。

（3）试验期间在脱硫双塔系统喷淋层不同层数的运行情况下,一级吸收塔本体阻力为890Pa,二级吸收塔本体阻力平均值为850Pa。

（4）烟囱入口雾滴含量平均值为32.9mg/m³（标态、干基、6%$O_2$）,不能满足烟囱入口雾滴小于25mg/m³（标态、干基、6%$O_2$）的性能要求。

3. 50%工况运行时

二级吸收塔实际处理烟气量为1 770 006m³/h（实际状态、46℃）。

（1）一级吸收塔入口烟尘浓度在14.2~14.5mg/m³（标态、干基、6%$O_2$）时,烟囱入口烟尘浓度为3.8~4.5mg/m³（标态、干基、6%$O_2$）,脱硫系统整体洗尘效率为68.42%~74.03%,满足烟囱入口烟尘浓度不大于5mg/m³的性能保证值,但洗尘效率不满足不小于83.33%的性能保证值,也不满足性能曲线对应的效率值76.16%~76.40%（根据入口烟尘浓度,结合性能曲线确定的设计效率区间）。

(2) 一级吸收塔入口烟温平均值为 113℃，二级吸收塔入口烟温平均值为 46℃，烟囱入口烟温平均值为 46℃。

(3) 试验期间在脱硫双塔系统喷淋层不同层数的运行情况下，一级吸收塔本体阻力平均值为 875Pa，二级吸收塔本体阻力平均值为 518Pa。

(4) 烟囱入口雾滴含量平均值为 37.80mg/m$^3$（标态、干基、6%$O_2$），不能满足烟囱入口雾滴小于 25mg/m$^3$（标态、干基、6%$O_2$）的性能要求。

## 7 项目特色与经验

2015 年 10 月，该电厂 4 号机组环保改造工程开始立项建设，改造技术路线如图 8-1 所示，项目内容涉及脱硫、脱硝和除尘改造，脱硫脱硝均为常规改造，管束式除尘除雾装置则成为项目的亮点。该套装置为首次在 670MW 级别机组双塔脱硫系统上的应用，为其他燃煤机组超低排放改造提供了借鉴意义。

# 案例9

## 低低温电除尘器联合脱硫协同除尘实现超低排放在某1000MW机组上应用

技术路线 ▶▶

SCR脱硝+低低温电除尘器(末电场移动电极)+石灰石-石膏湿法脱硫

## 1 电厂概况

### 1.1 锅炉概况

某电厂 2 号机组配套锅炉由东方锅炉(集团)股份有限公司设计制造,型号为 DG3024/28.25-Ⅱ1。锅炉为超超临界参数变压直流炉,采用一次再热、单炉膛、平衡通风、尾部双烟道结构、烟气挡板调节再热汽温、全钢构架、全悬吊结构、露天布置、固态排渣、前后墙对冲燃烧方式。

### 1.2 设计煤质

2 号机组锅炉设计燃用煤质资料见表 9-1。

表 9-1 锅炉设计煤质资料

| 项目 | | 符号 | 单位 | 设计煤种 | 校核煤种 1 | 校核煤种 2 |
|---|---|---|---|---|---|---|
| 煤种 | | | | 神华煤 | 大同优混 | 晋北煤 |
| 全水分 | | $M_t$ | % | 15.9 | 7.5 | 10.43 |
| 空气干燥基水分 | | $M_{ad}$ | % | 4.64 | 2.5 | 4.59 |
| 收到基灰分 | | $A_{ar}$ | % | 6.08 | 18.69 | 23.06 |
| 干燥无灰基挥发分 | | $V_{daf}$ | % | 34.19 | 32.50 | 35.99 |
| 收到基低位发热量 | | $Q_{net,ar}$ | MJ/kg | 23.85 | 21.50 | 20.12 |
| 收到基碳 | | $C_{ar}$ | % | 63.01 | 58.52 | 52.8 |
| 收到基氢 | | $H_{ar}$ | % | 3.90 | 3.68 | 3.15 |
| 收到基氧 | | $O_{ar}$ | % | 10.20 | 10.19 | 8.83 |
| 收到基氮 | | $N_{ar}$ | % | 0.51 | 0.85 | 1.13 |
| 收到基硫 | | $S_{ar}$ | % | 0.40 | 0.57 | 0.6 |
| 哈氏可磨性指数 | | HGI | | 57 | 65 | 60 |
| 灰成分分析 | 二氧化硅 | $SiO_2$ | % | 34.40 | 43.4 | 47.46 |
| | 三氧化二铝 | $Al_2O_3$ | % | 15.07 | 45 | 33.51 |
| | 二氧化钛 | $TiO_2$ | % | 0.24 | 1.2 | 1.16 |
| | 三氧化二铁 | $Fe_2O_3$ | % | 12.43 | 1.5 | 4.78 |
| | 氧化钙 | CaO | % | 19.46 | 3.7 | 5.10 |
| | 氧化镁 | MgO | % | 1.12 | 0.4 | 0.99 |
| | 氧化钾 | $K_2O$ | % | 0.82 | 0.8 | 0.31 |
| | 氧化钠 | $Na_2O$ | % | 0.22 | 0.6 | 0.56 |
| | 三氧化硫 | $SO_3$ | % | 12.43 | 1.5 | 4.78 |
| | 二氧化锰 | $MnO_2$ | % | 0.170 | 0.05 | 0.062 |
| | 半球温度 | HT | ℃ | 1180 | >1500 | >1500 |

续表

| | 项目 | 符号 | 单位 | 设计煤种 | 校核煤种1 | 校核煤种2 |
|---|---|---|---|---|---|---|
| 灰成分分析 | 变形温度 | DT | ℃ | 1160 | >1450 | >1500 |
| | 软化温度 | ST | ℃ | 1170 | >1500 | >1500 |
| | 流动温度 | HT | ℃ | 1190 | >1500 | >1500 |
| | 冲刷磨损指数 | $K_e$ | | 1.60 | 1.21 | 1.21 |
| | 煤中游离二氧化硅含量 | $SiO_2$(F) | % | 0.87 | 0.85 | 0.85 |

# 2 环保设施概况

## 2.1 低氮燃烧

锅炉采用前后墙对冲燃烧,燃烧器采用OPCC(外浓内淡)型低$NO_x$燃烧器。燃烧器采用前后墙对冲分级燃烧技术。在炉膛前后墙各分三层布置低$NO_x$旋流式煤粉燃烧器,每层布置8只,全炉共设有48只燃烧器。在最上层燃烧器的上部布置了燃尽风喷口。每只燃烧器均配有压缩空气雾化油枪,用于启动和维持低负荷燃烧。油枪总输入热量相当于30%BMCR锅炉负荷。

## 2.2 SCR烟气脱硝装置

2号机组采用选择性催化还原法(SCR)烟气脱硝工艺,烟气脱硝装置安装于锅炉省煤器出口至空气预热器入口之间,随机组同步投运。在锅炉正常负荷范围内,脱硝装置入口$NO_x$浓度300mg/m³(干基、标态、6%$O_2$),脱硝效率不小于80%(即脱硝装置出口$NO_x$排放浓度不大于60mg/m³)。脱硝系统主要设计参数及设备规范见表9-2与表9-3。

表9-2　　2号机组SCR烟气脱硝装置主要参数

| 项目 | 内容 | 单位 | SCR |
|---|---|---|---|
| | 机组负荷 | MW | 1000 |
| 湿烟气参数 | 湿烟气量 | m³/s | 782.05 |
| | 湿度 | % | 9.29 |
| | $O_2$ | % | 2.79 |
| | $N_2$ | % | 80.65 |
| | $CO_2$ | % | 7.22 |
| | $SO_2$(6%$O_2$、干基) | mg/m³ | 997 |
| | $SO_3$(6%$O_2$、干基) | mg/m³ | 19.5 |
| | 烟气温度 | ℃ | 376 |

续表

| 项目 | 内容 | 单位 | SCR |
|---|---|---|---|
| 设计性能 | 入口 $NO_x$（$6\%O_2$） | mg/m³ | 300 |
| | 出口 $NO_x$（$6\%O_2$） | mg/m³ | 60 |
| | $NH_3$ 逃逸 | mg/m³ | 2.28 |
| | 脱硝效率 | % | 80 |

表 9-3　　2 号机组脱硝装置设备规范

| 序号 | 名称 | | 规格型号 | 材料 | 单重 | 单位 | 数量 | 制造厂及原产地 |
|---|---|---|---|---|---|---|---|---|
| 一 | 液氨方案 | 卸料压缩机 | ZW1.1/1.7~16-20 | | | 台 | 2 | 四川空压/重庆空压/蚌埠金胜 |
| | | 液氨泵 | 1J-D1250/1 | 装配件 | | 台 | 2 | 重庆水泵/兰州水泵/自贡泵业/上海连城泵业 |
| | | 液氨贮罐 | 有效容积69m³ | 装配件 | 24.5t | 台 | 2 | 东方锅炉 |
| | | 液氨蒸发器 | 最大蒸发能力630kg/(h·台) | 装配件 | | 台 | 2 | 上海第一冷冻机厂/天津奥利达设备工程公司/常州东能机械成套公司 |
| | | 稀释风机 | 9-28No8D | | | 只 | 2 | 上海鼓风机厂/四川鼓风机厂/重庆通用机器厂 |
| 二 | 共用设备 | 液氨管道系统 | DN25/100m | 无缝钢管 | | 套 | 2 | 东方锅炉 |
| | | 氨气、空气混合器 | | | 0.1t | 套 | 4 | 东方锅炉 |
| | | 氨稀释槽 | $D_i=2600$mm, $L=2200$mm | 碳钢 | 3t | 个 | 1 | 东方锅炉 |
| | | 氨气缓冲槽 | $D_i=1400$mm, $L=1800$mm | 16MnR | 1.4t | 台 | 1 | 东方锅炉 |
| | | 污水泵 | $Q=56$m³, $H=28$m $H_2O$ | 铸钢 | | 台 | 2 | 重庆水泵/兰州水泵/自贡泵业/上海连城泵业 |
| | | 相应管道及其附件 | | | 8.75t | 套 | 4 | 东方锅炉 |
| 三 | 氨的喷射系统 | 氨喷射格栅 | | 装配件 | 8t | 套 | 2 | 东方锅炉 |
| | | 喷嘴 | | 碳钢 | | 只 | 90 | 东方锅炉 |
| | | 手动阀门 | DN80 | 碳钢 | | 只 | 90 | 成都高阀/温州环球阀门/自贡飞球阀门 |
| 四 | 烟道系统 | 进口烟道 | 3.7m×17.49m | 碳钢 | 84.2t | 个 | 2 | 东方锅炉 |
| | | 出口烟道 | 6.415m×16.64m | 碳钢 | 20.1 | 个 | 2 | 东方锅炉 |
| | | 入口烟道导流板 | | | 26t | 套 | 2 | 东方锅炉 |

续表

| 序号 | 名称 | | 规格型号 | 材料 | 单重 | 单位 | 数量 | 制造厂及原产地 |
|---|---|---|---|---|---|---|---|---|
| 五 | SCR反应器 | 反应器本体（长×宽×高，含进出口罩） | 13.95m×17.49m×12.6m | | 295.5t | 台 | 2 | 东方锅炉 |
| | | 催化剂 | 蜂窝式，节距7.6mm | | | m³ | 832.81 | 东方凯特瑞 |
| 六 | 吹灰系统 | 蒸汽吹灰器（不包括预留层） | 耙式 | | | 台 | 16 | 上海克莱德/湖北戴蒙德 |
| | | 吹灰蒸汽管路系统 | φ159mm×4mm | 无缝钢管 | | 套 | 2 | 上海克莱德/湖北戴蒙德 |
| 七 | 仪表控制系统 | 氨泄漏检测仪 | RAEGuard//JB-QT-TON90ATN/CGD-I-1NH3 | | | 块 | 6 | 华瑞科力恒/深圳特安//北京吉华 |
| | | 就地压力表 | φ150，1.6级 | | | 只 | 7 | 上自仪/川仪/西仪 |
| | | 就地压力表 | φ150，1.6级 | | | 只 | 21 | 上自仪/川仪/西仪 |
| | | 双金属温度计 | 万向型，φ150，1.5级 | | | 块 | 3 | 沈阳宇光/上自仪三厂/安徽天康/宁波奥奇 |
| | | 双金属温度计 | 万向型，φ150，1.5级 | | | 块 | 7 | 沈阳宇光/上自仪三厂/安徽天康/宁波奥奇 |
| | | 差压变送器 | 3051等 | | | 块 | 2 | Rosemount/横河/ABB |
| | | 铂热电阻 | Pt100，双支铠装 | | | 只 | 3 | 川仪十七厂/上自仪三厂/上海虹达/西安仪表厂 |
| | | 铂热电阻 | Pt100，双支铠装 | | | 只 | 7 | 川仪十七厂/上自仪三厂/上海虹达/西安仪表厂 |
| | | 耐磨热电偶 | K分度，双支铠装 | | | 只 | 10 | 川仪十七厂/上自仪三厂/上海虹达/西安仪表厂 |
| | | 流量变送器 | 孔板环室取样+差压变送器 | | | 块 | 4 | Rosemount/横河/ABB |
| | | 流量监视仪 | 孔板环室取样+U型差压计 | | | 块 | 90 | 西安凯乐/银河仪表厂/江阴节流装置厂 |
| | | 压力变送器 | 3051等 | | | 块 | 2 | Rosemount/横河/ABB |
| | | 压力变送器 | 3051等 | | | 块 | 8 | Rosemount/横河/ABB |
| | | 温度开关 | | | | 块 | 2 | SOR/MAGNETROL/UE |
| | | 温度开关 | | | | 块 | 2 | SOR/MAGNETROL/UE |
| | | 压力开关 | | | | 块 | 1 | SOR/MAGNETROL/UE |
| | | 压力开关 | | | | 块 | 7 | SOR/MAGNETROL/UE |
| | | 液位开关 | | | | 块 | 8 | SOR/MAGNETROL/UE |
| | | 静压式位计 | 3051L等 | | | 块 | 1 | Rosemount/横河/ABB |
| | | 烟气流量计 | 454FT高温型等 | | | 台 | 2 | KURZ/威力巴/德尔塔巴 |
| | | 氨逃逸分析仪 | LDS-6/LGA4000/GM700 | | | 台 | 2 | SIEMENS/美国FPI/Sick-MaiHak |

续表

| 序号 | 名称 | | 规格型号 | 材料 | 单重 | 单位 | 数量 | 制造厂及原产地 |
|---|---|---|---|---|---|---|---|---|
| 八 | 电气系统 | MCC配电柜 | 抽屉式，$I_e=630$，$I_k=40kA$，$I_{df}=100kA$ ABB或施耐德元件 | | | 面 | 2 | 四川开关厂/四川通力/天水长城/ |
| | | MCC配电柜 | 抽屉式，$I_e=630$，$I_k=40kA$，$I_{df}=100kA$ ABB或施耐德元件 | | | 面 | 2 | 四川开关厂/四川通力/天水长城/ |
| | | 吹灰器动力柜 | GGD型，ABB或施耐德元件 1000mm×600mm×2200mm | | | 台 | 2 | 东方电脑/四川通力/天水长城/深圳东控 |
| 九 | SCR钢支架和平台、扶梯 | SCR钢支架 | | | | 套 | 2 | 东方锅炉 |
| | | 地脚螺栓和柱脚锚固件 | | | | 套 | 2 | 东方锅炉 |
| | | 平台及楼梯 | | | | 套 | 2 | 东方锅炉 |
| 十 | 保温、油漆 | 反应器及烟风道保温外护板 | $t=1.2$ | 铝合金梯形波纹板 | | t | 28 | 东方锅炉 |
| | | 管道保温 | $t=0.7$ | | | t | 3 | 东方锅炉 |

根据第三方检测机构于2014年4月进行的脱硝摸底试验，2号机组脱硝反应器入口$NO_x$浓度在满负荷工况下基本维持在307～328mg/m³（标态、干基、6%$O_2$），试验结果表明，除烟气量超出原设计值外，脱硝装置各项性能指标均能够达到设计性能保证，在60%负荷条件下脱硝装置入口烟温能够维持在324℃左右。详细试验结果见表9-4。

表9-4　　　　　　　　脱硝装置性能试验结果

| 序号 | 项目 | | 单位 | 保证值/设计值 | 2号机 | | |
|---|---|---|---|---|---|---|---|
| | | | | | 100%负荷 | 75%负荷 | 60%负荷 |
| 1 | 前提条件测试结果 | 烟气量 | m³/h | 3100362 | 3203105 | 2429283 | 1950625 |
| 2 | | 入口烟气温度 | ℃ | 375 | 362 | 340 | 324 |
| 3 | | SCR入口$NO_x$浓度 | mg/m³ | 300 | 307 | 324 | 328 |
| 4 | | SCR入口烟尘浓度 | mg/m³ | 6680 | 24002 | — | — |
| 5 | | SCR入口$SO_3$浓度 | mg/m³ | | 20.2 | | |
| 6 | 性能指标测试结果 | SCR烟气温降 | ℃ | | 3 | 5 | 7 |
| 7 | | SCR出口$NO_x$浓度 | mg/m³ | | 52 | 49 | 59 |
| 8 | | SCR出口$SO_3$浓度 | mg/m³ | | 37.4 | — | — |
| 9 | | 逃逸氨浓度 | ppm | ≤3 | 2.20 | 2.46 | 2.21 |
| 10 | | 脱硝效率 | % | ≥82 | 82.67 | 84.80 | 82.05 |
| 11 | | 氨耗量 | kg/h | ≤280 | 309 | 251 | 202 |
| 12 | | 氨氮摩尔比 | | 0.82 | 0.845 | 0.863 | 0.834 |

续表

| 序号 | 项 目 | | 单位 | 保证值/设计值 | 2号机 | | |
|---|---|---|---|---|---|---|---|
| | | | | | 100%负荷 | 75%负荷 | 60%负荷 |
| 13 | 性能指标测试结果 | $SO_2/SO_3$转化率 | % | ≤1 | 0.55 | — | — |
| 14 | | 系统阻力 | Pa | ≤800 | | | |
| 14.1 | | A反应器 | Pa | | 593 | 360 | 255 |
| 14.2 | | B反应器 | Pa | | 597 | 353 | 311 |

## 2.3 静电除尘器

2号锅炉原配置2台三室五电场移动电极（4+1）除尘器，其中一至四电场电源为高频电源，固定电极电场部分设计效率为99.2%，移动电极电场部分设计效率为88.26%，保证MEEP出口粉尘含量小于27mg/m³（标态、干基、6%$O_2$）。表9-5为固定电极电除尘器主要设计参数与技术性能指标，旋转电极电场详细参数见表9-6。

表9-5  2号机组除尘器固定电场主要设计参数

| 序号 | 项 目 | | 单位 | 技术参数 |
|---|---|---|---|---|
| 1 | 设计效率 | 设计煤种 | % | ≥99.2 |
| | | 校核煤种Ⅰ | % | ≥99.2 |
| | | 校核煤种Ⅱ | % | ≥99.3 |
| | 保证效率 | 设计煤种 | % | ≥99.1 |
| | | 校核煤种Ⅰ | % | ≥99.1 |
| | | 校核煤种Ⅱ | % | ≥99.23 |
| 2 | 入口含尘量 | | g/m³ | 29.749 |
| 3 | 本体阻力 | | Pa | <160 |
| 4 | 本体漏风率 | | % | <1.5 |
| 5 | 噪声 | | dB | <75 |
| 6 | 除尘器总图（平、断面图） | | | |
| 7 | 有效断面积 | | m² | 737 |
| 8 | 长、高比 | | | 0.91 |
| 9 | 室数/电场数 | | | 三室/四电场 |
| 10 | 通道数 | | 个 | Ⅰ、Ⅱ、Ⅲ、Ⅳ电场均为3×38 |
| 11 | 单个电场的有效长度 | | m | 4+3×3.5 |
| 12 | 电场的总有效长度 | | m | 15.2 |
| 13 | 比集尘面积/一个供电区不工作时的比集尘面积 | | m²/(m³·s) | 73.87/67.93 考虑烟气10%和温度的裕量后 |
| 14 | 驱进速度/一个供电区不工作时的驱进速度 | | cm/s | 6.37/6.93 考虑烟气10%和温度的裕量后 |
| 15 | 烟气流速 | | m/s | 0.978 考虑烟气10%和温度的裕量后 |

续表

| 序号 | 项目 | | 单位 | 技术参数 |
|---|---|---|---|---|
| 16 | 烟气停留时间 | | s | 14.83（考虑烟气10%和温度的裕量后） |
| 17 | 阳极系统 | | | |
| | 阳极板型式及材质 | | | 大C型 480 SPCC |
| | 同极间距 | | mm | Ⅰ、Ⅱ、Ⅲ、Ⅳ电场 400 |
| | 阳极板规格：高×宽×厚 | | m×mm×mm | 16.24×480×50（板厚：1.5 mm） |
| | 单个电场阳极板块数 | | | Ⅰ电场：3×312；Ⅱ、Ⅲ、Ⅳ电场：3×273 |
| | 阳极板总有效面积 | | m² | 53 227 |
| | 振打方式/最小振打加速度 | | | 阳极板侧后底部扰臂锤机械振打>150g |
| | 振打装置的数量 | | 套 | 8 |
| 18 | 阴极系统 | | | |
| | 阴极线型式及材质 | | | Ⅰ电场：整体管状芒刺线：Q235，Ⅱ、Ⅲ电场：宽体锯齿线：SPCC，Ⅳ电场：鱼骨针线辅助电极：Q235 |
| | 阴极线总长度 | | m | 75 981 |
| | 振打方式/最小振打加速度 | | | 小框架侧后中部拨锤机械振打>80g |
| | 振打装置的数量 | | 套 | 20 |
| 19 | 壳体材质 | | | Q235 钢板及型钢组焊 |
| 20 | 每台除尘器灰斗数量 | | 个 | 24 |
| 21 | 灰斗加热形式 | | | 板式电加热 |
| | 灰斗料位计形式 | | | 非接触测量形式无放射源核子料位计 |
| | 一台炉数量 | | 台 | 24 |
| | 整流变压器型式（油浸式或干式） | | | 油浸式，2.05t |
| | 每台整流变压器的额定容量（一台炉数量） | | kV·A | 139（6台），124（18台）（高频） |
| | 整流变压器适用的海拔高度和环境温度 | | | 1000m，−25~+40℃ |
| 22 | 每台炉电气总负荷 | | kV·A | 3547 |
| 23 | 每台炉总功耗 | | kV·A | 1134 |

表9-6  2号机组旋转电极电场参数

| | | ESP设计规范 | | | |
|---|---|---|---|---|---|
| 设计参数 | | 集尘板宽度（W） | m | 5.2 | |
| | | 集尘板高度（H） | m | 15.0 | |
| | | 极间距 | mm | 460 | 1台锅炉配2台ESP 1室：1/3设备 |
| | | 气流股数 | | 31 | |
| | | 通道数 | | 16 | |
| | | 横截面积 | m² | 1283 | 0.46×31×15×3×2 |
| | | 烟气流速 | m/s | 1.12 | 5.2×31×15×2×6×2 |

续表

| | ESP 设计规范 | | | |
|---|---|---|---|---|
| 设计参数 | 总集尘面积 | m² | 25110 | |
| | 比集尘面积 | m²/(m³·s) | 17.4 | |
| | MEEP 确保出口含尘量 | mg/m³ | 27 | |
| TR 参数 | TR 设备的数量 | | 6 | |
| | 电流密度 | mA/m² | 0.4 | |
| | 额度 | kV | 80 | 平均 |
| | | mA | 1700 | |

第三方检测机构于 2014 年 12 月 2~4 日，对 2 号机组进行除尘器性能试验，工况一为电除尘器正常运行工况运行，工况二为停 1/8 固定电场供电区工况运行，工况三为停 1/8 固定电场供电区+停移动极板工况运行。2 号锅炉电除尘器进、出口测试主要结果见表 9-7。

表 9-7　　　　　　2 号机组 100%负荷下电除尘器摸底试验结果

| 项 目 | | | 单位 | 工况一 试验值 | 工况二 试验值 | 工况三 试验值 |
|---|---|---|---|---|---|---|
| 机组负荷 | | | MW | 1000 | 1000 | 1000 |
| 总烟气量 | 入口 | A 侧（实际状态） | m³/h | 2311943 | 2483300 | 2404118 |
| | | B 侧（实际状态） | m³/h | 2422102 | 2265657 | 2168593 |
| 粉尘浓度 | 入口 | A 侧（标态、干基、6%O₂） | mg/m³ | 27393 | 29996 | 26802 |
| | | B 侧（标态、干基、6%O₂） | mg/m³ | 26798 | 23175 | 27741 |
| | 出口 | A 侧（标态、干基、6%O₂） | mg/m³ | 19 | 30 | 61 |
| | | B 侧（标态、干基、6%O₂） | mg/m³ | 21 | 29 | 63 |
| $O_2$ 浓度 | 入口 | A 侧 | % | 3.87 | 3.86 | 3.73 |
| | | B 侧 | % | 3.97 | 3.98 | 3.95 |
| | 出口 | A 侧 | % | 4.23 | 4.15 | 4.16 |
| | | B 侧 | % | 4.29 | 4.25 | 5.25 |
| 漏风率 | | A 侧 | % | 2.14 | 1.75 | 1.29 |
| | | B 侧 | % | 1.92 | 1.64 | 2.36 |
| 本体阻力 | | A 侧 | Pa | 186 | 177 | 168 |
| | | B 侧 | Pa | 206 | 221 | 215 |
| 烟气温度 | 入口 | A 侧 | ℃ | 99 | 100 | 97 |
| | | B 侧 | ℃ | 100 | 102 | 93 |
| | 出口 | A 侧 | ℃ | 97 | 99 | 96 |
| | | B 侧 | ℃ | 97 | 97 | 94 |
| 电除尘器除尘效率 | | A 侧 | % | 99.93 | 99.90 | 99.77 |
| | | B 侧 | % | 99.92 | 99.88 | 99.77 |
| 烟囱入口粉尘浓度（标态、干基、6%O₂） | | | mg/m³ | 12 | — | — |

从摸底试验结果来看，2号机组电除尘器出口粉尘浓度在正常运行的条件下为20mg/m³，对应烟囱入口烟尘排放浓度为12mg/m³。从试验数据可以看出，目前除尘器运行状态较好。

### 2.4 脱硫设施

2号机组烟气脱硫装置采用石灰石-石膏湿法脱硫技术，一炉一塔，吸收塔为喷淋空塔。烟气系统采用无旁路设计，无增压风机和GGH。配设石灰石浆液制备系统，外购石灰石粉制浆；采用石膏旋流及真空脱水两级浓缩。设计工况下$SO_2$脱除效率为95%，副产品$CaSO_4 \cdot 2H_2O$含量为90%的商品级石膏外运综合利用。

2号机组脱硫系统于2013年与机组同步投运，脱硫喷淋层采用3+1+1方案，正常3层喷淋层运行，含硫量较高时4层喷淋层运行，第5层喷淋层为设备安全纯备用层，以提高系统可靠性。脱硫装置入口$SO_2$浓度按3400mg/m³（标态、干基、6%$O_2$）设计，脱硫效率高于95%；当含硫量增加30%时，脱硫效率达到92%；当含硫量增加50%时，装置仍能安全运行。

2号机组脱硫系统满负荷试验期间入口烟气量为3284554m³/h（标态、干基、6%$O_2$），投运四层喷淋层，入口$SO_2$浓度为1929mg/m³（标态、干基、6%$O_2$），入口烟气粉尘浓度平均值为32mg/m³（标态、干基、6%$O_2$）。实测出口$SO_2$浓度58mg/m³（标态、干基、6%$O_2$），脱硫效率为97.0%；出口烟气粉尘浓度平均值为18mg/m³（标态、干基、6%$O_2$），脱硫装置除尘效率为43.8%。

2号机组满负荷试验期间，吸收塔入口至脱硫装置出口系统压力损失为1879Pa，除雾器雾滴含量为28mg/m³（标态、干基、6%$O_2$）。2号机组试验期间，脱硫系统实际石灰石总消耗量均值为17.1t/h，工艺水消耗量均值为120t/h，实测电耗总量均值为6259kW·h/h。

## 3 超低排放工程进度概况

2号机组超低排放改造工程进度见表9-8。

表9-8　　2号机组超低排放改造工程进度

| 项目 | 可研完成时间 | 初设完成时间 | 开工时间 | 停机时间 | 启动（通烟气）时间 | 168h试运行完成时间 | 性能试验完成时间 |
|---|---|---|---|---|---|---|---|
| 脱硝 | 2015.07.16（可研审查会） | 2015.12.08 | 2016.01.01 | 2015.12.31 | 2016.03.19 | 2016.03.25 | 2016.06.01 |
| 除尘 | | 2016.01.08 | | | | | 2016.05.27 |
| 脱硫 | | 2015.12.08 | | | | | 2016.06.01 |

# 4 技术路线选择

## 4.1 边界条件

针对本次改造工作,结合电厂近两年来入炉煤实际情况,并综合考虑到将来煤质的变化,提出了超低排放改造的设计煤质,见表9-9,设计烟气参数见表9-10,改造后的性能指标见表9-11。

表9-9 改造设计煤质条件

| 项 目 | 符号 | 单位 | 设计煤种 |
|---|---|---|---|
| 全硫 | $S_{t,ar}$ | % | 1 |
| 收到基灰分 | $A_{ar}$ | % | 27 |
| 收到基低位发热量 | $Q_{net,ar}$ | MJ/kg | 20.092 |

表9-10 改造设计煤质条件

| | 项目 | 单位 | 设计值 | 备注 |
|---|---|---|---|---|
| | 烟气量 | m³/h | 3350923 | 标态、干基、6%$O_2$ |
| 脱硝 | $NO_x$ | mg/m³ | 350 | 标态、干基、6%$O_2$ |
| | 烟温 | ℃ | 375 | |
| | 烟气静压 | Pa | -1200 | |
| | 烟尘浓度 | g/m³ | 32 | 标态、干基、6%$O_2$ |
| | $SO_2$浓度 | mg/m³ | 2300 | 标态 |
| | $SO_3$浓度 | mg/m³ | 23 | 标态、干基、6%$O_2$ |
| 除尘 | 烟尘浓度 | g/m³ | 32 | 标态 |
| | 烟温 | ℃ | 135 | |
| 脱硫 | $SO_2$浓度 | mg/m³ | 2300 | 标态 |
| | 烟温 | ℃ | 90 | 正常值 |
| | 烟尘浓度 | mg/m³ | 20 | 标态 |

表9-11 改造性能指标

| 项目 | 内容 | 单位 | 设计值 | 备注 |
|---|---|---|---|---|
| 脱硝 | 出口$NO_x$浓度 | mg/m³ | 50 | 标态、干基、6%$O_2$ |
| | SCR脱硝效率 | % | 85.7 | |
| | $NH_3$逃逸 | mg/m³ | 2.28 | 标态、干基、6%$O_2$ |
| | $SO_2/SO_3$转化率 | % | 1 | 三层催化剂 |
| | 系统压降 | Pa | 1000 | |
| | 脱硝系统温降 | % | 3 | |
| | 系统漏风率 | % | 0.4 | |
| | 设计烟气温度 | ℃ | 375 | |
| | 最低连续运行烟温 | ℃ | 310 | |
| | 最高连续运行烟温 | ℃ | 420 | |

续表

| 项目 | 内容 | 单位 | 设计值 | 备注 |
|------|------|------|--------|------|
| 除尘 | 烟囱入口粉尘浓度 | mg/m³ | 5 | |
| | 本体漏风率 | % | 2 | |
| 脱硫 | $SO_2$ 浓度 | mg/m³ | 35 | |
| | 脱硫效率 | % | 98.48 | |

### 4.2 脱硝

2号机组锅炉原设计已采用较为先进的低氮燃烧技术，性能保证值为300mg/m³（标态、干基、6%$O_2$），且实际运行中基本能够控制在SCR脱硝设计值范围内，因此建议本次改造暂不做低氮燃烧改造。经与电厂相关专业人员沟通得知，低氮燃烧器运行时间较长，燃烧器喷嘴已有部分烧损脱落，因此后续应进一步对低氮燃烧进行优化运行，以确保SCR入口$NO_x$浓度处于其设计范围内。

针对本次改造出口$NO_x$排放浓度为50mg/m³（标态、干基、6%$O_2$）的控制目标，相应烟气脱硝效率须达到85.7%。考虑到SCR脱硝工艺本身能够达到90%以上的脱硝效率，且2号机组现已配套建设SCR脱硝装置，因此建议本次改造对当前脱硝装置进行提效改造改造即可。

本项目原SCR脱硝系统采用液氨作为还原剂，因此本次改造仍建议采用液氨作为还原剂。

### 4.3 除尘

根据电除尘器摸底试验结果，结合除尘器原设计条件、当前实际运行情况、煤质条件以及场地条件，本项目对湿式除尘器、电除尘器等方案进行可行性论证。

### 4.4 脱硫

2号机组目前煤质含硫量与原设计值一致，设计煤种收到基硫分为1%，FGD入口$SO_2$浓度为2300mg/m³（标态、干基、6%$O_2$），但出口排放标准提高，要求出口排放浓度不大于35mg/m³（标态、干基、6%$O_2$），脱硫效率不小于98.48%。根据石灰石-石膏法脱硫工艺的机理，在合理的设计参数情况下，如液气比、烟气阻力合理等，入口$SO_2$浓度在小于等于3500mg/m³（标态、干基、6%$O_2$）条件下，出口浓度可以达到50mg/m³（标态、干基、6%$O_2$）。而本项目入口$SO_2$浓度在2300mg/m³（标态、干基、6%$O_2$），出口$SO_2$浓度在35mg/m³（标态、干基、6%$O_2$），因此设置单塔将不能达到要求。通过工艺计算，针对本次改造提出以下三个改造方案：

（1）方案一：高效脱硫协同除尘合金托盘塔方案；
（2）方案二：喷淋空塔方案；
（3）方案三：旋汇耦合塔方案。

三个方案的比较见表9-12。结合本工程燃烧煤质的实际及环保达标可靠性要求较高的情况，并综合考虑投资、改造工作量及施工难度、后期经济运行等因素，最终确定 2 号机组脱硫超低排放改造采用方案一。

表 9-12　　　　　　　　　脱硫超低排放改造方案比较

| 项目 | 方案一 | 方案二 | 方案三 |
|---|---|---|---|
| 改造可靠性 | 高 | 高 | 一般 |
| 改造工程量 | 最低 | 较高 | 最高 |
| 运行维护 | 最小 | 较小 | 最大 |
| 改造工期（停机天数） | 40 | 55 | 35 |
| 静态投资（万元） | 3537 | 1709 | 4124 |
| 运行成本（万元） | 1011 | 712 | 1285 |

## 4.5　技术路线确定

确定的 2 号机组超低排放改造技术路线如图 9-1 所示。

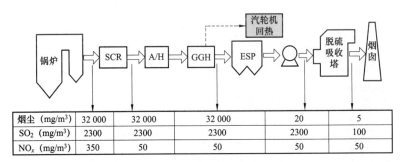

图 9-1　2 号机组超低排放改造技术路线

# 5　投资估算与运行成本分析

## 5.1　投资估算

脱硝、除尘及脱硫系统超低排放改造工程投资估算分别见表 9-13～表 9-15。

表 9-13　　　　　脱硝系统超低排放改造工程投资估算　　　　　万元

| 序号 | 项目名称 | 建筑工程费 | 设备购置费 | 安装工程费 | 其他费用 | 合计 | 各项占静态投资比例（%） | 单位投资（元/kW） |
|---|---|---|---|---|---|---|---|---|
| 一 | 脱硝工程主体部分 | | | | | | | |
| (一) | 脱硝装置系统 | | | | | | | |
| 1 | 工艺系统 | 1 | 915 | 57 | | 972 | 29.77 | 4.86 |
| 2 | 电气系统 | | 4 | 16 | | 19 | 0.58 | 0.10 |
| 3 | 热工控制系统 | | 208 | 22 | | 230 | 7.03 | 1.15 |
| 4 | 调试工程费 | | 0 | 26 | | 26 | 0.79 | 0.13 |

续表

| 序号 | 项目名称 | 建筑工程费 | 设备购置费 | 安装工程费 | 其他费用 | 合计 | 各项占静态投资比例（%） | 单位投资（元/kW） |
|---|---|---|---|---|---|---|---|---|
| | 小计 | 1 | 1125 | 120 | | 1246 | 38.16 | 6.23 |
| （二） | 与厂址有关的单项工程 | | | | | | 0.00 | 0.00 |
| 1 | 地基处理 | 1 | | | | | 0.00 | 0.00 |
| | 小计 | 1 | | | | 1 | 0.03 | 0.01 |
| （三） | 编制年价差 | | | | 1 | 1 | 0.02 | 0.00 |
| （四） | 其他费用 | | | | 262 | 262 | 8.01 | 1.31 |
| 1 | 建设场地征用及清理费 | | | | | | | |
| 2 | 建设项目管理费 | | | | 32 | 32 | 0.99 | 0.16 |
| 3 | 项目建设技术服务费 | | | | 124 | 124 | 3.80 | 0.62 |
| 4 | 整套启动试运费 | | | | 106 | 106 | 3.24 | 0.53 |
| 5 | 生产准备费 | | | | | | | |
| （五） | 基本预备费 | | | | 76 | 76 | 2.31 | 0.38 |
| | 脱硝工程主体部分静态投资 | 2 | 1125 | 120 | 337 | 1584 | 48.52 | 7.92 |
| | 各项占静态投资比例（%） | 0.06 | 35.52 | 3.79 | 10.64 | 50.00 | | |
| | 各项静态单位投资（元/kW） | 0.01 | 5.63 | 0.60 | 1.69 | 7.92 | | |
| 二 | 相关配套改造工程 | | | | | | | |
| （一） | 主辅生产工程 | | | | | | | |
| 1 | 燃烧器 | | 49 | | | 49 | 1.48 | 0.24 |
| | 小计 | | 49 | | | 49 | 1.48 | 0.24 |
| | 工程静态投资 | 2 | 1174 | 120 | 337 | 1633 | 100 | 8.16 |
| | 各项占静态投资比例（%） | 0.12 | 35.95 | 3.68 | 10.32 | 100 | | |
| | 各项静态单位投资（元/kW） | 0.01 | 5.87 | 0.60 | 1.69 | 8.16 | | |
| 三 | 动态费用 | | | | | | | |
| 1 | 价差预备费 | | | | | | | |
| 2 | 建设期贷款利息 | | | | 47 | | | |
| | 小计 | | | | 47 | | | |
| | 工程动态投资 | 2 | 1174 | 120 | 384 | 1680 | | |
| | 各项占动态投资比例（%） | 0.06 | 34.94 | 3.58 | 11.44 | 50.00 | | |
| | 各项动态单位投资（元/kW） | 0.01 | 5.87 | 0.60 | 1.92 | 8.40 | | |

表9-14　除尘系统超低排放改造工程投资估算　　万元

| 序号 | 工程或费用名称 | 建筑工程费 | 设备购置费 | 安装工程汇总 | | | 其他费用 | 合计 | 各项占静态投资比例（%） | 单位投资（元/kW） |
|---|---|---|---|---|---|---|---|---|---|---|
| | | | | 装置性材料 | 安装工程费 | 小计 | | | | |
| 一 | 改造工程 | 552 | 2159.5 | 338.5 | 560 | 898.5 | | 3610 | 44.47 | 18.05 |

续表

| 序号 | 工程或费用名称 | 建筑工程费 | 设备购置费 | 安装工程汇总 | | | 其他费用 | 合计 | 各项占静态投资比例（%） | 单位投资（元/kW） |
|---|---|---|---|---|---|---|---|---|---|---|
| | | | | 装置性材料 | 安装工程费 | 小计 | | | | |
| 1 | 低低温省煤器改造 | 552 | 1546 | 338.5 | 499 | 838 | | 2936 | 36.17 | 14.68 |
| 2 | 原除尘器本体配套改造 | | 613.5 | | 60.5 | 60.5 | | 674 | 8.31 | 3.37 |
| 二 | 其他费用 | | | | | | 255.5 | 255.5 | 3.15 | 1.28 |
| 1 | 项目建设管理费 | | | | | | 20.5 | 20.5 | 0.26 | 0.11 |
| 2 | 项目建设技术服务费 | | | | | | 92.5 | 92.5 | 1.14 | 0.47 |
| 3 | 性能考核试验费 | | | | | | 120 | 120 | 1.48 | 0.60 |
| 4 | 环保验收 | | | | | | 22.5 | 22.5 | 0.28 | 0.12 |
| 三 | 基本预备费 | | | | | | 193.5 | 193.5 | 2.38 | 0.97 |
| 四 | 工程静态投资 | 552 | 2160 | 339 | 560 | 899 | 449 | 4059 | 100 | 20.30 |
| | 各项占静态投资的比例（%） | 14 | 54 | 8 | 14 | 22 | 5.53 | 100 | | |
| | 各项静态单位投资（元/kW） | 3 | 11 | 2 | 3 | 4 | 2.25 | 20.30 | | |
| 五 | 动态费用 | | | | | | | 44 | | |
| 1 | 价差预备费 | | | | | | | | | |
| 2 | 建设期贷款利息 | | | | | | | 44 | | |
| 六 | 工程动态投资 | 552 | 2160 | 339 | 560 | 899 | 492.5 | 4103 | | |
| | 各项占动态投资的比例（%） | 6.73 | 26.32 | 4.13 | 6.82 | 10.95 | 6.01 | 100 | | |
| | 各项动态单位投资（元/kW） | 2.76 | 10.80 | 1.70 | 2.80 | 4.49 | 2.47 | 20.52 | | |

表 9-15　　脱硫系统超低排放改造工程投资估算　　万元

| 序号 | 项目名称 | 建筑工程费 | 设备购置费 | 安装工程费 | 其他费用 | 合计 | 各项占静态投资比例（%） | 单位投资（元/kW） |
|---|---|---|---|---|---|---|---|---|
| 一 | 脱硫技改工程主体部分 | | | | | | | |
| 1 | 工艺系统 | 48 | 1682.5 | 680.5 | 0 | 2411.5 | 68.18% | 12.055 |
| 2 | 电气系统 | 0 | 1.5 | 12 | | 14 | 0.39% | 0.07 |
| 3 | 热工控制系统 | 0 | 379 | 52 | | 431 | 12.18% | 2.155 |
| 4 | 调试工程 | 0 | 0 | 50.5 | | 50.5 | 1.43% | 0.25 |
| | 小计 | 48 | 2063 | 795 | | 2906.5 | 82.18% | 14.53 |
| 二 | 与脱硫工程有关的单项工程 | | | 100 | | 100 | 2.83% | 0.5 |
| 1 | 吸收塔改造措施费 | | | 100 | | 100 | 2.83% | 0.5 |
| 三 | 编制基准期价差 | 2 | | | | 2 | 0.06% | 0.01 |
| 四 | 其他费用 | | | | 360 | 360 | 10.17% | 1.8 |
| 1 | 建设场地征用及清理费 | | | | 0 | 0 | 0.00% | 0 |
| 2 | 项目建设管理费 | | | | 48 | 48 | 1.36% | 0.24 |
| 3 | 项目建设技术服务费 | | | | 191.5 | 191.5 | 5.42% | 0.96 |

续表

| 序号 | 项目名称 | 建筑工程费 | 设备购置费 | 安装工程费 | 其他费用 | 合计 | 各项占静态投资比例（%） | 单位投资（元/kW） |
|---|---|---|---|---|---|---|---|---|
| 4 | 整套启动试运费 | | | | 120 | 120 | 3.39% | 0.6 |
| 5 | 生产准备费 | | | | 0 | 0 | 0.00% | 0 |
| 五 | 基本预备费 | | | | 168.5 | 168.5 | 4.76% | 0.84 |
| | 工程静态投资 | 50 | 2063 | 895 | 528 | 3536.5 | 100.00% | 17.685 |
| | 各项站静态投资比例（%） | 0.59% | 54.54% | 29.98% | 14.89% | 100.00% | | |
| | 各项静态单位投资（元/kW） | 0.25 | 10.315 | 4.475 | 2.64 | 17.685 | | |
| 六 | 动态费用 | | | | 102 | 102 | | |
| 1 | 价差预备费 | | | | 0 | 0 | | |
| 2 | 建设期贷款利息 | | | | 102 | 102 | | |
| | 工程动态投资 | 50 | 2063 | 895 | 630 | 3638.5 | | |
| | 各项占动态投资比例（%） | 0.57% | 52.87% | 29.07% | 17.49% | 100.00% | | |
| | 各项动态单位投资（元/kW） | 0.25 | 10.315 | 4.475 | 3.15 | 18.19 | | |

## 5.2 运行成本分析

脱硝、除尘及脱硫系统年总成本估算见表9-16~表9-18。

表9-16  脱硝系统年总成本估算

| 序号 | 项目 | | 单位 | 成本 |
|---|---|---|---|---|
| 1 | 项目总投资 | | 万元 | 1632.5 |
| 2 | 年利用小时数 | | h | 6000 |
| 3 | 厂用电率 | | % | 4.45 |
| 4 | 年售电量 | | GW·h | 5733 |
| 5 | 生产成本 | 工资 | 万元 | 0 |
| | | 折旧费 | 万元 | 107 |
| | | 修理费 | 万元 | 33 |
| | | 还原剂费用 | 万元 | 198 |
| | | 电耗费用 | 万元 | 1 |
| | | 低压蒸汽费用 | 万元 | 45 |
| | | 除盐水费用 | 万元 | 0 |
| | | 催化剂更换费用 | 万元 | 18 |
| | | 催化剂性能检测费 | 万元 | 20 |
| | | 催化剂处理费用 | 万元 | 5 |
| | | 总计 | 万元 | 425 |
| 6 | 财务费用（平均） | | 万元 | 40 |

续表

| 序号 | 项目 | 单位 | 成本 |
|---|---|---|---|
| 7 | 生产成本+财务费用 | 万元 | 465 |
| 8 | 增加上网电费 | 元/(MW·h) | 0.81 |

注 本项年总成本考虑整个自然年的成本及发电量，不考虑建设年份机组投运时间及发电量。

表9-17　　　　　　　　　　除尘系统年总成本估算

| 序号 | 内容 | 单位 | 成本 |
|---|---|---|---|
| 1 | 机组负荷 | MW | 1000 |
| 2 | 年利用小时数 | h | 6000 |
| 3 | 厂用电率 | % | 4.45 |
| 4 | 年售电量 | GW·h | 5733 |
| 5 | 工程静态投资 | 万元 | 4059 |
| 6 | 运行维护费用 | 万元 | 81 |
| 7 | 折旧费 | 万元 | 260 |
| 8 | 年平均财务费用 | 万元 | 97.5 |
| 9 | 厂用电费 | 万元 | −59 |
| 10 | 工艺水费用 | 万元 | 0 |
| 11 | 蒸汽耗量 | 万元 | 108 |
| 12 | 年节煤费用 | 万元 | −646 |
| 13 | 年运行总成本 | 万元 | −158.5 |
| 14 | 单位发电增加成本 | 元/MWh | −0.28 |

表9-18　　　　　　　　　　脱硫系统年总成本估算

| 序号 | 项目名称 | 单位 | 成本 |
|---|---|---|---|
| 1 | 脱硫工程静态总投资 | 万元 | 3536.5 |
|  | 建设期贷款利息 | 万元 | 102 |
|  | 脱硫工程动态总投资 | 万元 | 3638.5 |
| 2 | 年利用小时数 | h | 6000 |
| 3 | 装机容量 | MW | 1000 |
| 4 | 年发电量 | GW·h | 5733 |
| 5 | 石灰石耗量（增量） | t/h | 0 |
|  | 石灰石价格（含税） | 元/t | 53.5 |
|  | 年石灰石费用（增量） | 万元 | 0 |
| 6 | 用电量（增量） | kW·h/h | 2546 |
|  | 成本电价 | 元/(kW·h) | 0.2037 |
|  | 年用电费用 | 万元 | 622.5 |
| 7 | 用水量（增量） | t/h | 0 |
|  | 水价 | 元/t | 1.8 |
|  | 年用水费（增量） | 万元/年 | 0 |
| 8 | 修理维护费（增量） | 万元/年 | 70.5 |
| 9 | 折旧费（增量） | 万元/年 | 230.5 |

续表

| 序号 | 项目名称 | 单位 | 成本 |
|---|---|---|---|
| 10 | 贷款利息（增量） | 万元/年 | 87 |
| 11 | 总成本增量 | 万元/年 | 1010.5 |
| 12 | 单位成本增加值 | 元/(MW·h) | 1.76 |

# 6 性能试验与运行情况

## 6.1 脱硝

2号机组脱硝系统超低排放改造工程性能考核试验分别于2016年5月与6月完成，试验结果见表9-19。

表9-19　　脱硝系统性能考核试验结果

| 序号 | 项目 | | 单位 | 保证值/设计值 | 100%负荷率测试结果 |
|---|---|---|---|---|---|
| 1 | 前提条件测试结果 | 入口烟气温度 | ℃ | 375 | 355 |
| 2 | | 烟气量 | $m^3/h$ | 3350923 | 3457592 |
| 3 | | 入口烟气含湿量 | % | 7.27 | 6.35 |
| 4 | | SCR入口烟尘浓度 | $mg/m^3$ | 32000 | 25436 |
| 5 | | SCR入口$NO_x$浓度 | $mg/m^3$ | 350 | 307 |
| 6 | | SCR入口$SO_3$浓度 | $mg/m^3$ | 23 | 16.7 |
| 7 | 性能指标测试结果 | SCR烟气温降 | ℃ | ≤3 | 8 |
| 8 | | SCR出口$NO_x$浓度 | $mg/m^3$ | ≤50 | 26 |
| 9 | | SCR出口$SO_3$浓度 | $mg/m^3$ | — | 36.7 |
| 10 | | 逃逸氨浓度 | $mg/m^3$ | ≤2.28 | 2.09 |
| 11 | | 脱硝效率 | % | ≥88.2 | 91.5 |
| 12 | | 氨耗量 | kg/h | ≤439 | 369 |
| 13 | | 氨氮摩尔比 | | | 0.917 |
| 14 | | $SO_2/SO_3$转化率 | % | ≤1.3 | 0.87 |
| 15 | | 系统阻力 A反应器 | Pa | | 969 |
| | | B反应器 | Pa | | 918 |

## 6.2 除尘

某电厂2号机组除尘系统超低排放改造工程性能考核试验于2016年5月完成，考核试验结果及结论如下：

2016年5月26日，100%负荷率工况运行时，除尘器出口烟气量为3474922 $m^3/h$（实际状态）；2016年5月30日，100%负荷率工况运行时，除尘器出口烟气量为

3432353 $m^3/h$（实际状态）。

（1）除尘效率。5月30日，A侧除尘器入口粉尘浓度为24 975mg/$m^3$（标态、干基、6%$O_2$），出口粉尘浓度为19mg/$m^3$（标态、干基、6%$O_2$），实测除尘效率为99.92%；B侧除尘器入口粉尘浓度为24712mg/$m^3$（标态、干基、6%$O_2$），出口粉尘浓度为18mg/$m^3$（标态、干基、6%$O_2$），实测除尘效率为99.92%。在此条件下，除尘器入口烟气平均粉尘浓度为24844mg/$m^3$（标态、干基、6%$O_2$），出口平均粉尘浓度为19mg/$m^3$（标态、干基、6%$O_2$），除尘器实测平均除尘效率为99.92%。

（2）烟气温度。A侧低低温省煤器入口烟气温度为121℃，B侧低低温省煤器入口烟气温度为127℃；A侧除尘器入口烟气温度为88℃，出口烟气温度为86℃；B侧除尘器入口烟气温度为89℃，出口烟气温度为89℃；低低温省煤器平均温降为35℃。考核试验结果表明，低低温省煤器出口烟温能降低到90℃的保证值要求。

（3）系统阻力。A侧低低温省煤器阻力平均值为272Pa，B侧低低温省煤器阻力平均值为249Pa；A侧除尘器阻力平均值为122Pa，B侧除尘器阻力平均值为174Pa。低低温省煤器增加的阻力满足烟道阻力增加小于600Pa的要求。

（4）A侧除尘器平均漏风率为0.48%；B侧除尘器平均漏风率为0.71%。

（5）A侧除尘器出口烟气含湿量为6.4%，B侧除尘器出口烟气含湿量为6.6%。

## 6.3 脱硫

2号机组脱硫系统超低排放改造工程性能考核试验于2016年5月完成，试验结果见表9-20。

表9-20    脱硫系统性能考核试验结果

| 序号 | 项目 | | 单位 | 保证值/设计值 | 结果（性能修正后数据） |
|---|---|---|---|---|---|
| 1 | 脱硫装置烟气量（标态、湿基、实际$O_2$） | | $m^3/h$ | 3307789 | 3342145 |
| 2 | 原烟气 | 温度 | ℃ | 90 | 98 |
| | | $SO_2$浓度（标态、干基、6%$O_2$） | mg/$m^3$ | 2300 | 1860 |
| | | 烟尘浓度（标态、干基、6%$O_2$） | mg/$m^3$ | 20 | 18.7 |
| | | $SO_3$浓度（标态、干基、6%$O_2$） | mg/$m^3$ | 50 | 14.97 |
| | | HCl浓度（标态、干基、6%$O_2$） | mg/$m^3$ | 30 | 26.99 |
| | | HF浓度（标态、干基、6%$O_2$） | mg/$m^3$ | 20 | 17.43 |
| 3 | 净烟气 | 温度 | ℃ | ≥50 | 51 |
| | | $SO_2$浓度（标态、干基、6%$O_2$） | mg/$m^3$ | ≤35 | 34（折算后） |
| | | 烟尘浓度（标态、干基、6%$O_2$） | mg/$m^3$ | <5 | 4.2 |
| | | $SO_3$浓度（标态、干基、6%$O_2$） | mg/$m^3$ | 5 | 4.94 |
| | | HCl浓度（标态、干基、6%$O_2$） | mg/$m^3$ | 8 | 0.83 |
| | | HF浓度（标态、干基、6%$O_2$） | mg/$m^3$ | 3 | 0.46 |

续表

| 序号 | 项目 | | 单位 | 保证值/设计值 | 结果（性能修正后数据） |
|---|---|---|---|---|---|
| 4 | 脱硫效率 | | % | ≥98.48 | 98.53 |
| 5 | $SO_3$脱除效率 | | % | — | 57.04 |
| 6 | HCl脱除效率 | | % | — | 96.91 |
| 7 | HF脱除效率 | | % | — | 97.35 |
| 8 | 除尘效率 | | % | ≥75 | 77.69 |
| 9 | 石膏品质 | 含水量 | % | <10 | 9.91 |
| | | $CaSO_4 \cdot 2H_2O$含量 | % | >90 | 91.94 |
| | | $CaSO_3 \cdot 1/2H_2O$含量（以$SO_2$计） | % | <1 | 0.89 |
| | | $CaCO_3$含量 | % | <3 | 2.53 |
| | | $Cl^-$含量 | % | <0.01 | 0.7283 |
| 10 | 噪声（设备附近位置） | 氧化风机 B | dB（A） | ≤85 | 85 |
| | | 循环泵 B | dB（A） | ≤85 | 84 |
| | | 循环泵 C | dB（A） | ≤85 | 84 |
| | | 循环泵 D | dB（A） | ≤85 | 84 |
| | | 循环泵 E | dB（A） | ≤85 | 85 |
| | | 脱硫控制室 | dB（A） | ≤55 | 52 |
| 11 | 热损失（所有保温设备的表面最高温度） | | ℃ | ≤50 | 47 |
| 12 | 石灰石消耗量（干态） | | t/h | ≤14.2 | 14.16 |
| 13 | 水耗量 | | t/h | ≤101 | 79.1 |
| 14 | FGD 装置 6kV 馈线处电耗 | | kW | ≤7550 | 6867 |
| 15 | 压力损失（脱硫系统总压损） | | Pa | <3190 | 1965 |
| 16 | 除雾器出口烟气携带的水滴含量（标态、干基） | | mg/m³ | <20 | 18.9 |

## 7 项目特色与经验

2016 年 1 月，某电厂 2 号机组环保改造工程开始立项建设，在集团内首次在百万机组上采用托盘+高效喷淋层+高效除雾器技术路线。项目改造内容涉及脱硫、脱硝和除尘改造，脱硫脱硝均为常规改造，除尘改造中的低低温省煤器则成为项目亮点。项目实施中，低低温省煤器换热管采用螺旋翅片管，降低除尘器入口烟气温度至 90℃，实现除尘器出口烟尘浓度低于 20mg，最后通过脱硫系统协同洗尘作用，实现超低排放。

# 案例10

## 脱硫除尘一体化改造技术在某1000MW机组上应用

**技术路线** ▶▶

SCR脱硝+低低温电除尘器+石灰石-石膏湿法脱硫+湿式电除尘器

# 1 电厂概况

## 1.1 锅炉概况

某电厂 8 号锅炉为东方锅炉厂生产制造的 DG3000/26.15-Ⅱ1 型锅炉,该锅炉为复合变压运行的超超临界本生直流锅炉,属一次再热、单炉膛、尾部双烟道结构,采用烟气挡板调节再热汽温,固态排渣、全钢构架、全悬吊结构、平衡通风、露天布置、前后墙对冲燃烧。

锅炉参数及主要热力参数见表 10-1。

表 10-1 锅炉主要技术规范

| 项目 | | 负荷 单位 | VWO | TRL | 100% THA | 70% THA | 50% THA |
|---|---|---|---|---|---|---|---|
| 1. 蒸汽及水流量 | 过热器出口 | t/h | 3033.0 | 2888.5 | 2733.4 | 1833.6 | 1289.8 |
| | 再热器出口 | t/h | 2469.7 | 2347.1 | 2245.5 | 1554.6 | 1115.4 |
| | 省煤器进口 | t/h | 3033.0 | 2888.5 | 2733.4 | 1833.6 | 1289.8 |
| | 过热器一级喷水 | t/h | 91.0 | 86.7 | 82.0 | 55.0 | 38.7 |
| | 过热器二级喷水 | t/h | 121.3 | 115.5 | 109.3 | 73.3 | 51.6 |
| | 再热器喷水 | t/h | 0 | 0 | 0 | 0 | 0 |
| 2. 蒸汽及水压力/压降 | 过热器出口压力 | MPa | 26.25 | 26.11 | 25.99 | 19.70 | 14.03 |
| | 一级过热器(低温过热器)压降 | MPa | 0.42 | 0.37 | 0.33 | 0.20 | 0.14 |
| | 二级过热器(屏式过热器)压降 | MPa | 0.56 | 0.49 | 0.45 | 0.26 | 0.20 |
| | 三级过热器(高温过热器)压降 | MPa | 0.26 | 0.23 | 0.21 | 0.13 | 0.09 |
| | 包墙出口到过热器出口压降 | MPa | 1.24 | 1.09 | 0.99 | 0.59 | 0.43 |
| | 顶棚和包墙压降 | MPa | 0.82 | 0.72 | 0.64 | 0.4 | 0.29 |
| | 过热器总压降 | MPa | 2.06 | 1.81 | 1.63 | 0.99 | 0.72 |
| | 再热器进口压力 | MPa | 5.09 | 4.84 | 4.63 | 3.20 | 2.30 |
| | 一级再热器(低再)压降 | MPa | 0.09 | 0.09 | 0.08 | 0.05 | 0.04 |
| | 二级再热器(高再)压降 | MPa | 0.11 | 0.10 | 0.10 | 0.06 | 0.04 |
| | 再热器出口压力 | MPa | 4.89 | 4.65 | 4.45 | 3.09 | 2.22 |
| | 启动分离器压降 | MPa | 0.4 | 0.36 | 0.33 | 0.19 | 0.14 |
| | 启动分离器压力 | MPa | 28.71 | 28.28 | 27.95 | 20.88 | 14.89 |
| | 水冷壁压降 | MPa | 1.52 | 1.32 | 1.17 | 0.64 | 0.41 |
| | 省煤器压降(不含位差) | MPa | 0.02 | 0.02 | 0.02 | 0.01 | 0.01 |
| | 省煤器重位压降 | MPa | 0.20 | 0.20 | 0.20 | 0.20 | 0.20 |
| | 省煤器进口至启动分离器进口压降 | MPa | 1.74 | 1.54 | 1.39 | 0.85 | 0.62 |
| | 省煤器进口压力 | MPa | 30.45 | 29.82 | 29.34 | 21.73 | 15.51 |
| | 省煤器进口至过热器出口总压降 | MPa | 4.2 | 3.71 | 3.35 | 2.03 | 1.48 |

续表

| 项目 | 负荷 | 单位 | VWO | TRL | 100% THA | 70% THA | 50% THA |
|---|---|---|---|---|---|---|---|
| 3. 蒸汽和水的温度 | 过热器（高温过热器）出口 | ℃ | 605 | 605 | 605 | 605 | 605 |
| | 过热汽温度左右偏差 | ℃ | ±5 | ±5 | ±5 | ±5 | ±5 |
| | 再热器进口 | ℃ | 356.3 | 349.8 | 344.8 | 347 | 353.3 |
| | 再热器（低温再热器）出口 | ℃ | 512 | 512 | 514 | 518 | 527 |
| | 再热器（高温再热器）出口 | ℃ | 603 | 603 | 603 | 603 | 603 |
| | 再热汽温度左右偏差 | ℃ | ±5 | ±5 | ±5 | ±5 | ±5 |
| | 省煤器进口 | ℃ | 302.4 | 298.5 | 294.8 | 269.4 | 248.8 |
| | 省煤器出口 | ℃ | 342 | 338 | 333 | 306 | 283 |
| | 过热器减温水 | ℃ | 342 | 338 | 333 | 306 | 283 |
| | 再热器减温水 | ℃ | (188) | (186) | (184) | (169) | (156) |
| | 启动分离器温度 | ℃ | 425 | 424 | 423 | 390 | 366 |
| 4. 空气流量 | 空气预热器进口一次风（含旁路） | kg/h | 767 100 | 700 902 | 696 240 | 600 702 | 504 080 |
| | 空气预热器进口二次风 | kg/h | 2 716 960 | 2 650 140 | 2 522 800 | 1 810 840 | 1 426 560 |
| | 一次风旁路风量 | kg/h | 340 096 | 267 256 | 269 376 | 213 668 | 160 068 |
| | 空气预热器出口旁路混合后一次风 | kg/h | 631 800 | 552 002 | 544 000 | 419 602 | 314 100 |
| | 空气预热器出口二次风 | kg/h | 2 660 800 | 2 598 800 | 2 473 300 | 1 775 300 | 1 398 400 |
| | 空气预热器中的漏风 | | | | | | |
| | 一次风漏到烟气 | kg/h | 142 300 | 149 760 | 151 040 | 164 260 | 167 780 |
| | 一次风漏到二次风 | kg/h | −7000 | −860 | 1200 | 16 840 | 22 200 |
| | 二次风漏到烟气 | kg/h | 49 160 | 50 480 | 50 700 | 52 380 | 50 360 |
| | 总的空气侧漏到烟气侧 | kg/h | 191 460 | 200 240 | 201 740 | 216 640 | 218 140 |
| 5. 烟气流量 | 炉膛出口 | m³/h | 12 965 800 | 12 335 000 | 11 559 800 | 8 021 700 | 5 908 700 |
| | 三级过热器（高温过热器）出口 | m³/h | 13 046 200 | 12 441 600 | 11 634 100 | 8 076 300 | 5 946 600 |
| | 二级再热器（高温再热器）出口 | m³/h | 11 899 500 | 11 356 300 | 10 659 200 | 7 393 100 | 5 508 700 |
| | 省煤器出口 | m³/h | 4 083 300 | 3 768 100 | 3 455 000 | 2 188 300 | 1 312 700 |
| | 前烟井（挡板调温） | m³/h | 2 680 900 | 2 714 900 | 2 742 200 | 2 222 500 | 2 195 000 |
| | 后烟井（挡板调温） | m³/h | 4 083 300 | 3 768 100 | 3 455 000 | 2 188 300 | 1 312 700 |
| | 脱硝装置（SCR）进口 | m³/h | 6 603 700 | 6 322 300 | 6 030 200 | 4 303 400 | 3 383 100 |
| | 脱硝装置（SCR）出口 | m³/h | 6 613 300 | 6 331 800 | 6 039 600 | 4 312 500 | 3 392 200 |
| | 空气预热器进口 | m³/h | 6 613 300 | 6 331 800 | 6 039 600 | 4 312 500 | 3 392 200 |
| | 空气预热器出口 | kg/h | 3 841 360 | 3 716 240 | 3 570 942 | 2 695 940 | 2 179 740 |
| 6. 空气预热器出口烟气含尘量（标态） | | g/m³ | 34 | 34 | 34 | 32 | 29 |
| 7. 空气温度 | 空气预热器进口一次风 | ℃ | 30 | 29 | 29 | 28 | 27 |
| | 空气预热器进口二次风 | ℃ | 25 | 24 | 24 | 24 | 23 |
| | 空气预热器出口一次风 | ℃ | 340.7 | 336.2 | 335 | 323.1 | 320.5 |

续表

| 项目 | 负荷 | 单位 | VWO | TRL | 100% THA | 70% THA | 50% THA |
|---|---|---|---|---|---|---|---|
| 7. 空气温度 | 旁路混合后一次风 | ℃ | 177 | 191 | 187 | 176 | 174 |
| | 空气预热器出口二次风 | ℃ | 347.3 | 342.9 | 341.2 | 327.1 | 322.4 |
| 8. 烟气温度 | 炉膛出口 | ℃ | 1016 | 1000 | 972 | 901 | 820 |
| | 二级过热器（屏过）进口 | ℃ | 1373 | 1360 | 1318 | 1253 | 1120 |
| | 二级过热器（屏过）出口 | ℃ | 1142 | 1129 | 1089 | 1022 | 920 |
| | 三级过热器（高过）进口 | ℃ | 1142 | 1129 | 1089 | 1022 | 920 |
| | 三级过热器（高过）出口 | ℃ | 1024 | 1011 | 980 | 909 | 827 |
| | 一级过热器（低过）进口 | ℃ | 814 | 803 | 783 | 718 | 654 |
| | 一级过热器（低过）出口 | ℃ | 570 | 563 | 552 | 498 | 467 |
| | 二级再热器（高再）进口 | ℃ | 1000 | 988 | 957 | 886 | 807 |
| | 二级再热器（高再）出口 | ℃ | 910 | 899 | 875 | 809 | 746 |
| | 一级再热器（低再）进口 | ℃ | 884 | 873 | 850 | 783 | 720 |
| | 一级再热器（低再）出口 | ℃ | 421 | 416 | 417 | 406 | 407 |
| | 省煤器进口 | ℃ | 562 | 554 | 544 | 489 | 457 |
| | 脱硝装置（SCR）进口 | ℃ | 377 | 373 | 370 | 350 | 345 |
| | 脱硝装置（SCR）出口 | ℃ | 377 | 373 | 370 | 350 | 345 |
| | 空气预热器进口 | ℃ | 377 | 373 | 370 | 350 | 345 |
| | 空气预热器出口（未修正） | ℃ | 130.6 | 125.6 | 125.6 | 120.6 | 120.6 |
| | 空气预热器出口（修正后） | ℃ | 126.4 | 121.2 | 121 | 114.4 | 112.8 |
| 9. 空气压降 | 空气预热器一次风压降 | kPa | 0.25 | 0.25 | 0.20 | 0.15 | 0.15 |
| | 空气预热器二次风压降 | kPa | 0.98 | 0.93 | 0.88 | 0.49 | 0.34 |
| | 燃烧器一次风压力值（同设计院接口处） | kPa | 0.95 | 1.06 | 1.0 | 0.86 | 0.86 |
| | 燃烧器二次风压力值（同设计院接口处） | kPa | 1.57 | 1.46 | 0.96 | 0.92 | 0.81 |
| 10. 烟气压力及压降 | 炉膛设计压力 | kPa | ±5800 | ±5800 | ±5800 | ±5800 | ±5800 |
| | 炉膛可承受压力 | kPa | ±8700 | ±8700 | ±8700 | ±8700 | ±8700 |
| | 炉膛出口压力 | kPa | 0.00 | 0.00 | 0.00 | 0.00 | 0.00 |
| | 省煤器出口压力 | kPa | −1.37 | −1.32 | −1.27 | −1.00 | −0.88 |
| | 脱硝装置（SCR）压降 | kPa | 0.75 | 0.70 | 0.63 | 0.40 | 0.25 |
| | 空气预热器压降 | kPa | 1.18 | 1.13 | 1.03 | 0.64 | 0.44 |
| | 炉膛到空气预热器出口与设计院接口烟道分界处压降（考虑自生通风，不包括脱硝装置阻力） | kPa | 2.92 | 2.77 | 2.17 | 1.90 | 1.58 |
| | 炉膛到空气预热器出口与设计院接口烟道分界处压降（考虑自生通风，包括脱硝装置阻力） | kPa | 3.67 | 3.47 | 2.80 | 2.30 | 1.83 |
| 11. 燃料消耗量（实际） | | t/h | 401.3 | 386.3 | 370.0 | 264.2 | 196.2 |
| 12. 输入热量 | | MW | 2353 | 2265 | 2170 | 1549 | 1151 |

续表

| | 负荷 项目 | 单位 | VWO | TRL | 100% THA | 70% THA | 50% THA |
|---|---|---|---|---|---|---|---|
| 13. 锅炉热损失 | 干烟气热损失 | % | 4.30 | 4.22 | 4.22 | 4.22 | 4.39 |
| | 氢燃烧生成水热损失 | % | 0.23 | 0.23 | 0.23 | 0.21 | 0.20 |
| | 燃料中水分引起的热损失 | % | 0.05 | 0.05 | 0.05 | 0.05 | 0.05 |
| | 空气中水分热损失 | % | 0.07 | 0.07 | 0.07 | 0.07 | 0.07 |
| | 未燃尽碳热损失（$n=0.9$） | % | 0.79 | 0.79 | 0.79 | 0.79 | 0.79 |
| | 辐射及对流散热热损失 | % | 0.17 | 0.18 | 0.18 | 0.27 | 0.37 |
| | 未计入热损失 | % | 0.26 | 0.26 | 0.26 | 0.26 | 0.26 |
| | 总热损失 | % | 5.87 | 5.80 | 5.80 | 5.87 | 6.13 |
| 14. 锅炉热效率 | 计算热效率（按 ASME PTC 4 计算，高位发热值） | % | 89.55 | 89.60 | 89.60 | 89.55 | 89.30 |
| | 计算热效率（按低位发热量计算） | % | 94.13 | 94.20 | 94.20 | 94.13 | 93.87 |
| | 制造厂裕度 | % | | 0.40 | | | |
| | 保证热效率 | % | | 93.80 | | | |
| 15. 热量/炉膛热负荷 | 燃料向锅炉供的热量 | MW | 2371 | 2283 | 2186 | 1561 | 1160 |
| | 主蒸汽吸热量 | MW | 1817 | 1747 | 1668 | 1211 | 904 |
| | 再热蒸汽吸热量 | MW | 406 | 394 | 383 | 252 | 180 |
| | 低温过热器吸热量 | MW | 184 | 171 | 149 | 89 | 49 |
| | 屏式过热器吸热量 | MW | 311 | 302 | 292 | 223 | 160 |
| | 高温过热器吸热量 | MW | 183 | 174 | 167 | 120 | 79 |
| | 炉膛、顶棚、包墙吸热量 | MW | 955 | 928 | 904 | 684 | 556 |
| | 省煤器吸热量 | MW | 184 | 172 | 156 | 95 | 60 |
| | 截面热负荷 | MW/m² | 4.5 | 4.3 | 4.1 | 2.9 | 2.2 |
| | 容积热负荷 | kW/m³ | 79 | 76 | 73 | 52 | 39 |
| | 有效投影辐射受热面热负荷（EPRS） | kW/m² | 240 | 231 | 221 | 158 | 117 |
| | 燃烧器区域面积热负荷 | MW/m² | 1.6 | 1.6 | 1.5 | 1.1 | 0.8 |
| 16. $NO_x$ 排放浓度 | 脱硝装置进口 $NO_x$ 排放浓度（以 $O_2=6\%$ 计，标态） | mg/m³ | 300 | 300 | 300 | 300 | 300 |
| | 脱硝装置出口 $NO_x$ 排放浓度（以 $O_2=6\%$ 计，标态） | mg/m³ | 75 | 75 | 75 | 75 | 75 |
| | 脱硝效率 | % | 80 | 80 | 80 | 80 | 80 |
| 17. 空气预热器出口烟气含尘浓度（以 $O_2=6\%$ 计，标态） | | mg/m³ | 30 | 30 | 30 | 30 | 30 |
| 18. 风率 | 一次风率 | % | 20 | 18 | 18 | 19 | 18 |
| | 二次风率 | % | 80 | 82 | 82 | 81 | 82 |
| 19. 过量空气系数 | 炉膛出口 | | 1.14 | 1.14 | 1.14 | 1.18 | 1.26 |
| | 省煤器出口 | | 1.15 | 1.15 | 1.15 | 1.19 | 1.27 |

续表

| 项目 \ 负荷 | 单位 | VWO | TRL | 100% THA | 70% THA | 50% THA |
|---|---|---|---|---|---|---|
| 20. 烟速 | 三级过热器（高温过热器） | m/s | 8 | 8 | 8 | 5 | 4 |
| | 二级再热器（高压再热器） | m/s | 11 | 10 | 10 | 7 | 5 |
| | 一级过热器（低温过热器） | m/s | 9 | 8 | 7 | 5 | 2 |
| | 一级再热器（低压再热器） | m/s | 10 | 10 | 11 | 8 | 8 |
| | 省煤器 | m/s | 8 | 8 | 7 | 4 | 2 |

注 VWO—汽阀全开容量；TRL—汽轮机额定功率；THA—热耗率验收功率。

## 1.2 设计煤质

8号锅炉燃用济北矿区煤，具体煤质和煤灰参数见表10-2和表10-3。

表10-2    锅炉设计燃煤成分及特性

| 项目 | | 符号 | 单位 | 设计煤种 | 校核煤种 | 环保技改设计煤质 |
|---|---|---|---|---|---|---|
| 1. 工业分析 | 收到基全水分 | $M_t$ | % | 8.00 | 10.00 | 12 |
| | 空气干燥基水分 | $M_{ad}$ | % | 2.48 | 2.51 | 2.51 |
| | 收到基灰分 | $A_{ar}$ | % | 24.40 | 27.75 | 37 |
| | 干燥无灰基挥发分 | $V_{daf}$ | % | 39 | 37.73 | 38.5 |
| | 收到基低位发热量 | $Q_{net,ar}$ | kJ/kg | 21 271 | 19 053 | 17 000 |
| | | | kcal/kg | 5080 | 4551 | |
| 2. 哈氏可磨性指数 | | HGI | | 64 | 62 | |
| 3. 磨损系数 | | $K_e$ | | 5.6 | 5.8 | |
| 4. 元素分析 | 收到基碳 | $C_{ar}$ | % | 53.80 | 48.40 | 38.2 |
| | 收到基氢 | $H_{ar}$ | % | 3.95 | 3.85 | 3.85 |
| | 收到基氧 | $O_{ar}$ | % | 8.14 | 7.85 | 6.25 |
| | 收到基氮 | $N_{ar}$ | % | 1.11 | 1.25 | 1.5 |
| | 收到基硫 | $S_{t,ar}$ | % | 0.60 | 0.90 | 1.2 |
| 5. 灰相关温度 | 灰变形温度 | DT ($t_1$) | ℃ | 1270 | 1200 | |
| | 灰软化温度 | ST ($t_2$) | ℃ | 1350 | 1290 | |
| | 灰熔化温度 | FT ($t_3$) | ℃ | 1410 | 1350 | |
| 6. 灰分析资料 | 二氧化硅 | $SiO_2$ | % | 58.61 | 56.03 | |
| | 三氧化二铝 | $Al_2O_3$ | % | 23.20 | 22.79 | |
| | 三氧化二铁 | $Fe_2O_3$ | % | 6.50 | 6.67 | |
| | 氧化钙 | CaO | % | 2.90 | 6.48 | |
| | 氧化镁 | MgO | % | 1.49 | 2.40 | |
| | 氧化钾 | $K_2O$ | % | 2.02 | 1.79 | |
| | 氧化钠 | $Na_2O$ | % | 0.71 | 0.89 | |

续表

| | 项目 | 符号 | 单位 | 设计煤种 | 校核煤种 | 环保技改设计煤质 |
|---|---|---|---|---|---|---|
| 6. 灰分析资料 | 氧化锰 | MnO | % | 0.14 | 0.19 | |
| | 三氧化硫 | $SO_3$ | % | 1.63 | 2.28 | |
| | 其他 | | % | 2.8 | 0.48 | |

表 10-3　　设计灰成分及特性

| 检测项目 | 符号 | 单位 | 数值 |
|---|---|---|---|
| 二氧化硅 | $SiO_2$ | % | 58.44 |
| 三氧化二铝 | $Al_2O_3$ | % | 26.58 |
| 三氧化二铁 | $Fe_2O_3$ | % | 4.36 |
| 氧化钙 | CaO | % | 4.48 |
| 氧化镁 | MgO | % | 1.10 |
| 氧化钠 | $Na_2O$ | % | 0.63 |
| 氧化钾 | $K_2O$ | % | 1.68 |
| 二氧化钛 | $TiO_2$ | % | 1.42 |
| 三氧化硫 | $SO_3$ | % | 0.30 |
| 二氧化锰 | $MnO_2$ | % | 0.018 |

## 2　环保设施概况

### 2.1　低氮燃烧装置

8号锅炉采用前后墙对冲燃烧方式，燃烧器采用新型的HT-NR3低$NO_x$燃烧器，燃烧器分3层，每层共8只。燃烧系统布置有16只燃尽风喷口、4只侧燃尽风喷口、48只HT-NR3燃烧器喷口，共68个喷口。

燃烧器层间距为5819.8mm，燃烧器列间距为3683mm，上层燃烧器中心线距屏底距离约为23.5m，下层燃烧器中心线距冷灰斗拐点距离约为3.38m。最外侧燃烧器中心线与侧墙距离为4096.2mm，燃尽风距最上层燃烧器中心线距离为7150.1mm。燃烧器配风分为一次风、内二次风和外二次风，分别通过一次风管，燃烧器内同心的内二次风、外二次风环形通道在燃烧的不同阶段送入炉膛。其中，内二次风为直流，外二次风为旋流。通过调节各内二次风套筒开度和外二次风调风器开度，实现单只燃烧器内、外二次风的风量分配，各层燃烧器总风量的调节。锅炉的燃烧系统为先进的低氮燃烧系统，其$NO_x$排放水平较低，因此无需进行低氮燃烧改造。但因为燃烧器运行已满一个大修期，燃烧器喷口烧损或磨损较严重，2014年已对燃烧器喷口进行了全部更换。

### 2.2　SCR烟气脱硝装置

该电厂8号机组采用选择性催化还原法（SCR法）进行烟气脱硝，脱硝系统主要设计参数及设备规范见表 10-4 和表 10-5。

表 10-4　　　　　　　　　8 号机组脱硝装置入口设计参数

| 项目 | 单位 | 数值（BMCR） | 备注 |
| --- | --- | --- | --- |
| 烟气流量（标态） | $m^3/h$ | 2 803 397 | 湿基、实际氧 |
| $O_2$ | % | 3.17 | 湿基 |
| $CO_2$ | % | 14.25 | 湿基 |
| 湿度 | % | 9.44 | |
| $N_2$ | % | 72.84 | 湿基 |
| 烟气温度 | ℃ | 356 | 最低 315 |
| 飞灰浓度（6%$O_2$，标态） | $g/m^3$ | 47 | 10%灰成渣 |
| $NO_x$ 浓度（干基、标态、6%$O_2$） | $mg/m^3$ | 400 | |
| $SO_2$ 浓度（6%$O_2$，标态） | $mg/m^3$ | 3407 | 硫含量 1.2% |
| $SO_3$ 浓度（6%$O_2$，标态） | $mg/m^3$ | 34 | |

表 10-5　　　　　　　8 号机组脱硝系统主要设备参数（单台炉）

| 项目名称 | | 单位 | 数据 |
| --- | --- | --- | --- |
| 烟道 | 总壁厚 | mm | 6 |
| | 腐蚀余量 | mm | 1 |
| | 烟道材质 | | Q345~Q235 |
| | 设计压力 | Pa | 6500 |
| | 运行温度 | ℃ | 320~420 |
| | 烟气流速 | m/s | 15 |
| | 保温厚度 | mm | 200~300 |
| | 保温材料 | | 硅酸铝+岩棉 |
| | 保护层材料 | | 与锅炉保持一致 |
| | 膨胀节材料 | | 非金属 |
| 反应器 | 数量 | 台 | 2 |
| | 外形（长×宽） | m | 13.86×17.79 |
| | 壁厚 | mm | 6 |
| | 腐蚀余量 | mm | 1 |
| | 材质 | | Q345/Q235 |
| | 设计压力 | Pa | 6500 |
| | 运行温度 | ℃ | 320~420 |
| | 烟气流速 | m/s | 4~6 |
| | 保温厚度 | mm | 300 |
| | 保温材料 | | 硅酸铝+岩棉 |
| | 保护层材料 | | 与锅炉保持一致 |
| 氨喷入系统 | 类型 | | 喷氨格栅 |
| | 管道材质 | | Q345 |

续表

| 项目名称 | | 单位 | 数据 |
|---|---|---|---|
| 吹灰器 | 蒸汽吹灰器 | | |
| | 类型 | | 耙式 |
| | 数量 | 台 | 16 |
| | 蒸汽消耗量 | t/h | 0.16 |
| 声波吹灰器 | 数量 | 台 | 32 |
| | 每只吹灰器压缩空气消耗量 | $m^3$/min | 2.4 |
| 稀释风机 | 型式 | | 离心式 |
| | 数量 | 台 | 2 |
| | 流量（标态） | $m^3$/h | 10 200 |
| | 全压 | Pa | 7000 |

为了获得准确的现状数据，2014年9月9~14日对8号机组脱硝装置进行了详细的摸底测试，主要性能指标见表10-6。试验结果表明，除烟气量超出原设计值外，脱硝装置各项性能指标均能够达到设计性能保证，且随机组负荷降低脱硝装置入口$NO_x$浓度呈减小趋势，在50%负荷条件下，脱硝装置入口烟温能够维持在344℃左右。

表10-6　　　　　　　　8号机组脱硝性能试验结果

| 序号 | 项目 | | 单位 | 保证值/设计值 | 100%负荷测试结果 | 75%负荷测试结果 | 50%负荷测试结果 |
|---|---|---|---|---|---|---|---|
| 1 | 前提条件测试结果 | 烟气量 | $m^3$/h | 3 017 735 | 3 162 593 | 2 335 497 | 1 649 259 |
| 2 | | 入口烟气温度 | ℃ | 356 | 362 | 351 | 344 |
| 3 | | SCR入口$NO_x$浓度 | mg/$m^3$ | 400 | 353 | 328 | 290 |
| 4 | | SCR入口烟尘浓度 | mg/$m^3$ | 47 000 | 27 522 | — | — |
| 5 | | SCR入口$SO_3$浓度 | mg/$m^3$ | 34 | 18 | — | — |
| 6 | 性能指标测试结果 | SCR烟气温降 | ℃ | 3 | 3 | 2 | 2 |
| 7 | | SCR出口$NO_x$浓度 | mg/$m^3$ | ≤100 | 62 | 71 | 63 |
| 8 | | SCR出口$SO_3$浓度 | mg/$m^3$ | — | 28 | | |
| 9 | | 逃逸氨浓度 | mL/$m^3$ | ≤3 | 0.43 | 0.35 | |
| 10 | | 脱硝效率 | % | ≥80 | 82.5 | 78.6 | 78.3 |
| 11 | | 氨耗量 | kg/h | ≤390.5 | 340 | 214 | |
| 12 | | 氨氮摩尔比 | | | 0.829 | 0.788 | |
| 13 | | $SO_2$/$SO_3$转化率 | % | ≤1 | 0.44 | — | — |
| 14 | | 系统阻力　A反应器 | Pa | ≤800 | 541 | 375 | 261 |
| | | 　　　　　B反应器 | Pa | ≤800 | 537 | 370 | 255 |

注　表中烟气成分状态为标态、干基、6%$O_2$。

根据试验结果可知，当前SCR入口$NO_x$浓度基本能够控制在脱硝设计值，其分布较为均匀，但SCR出口$NO_x$分布存在很大偏差，其中8号机组SCR反应器A侧出口的$NO_x$浓度分布相对标准偏差约为18%，B侧出口的$NO_x$浓度分布相对标准偏差约为41%（见表10-7），这对脱硝效率、出口$NO_x$浓度及氨逃逸控制均将产生不利影响。

表10-7　8号机组B侧反应器出口NO浓度的相对标准偏差　　mg/m³

| 深度位置 | 1 | | 2 | | 3 | | 4 | | 5 | | 6 | | 7 | |
|---|---|---|---|---|---|---|---|---|---|---|---|---|---|---|
| 测点1 | 41 | 40 | 41 | 40 | 41 | 40 | 39 | 41 | 40 | 41 | 41 | 40 | 41 | 40 |
|  | 40 | 39 | 39 | 38 | 39 | 38 | 39 | 40 | 40 | 39 | 39 | 38 | 39 | 38 |
| 测点2 | 39 | 40 | 39 | 38 | 39 | 38 | 39 | 38 | 39 | 39 | 38 | 39 | 39 | 38 |
|  | 38 | 39 | 38 | 38 | 39 | 40 | 39 | 38 | 37 | 40 | 38 | 38 | 39 | 40 |
| 测点3 | 83 | 82 | 78 | 78 | 77 | 78 | 77 | 76 | 75 | 74 | 78 | 78 | 77 | 78 |
|  | 72 | 71 | 70 | 71 | 72 | 73 | 74 | 75 | 80 | 81 | 70 | 71 | 72 | 73 |
| 测点4 | 82 | 82 | 83 | 84 | 83 | 84 | 83 | 83 | 84 | 82 | 83 | 84 | 83 | 84 |
|  | 83 | 82 | 83 | 83 | 82 | 82 | 83 | 82 | 80 | 78 | 83 | 83 | 82 | 82 |
| 测点5 | 69 | 67 | 60 | 59 | 58 | 55 | 56 | 54 | 53 | 51 | 60 | 59 | 58 | 55 |
|  | 52 | 50 | 51 | 49 | 47 | 50 | 51 | 53 | 55 | 53 | 51 | 49 | 47 | 50 |
| 测点6 | 30 | 31 | 30 | 31 | 30 | 29 | 28 | 30 | 30 | 29 | 31 | 30 | 30 | 29 |
|  | 31 | 30 | 30 | 31 | 30 | 31 | 32 | 31 | 30 | 31 | 30 | 31 | 30 | 31 |
| 测点7 | 31 | 32 | 32 | 31 | 32 | 32 | 33 | 32 | 33 | 32 | 31 | 32 | 32 | 32 |
|  | 33 | 34 | 33 | 32 | 33 | 34 | 35 | 34 | 35 | 34 | 33 | 32 | 33 | 34 |
| 测点8 | 92 | 93 | 94 | 95 | 93 | 92 | 92 | 90 | 89 | 88 | 93 | 94 | 95 | 93 | 92 |
|  | 87 | 86 | 87 | 85 | 86 | 85 | 86 | 85 | 86 | 85 | 87 | 85 | 86 | 85 |
| 测试平均值 | 89 | | 最大值 | | 95 | | 最小值 | | 28 | | 相对标准偏差 | | 0.405 | |

根据动压测试结果可知，8号机组反应器入口烟道流场存在一定偏差，A侧反应器进口流速相对标准偏差达到约19%，B侧反应器进口流速相对标准偏差达到27%，此种情况不利用烟气与氨的充分混合，影响脱硝效率，且影响反应器出口逃逸氨浓度分布。

### 2.3　除尘器

8号机组原配置两台三室四电场除尘器，2014年由杭州××公司进行了改造，将除尘器一、二电场电源改为高频电源，且在后部增加一个旋转电极电场，最终形成"4+1"旋转电极除尘器。在设计工况下，改造后保证除尘器出口排放烟尘浓度小于等于30mg/m³，除尘效率大于等于99.936%。表10-8为8号机组除尘器主要设计参数与技术性能指标。

表10-8　8号机组除尘器主要设计参数与技术性能指标（单台除尘器）

| 序号 | 项目 | 单位 | 数值 |
|---|---|---|---|
| 1 | 除尘器型号 | | 2SY668-4+1 |
| 2 | 设计除尘效率 | % | ≥99.96 |

续表

| 序号 | 项目 | 单位 | 数值 |
|---|---|---|---|
| 3 | 保证除尘效率 | % | ≥99.936 |
| 4 | 除尘器有效流通面积 | m² | 2×668.25 |
| 5 | 长/高比 | | 20.43/15 |
| 6 | 除尘器总通道数 | 个 | 1~2电场：3×37；<br>3~4电场：3×33；<br>5电场：3×31 |
| 7 | 同极间距 | mm | 1~2电场：400；<br>3~4电场：450；<br>5电场：450 |
| 8 | 极板高度 | m | 固定电场：15；<br>转动电场：16 |
| 9 | 电场有效长度/宽度 | m/m | 1电场：5.48/3×14.8；<br>2电场：3.65/3×14.8；<br>3~4电场：3.65/3×14.85；<br>5电场：4.0/3×14.43 |
| 10 | 室数/电场数 | 个/个 | 3/4+1 |
| 11 | 烟气流速 | m/s | 0.944 |
| 12 | 烟气停留时间 | s | 21.64 |
| 13 | 比集尘面积 | m²/(m³·s) | 固定电场：82.6；<br>转动电场：37.76；<br>总比集尘面积：120.6 |
| 14 | 驱进速度 | cm/s | 6.30 |
| 15 | 本体阻力 | Pa | ≤294 |
| 16 | 本体漏风率 | % | <2 |
| 17 | 壳体设计压力（负压/正压） | kPa | -8.7/8.7 |
| 18 | 阴极线总长度 | m | 1~4电场：220 480；<br>5电场：47 616 |
| 19 | 阴极振打装置型式 | | 1~4电场：顶部电磁锤振打；<br>5电场：顶部传动、侧部振打 |
| 20 | 阴极振打控制柜的数量/型式 | 个 | 1~4电场：6/柜式（电磁振打控制柜）；<br>5电场：6/柜式（高、低压控制柜） |
| 21 | 除尘器所配新型电源台数 | 个 | 0.5A/72kV：6台；<br>1.2A/72kV：6台；<br>1.5A/72kV：6台 |
| 22 | 新型电源型号/质量 | t | 约0.65 |
| 23 | 新型电源额定容量 | kV·A | 0.5A/72kV：42；<br>1.2A/72kV：101；<br>1.5A/72kV：127 |

续表

| 序号 | 项目 | 单位 | 数值 |
|---|---|---|---|
| 24 | 每台新型电源一次侧额定电流/电压 | A/V | 0.5A/72kV：55/380；1.2A/72kV：131/380；1.5A/72kV：164/380 |
| 25 | 噪声 | dB | ≤85 |

根据第三方检测机构的摸底试验，8号机组满负荷下电除尘器进、出口测试主要结果见表10-9。

表10-9　　　某电厂8号机组满负荷电除尘器摸底试验

| 项目 | | | 单位 | 数据 |
|---|---|---|---|---|
| 烟气量 | 出口 | A侧电除尘器（实际状态） | m³/h | 2 346 545 |
| | | B侧电除尘器（实际状态） | m³/h | 2 345 949 |
| 粉尘浓度 | 入口 | A侧（标态、干基、6%$O_2$） | mg/m³ | 26 833 |
| | | B侧（标态、干基、6%$O_2$） | mg/m³ | 25 626 |
| | 出口 | A侧（标态、干基、6%$O_2$） | mg/m³ | 18 |
| | | B侧（标态、干基、6%$O_2$） | mg/m³ | 13 |
| $O_2$浓度 | 入口 | A侧 | % | 3.3 |
| | | B侧 | % | 5.2 |
| | 出口 | A侧 | % | 3.5 |
| | | B侧 | % | 5.3 |
| 除尘器阻力 | | A侧 | Pa | 278 |
| | | B侧 | Pa | 286 |
| 烟气温度 | 入口 | A侧 | ℃ | 114 |
| | | B侧 | ℃ | 110 |
| | 出口 | A侧 | ℃ | 112 |
| | | B侧 | ℃ | 108 |
| 除尘器效率 | | A侧电除尘器 | % | 99.93 |
| | | B侧电除尘器 | % | 99.95 |
| 脱硫出口 | | 粉尘 | mg/m³ | 14 |

从摸底试验结果来看，8号机组正常运行状况下电除尘器出口粉尘浓度为20mg/m³以下，但经脱硫系统后，烟囱入口粉尘排放浓度仍超出环保排放要求，需对8号机组电除尘器进行改造。

## 2.4　脱硫设施

8号机组原脱硫系统采用德国比晓芙公司提供的高效脱除$SO_2$的石灰石-石膏湿法工艺，设置GGH，吸收塔内设置4层喷淋层。循环泵流量为4×11 500m³/h，脱硫塔为四层喷淋空塔，塔径19m，塔高46.2m，浆池容积2890m³，氧化系统采用氧化空气管，浆液搅拌由脉冲悬浮泵系统实现。设计煤种含硫量为1.0%，设计煤质下烟气进口$SO_2$浓度为2100mg/m³（标态、干基、6%$O_2$），脱硫效率大于95%，出口$SO_2$浓度小于105mg/m³（标态、干基、6%$O_2$）。

2014年1月至4月，对8号机组脱硫吸收塔进行增容改造，在8号吸收塔西侧新增一座循环泵房，增加2台浆液循环泵。改造设计煤种收到基硫为1.2%，FGD入口$SO_2$浓度为2876mg/m³（标态、干基、6%$O_2$），改造考虑GGH漏风，脱硫系统出口$SO_2$排放浓度按100mg/m³（标态、干基、6%$O_2$）控制，保留将来实现重点地区排放标准"出口$SO_2$排放浓度≤50mg/m³（标态、干基、6%$O_2$）"的可能性（将GGH拆除后即可实现），吸收塔的设计效率为98.3%，保证效率为98.26%。

表10-10 主要性能参数

| 项目 | 单位 | 参数 | 备注 |
| --- | --- | --- | --- |
| 烟气量 | m³/h | 3 110 826 | 标态、干基、6%$O_2$ |
| 烟气量 | m³/h | 3 409 240 | 标态、湿基、实际$O_2$ |
| 烟气量 | m³/h | 3 152 865 | 标态、干基、实际$O_2$ |
| FGD工艺设计烟温 | ℃ | 120 | |
| $H_2O$ | % | 7.52 | 标态、湿基、实际$O_2$ |
| $O_2$ | % | 6.20 | 标态、干基、实际$O_2$ |
| $N_2$ | % | 80.93 | 标态、干基、实际$O_2$ |
| $CO_2$ | % | 12.80 | 标态、干基、实际$O_2$ |
| $SO_2$ | % | 0.0668 | 标态、干基、实际$O_2$ |
| $SO_2$ | mg/m³ | 2876 | 标态、干基、6%$O_2$ |
| $SO_3$ | mg/m³ | 65 | 标态、干基、6%$O_2$ |
| HCl | mg/m³ | 28 | 标态、干基、6%$O_2$ |
| HF | mg/m³ | 21 | 标态、干基、6%$O_2$ |
| 灰尘 | mg/m³ | 150 | 标态、干基、6%$O_2$ |

2015年8月22~23日和9月16~17日，第三方检测机构的试验人员分别对8号脱硫装置进、出口的气态组分进行测量，见表10-11。

表10-11 8号脱硫系统$SO_2$及$O_2$浓度

| 序号 | 试验项目 | 单位 | 8月22日 | 8月23日 | 9月16日 | 9月17日 |
| --- | --- | --- | --- | --- | --- | --- |
| 1 | 原烟气$SO_2$浓度 | mg/m³ | 2044 | 2628 | 2052.8 | 2988（DCS值） |
| 2 | 原烟气$O_2$浓度 | % | 5.4 | 5.4 | 6.0 | 5.5 |
| 3 | 吸收塔出口$SO_2$浓度 | mg/m³ | 74 | 105 | 253.1 | 329.9 |
| 4 | 吸收塔出口$O_2$浓度 | % | 5.5 | 5.6 | — | — |
| 5 | 净烟气$SO_2$浓度 | mg/m³ | 106 | 189 | | |
| 6 | 净烟气$O_2$浓度 | % | 5.7 | 5.7 | — | — |
| 7 | 原烟气温度 | ℃ | 136 | 134 | 125.8 | 127 |

续表

| 序号 | 试验项目 | 单位 | 8月22日 | 8月23日 | 9月16日 | 9月17日 |
|---|---|---|---|---|---|---|
| 8 | 吸收塔出口 | ℃ | 51.7 | 50.7 | — | — |
| 9 | 净烟气温度 | ℃ | 86 | 85 | 85.1 | 85.2 |

1. 脱硫装置入口烟气流量

在脱硫装置原烟气流量的测试过程中，8月22日，8号机组的平均负荷为1000MW，实测的8号脱硫装置入口烟气量为2 885 695m$^3$/h（标态、干基、6%O$_2$）；8月23日，8号机组的平均负荷为1000MW，实测的8号脱硫装置入口烟气量为3 003 402m$^3$/h（标态、干基、6%O$_2$）。

在脱硫装置原烟气流量的测试过程中，9月16日，8号机组的平均负荷为1000MW，实测的8号脱硫装置入口烟气量为2 826 793m$^3$/h（标态、干基、6%O$_2$）；9月17日，8号机组的平均负荷为1000MW，实测的8号脱硫装置入口烟气量为3 092 090m$^3$/h（标态、干基、6%O$_2$）。

在脱硫装置净烟气（烟囱入口）烟气流量的测试过程中，9月16日，8号机组的平均负荷为1000MW，实测的8号脱硫装置入口烟气量为3 083 054m$^3$/h（标态、干基、6%O$_2$）。

2. 脱硫效率

2015年8月22日9：50~14：00，负荷在1000MW工况下，pH为5.5时，测试时段原烟气SO$_2$浓度均值为2044mg/m$^3$（标态、干基、6%O$_2$），8号脱硫装置烟囱入口SO$_2$浓度均值为106mg/m$^3$（标态、干基、6%O$_2$），脱硫效率为94.8%；吸收塔出口SO$_2$浓度均值为72mg/m$^3$（标态、干基、6%O$_2$），吸收塔脱硫率为96.49%；

2015年8月23日9：20~15：00，负荷在1000MW工况下，pH为5.7时，测试时段原烟气SO$_2$浓度均值为2628mg/m$^3$（标态、干基、6%O$_2$），8号脱硫装置烟囱入口SO$_2$浓度均值为189mg/m$^3$（标态、干基、6%O$_2$），脱硫效率为92.79%；吸收塔出口SO$_2$浓度均值为105mg/m$^3$（标态、干基、6%O$_2$），吸收塔脱硫率为96%。

2015年9月17日9：30~17：30，负荷在1000MW工况下，pH为5.5时，测试时段原烟气SO$_2$浓度均值为2056mg/m$^3$（标态、干基、6%O$_2$），8号脱硫装置烟囱入口SO$_2$浓度均值为251mg/m$^3$（标态、干基、6%O$_2$），脱硫效率为87.78%。

2015年9月18日9：00~17：30，负荷在1000MW工况下，pH为5.6时，测试时段DCS原烟气SO$_2$浓度均值为2891mg/m$^3$（标态、干基、6%O$_2$），8号脱硫装置烟囱入口SO$_2$浓度均值为318.1mg/m$^3$（标态、干基、6%O$_2$），脱硫效率为89%。

3. 脱硫系统阻力测试

在脱硫装置负荷率为100%的测试条件下，8号吸收塔入口为3563Pa，其中GGH净烟气入口为910Pa，GGH净烟气出口为80 Pa，GGH单侧为830Pa。

4. GGH漏风率测试

8号脱硫系统GGH漏风率为3.54%。

## 3 超低排放改造工程进度

8号机组超低排放改造工程进度见表10-12。

表10-12    8号机组超低排放改造工程进度表

| 项目 | 可研完成时间 | 初设完成时间 | 开工时间 | 停机时间 | 启动（通烟气）时间 | 168h试运行完成时间 |
|---|---|---|---|---|---|---|
| 脱硝 | 2016/3/01 | 2016/4/10 | 2016/4/15 | 2016/6/10 | 2016/7/25 | 2016/8/1 |
| 脱硫 | 2016/3/01 | 2016/4/10 | 2016/4/15 | 2016/6/10 | 2016/7/25 | 2016/8/1 |
| 除尘 | 2016/3/01 | 2016/4/10 | 2016/4/15 | 2016/6/10 | 2016/7/25 | 2016/8/1 |

## 4 技术路线选择

### 4.1 边界条件

针对本次改造工作，根据历年煤质统计，并兼顾考虑试验数据情况，确定超低排放改造的设计煤质参数见表10-13。

表10-13    超低排放改造设计煤种

| 项目 | | 符号 | 单位 | 改造设计煤种 |
|---|---|---|---|---|
| 煤种 | | | | 烟煤 |
| 元素分析 | 收到基碳 | $C_{ar}$ | % | 38.2 |
| | 收到基氢 | $H_{ar}$ | % | 3.85 |
| | 收到基氧 | $O_{ar}$ | % | 6.25 |
| | 收到基氮 | $N_{ar}$ | % | 1.5 |
| | 收到基全硫 | $S_{t,ar}$ | % | 1.2 |
| 工业分析 | 收到基全水分 | $M_{t,ar}$ | % | 12 |
| | 空气干燥基水分 | $M_{ad}$ | % | 2.51 |
| | 收到基灰分 | $A_{ar}$ | % | 37 |
| | 干燥无灰基挥发分 | $V_{daf}$ | % | 38.5 |
| 收到基低位发热量 | | $Q_{net,ar}$ | MJ/kg | 17.0 |

超低排放改造设计烟气参数见表10-14。

表10-14    超低排放改造设计烟气参数

| 项目 | | 单位 | 设计值 | 备注 |
|---|---|---|---|---|
| | 烟气量 | m³/h | 3110826 | 标态、干基、6%$O_2$ |
| 脱硝 | $NO_x$ | mg/m³ | 400 | 标态、干基、6%$O_2$ |
| | 烟温 | ℃ | 356 | |
| | 烟尘浓度 | g/m³ | 47 | 标态、干基、6%$O_2$ |

续表

| 项目 | | 单位 | 设计值 | 备注 |
|---|---|---|---|---|
| 脱硝 | $SO_2$ 浓度 | mg/m³ | 2876 | |
| | $SO_3$ 浓度 | mg/m³ | 28.76 | 标态、干基、6%$O_2$ |
| 除尘 | 烟尘浓度 | g/m³ | 28.8 | |
| | 烟温 | ℃ | 125.6 | |
| 脱硫 | $SO_2$ 浓度 | mg/m³ | 2876 | |
| | 烟温 | ℃ | 93 | 正常值 |
| | 烟尘浓度 | mg/m³ | 30 | 标态 |

超低排放的性能指标见表 10-15。

表 10-15　　　　　　　　超低排放改造性能指标

| 项目 | 内容 | 单位 | 设计值 | 备注 |
|---|---|---|---|---|
| 脱硝 | 出口 $NO_x$ 浓度 | mg/m³ | 50 | 标态、干基、6%$O_2$ |
| | SCR 脱硝效率 | % | 87.5 | |
| | $NH_3$ 逃逸 | mg/m³ | 2.28 | 标态、干基、6%$O_2$ |
| | $SO_2/SO_3$ 转化率 | % | 1 | 三层催化剂 |
| | 系统压降 | Pa | 1000 | |
| | 脱硝系统温降 | % | 3 | |
| | 系统漏风率 | % | 0.4 | |
| | 设计烟气温度 | ℃ | 356 | |
| | 最低连续运行烟温 | ℃ | 320 | |
| | 最高连续运行烟温 | ℃ | 420 | |
| 除尘 | 烟囱入口粉尘浓度 | mg/m³ | 5 | |
| | 本体漏风率 | % | 2 | |
| 脱硫 | $SO_2$ 浓度 | mg/m³ | 35 | |
| | 脱硫效率 | % | 98.783 | |

## 4.2　脱硝

考虑 8 号锅炉原设计已采用较为先进的低氮燃烧技术,性能保证值为 300mg/m³(标态、干基、6%$O_2$),且当前实际运行基本能够控制在 SCR 脱硝设计值范围内,因此建议本次改造暂不做低氮燃烧改造,在后续运行中应进一步优化炉内燃烧方式,确保将 SCR 入口 $NO_x$ 浓度稳定控制在设计值以下。

针对本次改造出口 $NO_x$ 排放浓度为 50mg/m³(标态、干基、6%$O_2$)的控制目标,相应烟气脱硝效率须达到 87.5%。考虑到 SCR 脱硝工艺本身能够达到 90% 以上的脱硝效率,且该电厂 8 号机组现已配套建设 SCR 脱硝装置,因此建议本次改造对当前脱硝装置进行提效改造即可。

## 4.3 除尘

虽然目前可供选择的除尘器改造技术方案较多，但从技术的稳定性角度考虑，仍是常规的电除尘器、袋式除尘器更为可靠。另外，低低温、湿式除尘器等新兴除尘技术也有一定应用业绩。因此，根据本次摸底试验结果，结合除尘器原设计条件、当前实际运行情况、煤质条件以及场地条件，对低低温、湿式除尘器、电除尘器和袋式除尘器方案进行分析。

考虑满负荷时，现有除尘器入口平均烟温在125℃左右，进行低低温烟气余热利用改造，不仅可以降低除尘器入口的烟温，减少入口烟气量，又可进一步降低烟尘的比电阻，提高粉尘的驱进速度。同时该电厂8号机组为实现$SO_2$排放限值$35mg/m^3$的限制，必须取消GGH，取消GGH后将面临烟囱防腐的问题，又会带来烟囱"白烟"的影响。因此，为解决烟囱防腐和烟囱"白烟"的问题，采用低低温烟气余热利用+再热装置改造将是改造的理想方案。

8号机进行低低温烟气余热利用改造，可稳定实现除尘器出口烟尘排放浓度小于$20mg/m^3$，脱硫系统的超低排放改造可有效地提高脱硫系统的协同洗尘效果，保证脱硫系统75%以上的综合洗尘效果，从而实现烟囱入口烟尘排放浓度小于$5mg/m^3$排放要求。

## 4.4 脱硫

石灰石/石灰-石膏湿法烟气脱硫工艺是技术最成熟、应用最广泛的烟气脱硫技术，我国90%左右的电厂烟气脱硫装置都是采用该种工艺。对于本次烟气脱硫改造，由于前期脱硫系统采用的工艺为石灰石-石膏湿法，因此，本次烟气脱硫增容改造仍采用石灰石-石膏湿法脱硫工艺。

由于目前设置有GGH，GGH漏风现象使经吸收塔脱硫后的净烟气$SO_2$浓度有所提高，同时结合除尘改造工作，提出了如下的改造方案：

(1) 在机组满负荷运行时，现有液气比无法满足超低排放要求的设计值，而且吸收塔系统的循环泵没有备用，不能满足集团公司相关规范要求。具体改造为：每台循环泵的循环流量增加20%，需更换循环泵和循环泵电动机。浆液循环泵建议不采用减速机，通过低转速电动机直连浆液循环泵，单泵转速不超过600r/min。经过改造的系统，在原有的六层喷淋层基础上实现了投运五层喷淋层就可以达到超低排放要求，同时预留一层备用喷淋层，提高了系统设备的安全可靠性。

原有循环泵出口管道上未设置出口阀门，循环泵检修时易发生烟气倒流，危害现场工人人身安全。另外，在循环泵停运保养期间，无论是将泵置于清水中或者清空状态，倒流的烟气都将对泵的叶轮等核心部件产生腐蚀。因此，考虑在循环泵出口循环管道增设电动蝶阀，同时在阀门处加装检修用的走梯平台。

(2) 原有吸收塔氧化方式采用底部固定空气管的形式，这种氧化方式的空气利用率只有20%左右。按照最大限度的利旧原则，本次改造将继续沿用现有氧化风机，但需要提高吸收塔内氧化空气的氧化效果。因此，本次改造采用高空气利用率的"侧进式搅拌器+氧化空气喷枪"方式。这种氧化方式的空气利用率可达到30%以上，同时具备良好的搅拌效果。改造内容为：拆除塔内原有的氧化设备，包括底部固定空气管、脉冲悬浮系统（包括脉冲悬浮泵、塔内管道及喷嘴）。新增五台侧进式搅拌器及附属的氧化空气喷枪，并对塔外的氧化空气管道进行改造。

（3）现有脱硫系统的喷淋管不能满足超低排放要求，需对喷淋层及喷嘴重新设计，并更换喷淋管及喷嘴。改造内容为：拆除现有的六层喷淋管及喷嘴，更换为大流量的喷淋管及喷嘴。

（4）本次改造工程将在吸收塔下游增设烟气再热器，需拆除吸收塔内原来的一级管式及两级屋脊式除雾器，更换为一级屋脊式除雾器；在吸收塔出口烟道增设两级烟道除雾器。改造后，两级烟道除雾器出口雾滴浓度为 $40mg/m^3$。

除雾器出口雾滴中带有大量石膏颗粒，这是由于吸收塔系统设计不当或装置出现故障时造成的。本次改造工程为了降低再热器的腐蚀环境，除雾器出口雾滴浓度设定为 $40mg/m^3$，从而保证烟囱入口处的粉尘浓度不超过 $5mg/m^3$。

（5）由于改造涉及吸收塔搅拌器开孔、喷淋层和除雾器更换，需对鳞片树脂进行修补，以及对吸收塔内原有鳞片树脂的全面检修。

## 4.5 技术路线

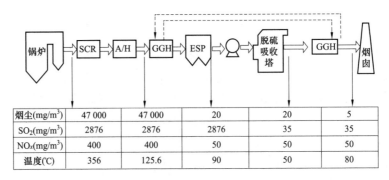

图 10-1 某电厂 8 号机组超低排放改造技术路线

# 5 投资估算与运行成本分析

## 5.1 投资估算

脱硝系统超低排放改造工程的投资估算见表 10-16。

表 10-16　　　脱硝系统超低排放改造工程投资估算　　　万元

| 序号 | 项目名称 | 建筑工程费 | 设备购置费 | 安装工程费 | 其他费用 | 合计 | 各项占静态投资比例（%） | 单位投资（元/kW） |
|---|---|---|---|---|---|---|---|---|
| 一 | 脱硝工程主体部分 | | | | | | | |
| （一） | 脱硝装置系统 | | | | | | | |
| 1 | 工艺系统 | | 816.5 | 79.5 | | 896 | 64.53 | 8.96 |

续表

| 序号 | 项目名称 | 建筑工程费 | 设备购置费 | 安装工程费 | 其他费用 | 合计 | 各项占静态投资比例（%） | 单位投资（元/kW） |
|---|---|---|---|---|---|---|---|---|
| 2 | 电气系统 |  | 6.5 | 0.5 |  | 7 | 0.49 | 0.07 |
| 3 | 热工控制系统 |  | 55 | 37 |  | 92 | 6.61 | 0.92 |
| 4 | 调试工程费 |  | 0 | 27 |  | 27 | 1.93 | 0.27 |
|  | 小计 |  | 878 | 143.5 |  | 1021.5 | 73.56 | 10.21 |
| （二） | 编制年价差 |  |  | 1 |  | 1 | 0.06 | 0.01 |
| （三） | 其他费用 |  |  |  | 300 | 300 | 21.62 | 3 |
| 1 | 建设场地征用及清理费 |  |  |  |  |  |  |  |
| 2 | 建设项目管理费 |  |  |  | 32 | 32 | 2.29 | 0.32 |
| 3 | 项目建设技术服务费 |  |  |  | 165.5 | 165.5 | 11.93 | 1.66 |
| 4 | 整套启动试运费 |  |  |  | 102.5 | 102.5 | 7.4 | 1.03 |
| 5 | 生产准备费 |  |  |  | 0 | 0 | 0 | 0 |
| （四） | 基本预备费 |  |  |  | 66 | 66 | 4.76 | 0.66 |
|  | 工程静态投资 | 878 | 144 | 366.5 |  | 1388.5 | 100 | 13.89 |
|  | 各项占静态投资比例（%） | 63.23 | 10.39 | 26.38 | 100 |  |  |  |
|  | 各项静态单位投资（元/kW） | 8.78 | 1.44 | 3.66 | 13.89 |  |  |  |
| （五） | 动态费用 |  |  |  |  |  |  |  |
| 1 | 价差预备费 |  |  |  | 0 |  |  |  |
| 2 | 建设期贷款利息 |  |  |  | 36.5 |  |  |  |
|  | 小计 |  |  |  | 36.5 |  |  |  |
|  | 工程动态投资 | 878 | 144 | 402.5 |  | 1425 |  |  |
|  | 各项占动态投资比例（%） | 61.62 | 10.12 | 28.25 | 100 |  |  |  |
|  | 各项动态单位投资（元/kW） | 8.78 | 1.44 | 4.03 | 14.25 |  |  |  |

除尘系统超低排放改造工程投资估算见表10-17。

表10-17　　　　除尘系统超低排放改造工程投资估算　　　　万元

| 序号 | 项目名称 | 建筑工程费 | 设备购置费 | 安装工程费 | 其他费用 | 合计 | 各项占静态投资比例（%） | 单位投资（元/kW） |
|---|---|---|---|---|---|---|---|---|
| 一 | 脱硫工程主体部分 |  |  |  |  |  |  |  |
| 1 | 烟气换热系统 | 572 | 3436 | 1264 |  | 5272 | 73.72 | 52.72 |
| 2 | 低低温电除尘器匹配性优化 |  | 112 | 334 |  | 447 | 6.24 | 4.47 |
| 3 | 电气系统 |  | 81 | 258 |  | 339 | 4.74 | 3.39 |
| 4 | 热工控制系统 |  | 239 | 42 |  | 281 | 3.93 | 2.81 |
|  | 小计 | 572 | 3868 | 1899 |  | 6339 | 88.63 | 63.39 |
| 二 | 编制基准期价差 | 26 |  | 18 |  | 44 | 0.62 | 0.44 |
| 三 | 拆除工程 | 4 |  | 50 |  | 54 | 0.75 | 0.54 |

续表

| 序号 | 项目名称 | 建筑工程费 | 设备购置费 | 安装工程费 | 其他费用 | 合计 | 各项占静态投资比例（%） | 单位投资（元/kW） |
|---|---|---|---|---|---|---|---|---|
| 四 | 其他费用 | | | | 375 | 375 | 5.24 | 3.75 |
| 1 | 建设场地征用及清理费 | | | | | | | |
| 2 | 项目建设管理费 | | | | 59 | 59 | 0.82 | 0.59 |
| 3 | 项目建设技术服务费 | | | | 251 | 251 | 3.51 | 2.51 |
| 4 | 整套启动试运费 | | | | 45 | 45 | 0.63 | 0.45 |
| 5 | 环保验收费 | | | | 20 | 20 | 0.28 | 0.20 |
| 五 | 基本预备费 | | | | 341 | 341 | 4.76 | 3.41 |
| | 工程静态投资 | 602 | 3868 | 1966 | 715 | 7152 | 100.00 | 71.52 |
| | 各项占静态投资比例（%） | 8.42 | 54.09 | 27.49 | 10.00 | 100.00 | | |
| | 各项静态单位投资（元/kW） | 6.02 | 38.68 | 19.66 | 7.15 | 71.52 | | |
| 六 | 动态费用 | | | | 187 | 187 | | |
| 1 | 价差预备费 | | | | | | | |
| 2 | 建设期贷款利息 | | | | 187 | 187 | | |
| | 工程动态投资 | 602 | 3868 | 1966 | 902 | 7339 | | |
| | 各项占动态投资比例（%） | 8.20 | 52.71 | 26.79 | 12.29 | 100.00 | | |
| | 各项动态单位投资（元/kW） | 6.02 | 38.68 | 19.66 | 9.02 | 73.39 | | |

脱硫系统超低排放改造工程投资估算见表 10-18。

表 10-18　　脱硫系统超低排放改造工程投资估算　　万元

| 序号 | 项目名称 | 建筑工程费 | 设备购置费 | 安装工程费 | 其他费用 | 合计 | 各项占静态投资比例（%） | 单位投资（元/kW） |
|---|---|---|---|---|---|---|---|---|
| 一 | 脱硫主体工程 | | | | | | | |
| （一） | 脱硫装置系统 | 62 | 1866 | 749 | 0 | 2677 | 81.04 | 40.57 |
| 1 | 工艺系统 | 62 | 1663 | 473 | | 2198 | 66.54 | 21.98 |
| 2 | 电气系统 | | 20 | 52 | | 72 | 2.17 | 0.72 |
| 3 | 热工控制系统 | | 183 | 133 | | 317 | 9.58 | 3.17 |
| 4 | 调试工程 | | | 91 | | 91 | 2.75 | 0.91 |
| （二） | 编制基准期价差 | 5 | 0 | 2 | | 7 | 0.21 | 0.07 |
| （三） | 其他费用 | | | | 349 | 349 | 10.56 | 3.49 |
| 1 | 建设场地征用及清理费 | | | | 0 | 0 | 0.00 | 0.00 |
| 2 | 项目建设管理费 | | | | 66 | 66 | 2.01 | 0.66 |
| 3 | 项目建设技术服务费 | | | | 238 | 238 | 7.19 | 2.38 |
| 4 | 整套启动试运费 | | | | 45 | 45 | 1.36 | 0.45 |
| 5 | 生产准备费 | | | | 0 | 0 | 0.00 | 0.00 |
| （四） | 基本预备费 | | | | 134 | 134 | 4.06 | 1.34 |
| | 脱硫主体部分工程静态投资合计 | 67 | 1866 | 751 | 483 | 3167 | 95.88 | 31.67 |

续表

| 序号 | 项目名称 | 建筑工程费 | 设备购置费 | 安装工程费 | 其他费用 | 合计 | 各项占静态投资比例（%） | 单位投资（元/kW） |
|---|---|---|---|---|---|---|---|---|
| 二 | 特殊项目 | 0 | 0 | 136 |  | 136 | 4.12 | 1.36 |
| 1 | 拆除费用 | 0 |  | 16 |  | 16 | 0.49 | 0.16 |
| 2 | 吸收塔顶升措施费 |  |  | 120 |  | 120 | 3.63 | 1.20 |
| 三 | 工程静态投资 | 67 | 1866 | 887 | 483 | 3304 | 100.00 | 33.04 |
|  | 各项站静态投资比例（%） | 2.03 | 56.49 | 26.85 | 14.63 | 100.00 |  |  |
|  | 各项静态单位投资（元/kW） | 0.67 | 18.66 | 8.87 | 4.83 | 33.04 |  |  |
| 四 | 动态费用 |  |  |  |  | 86 |  |  |
| 1 | 价差预备费 |  |  |  |  | 0 |  |  |
| 2 | 建设期贷款利息 |  |  |  |  | 86 |  |  |
|  | 工程动态投资 | 67 | 1866 | 887 | 570 | 3390 |  |  |
|  | 各项占动态投资比例（%） | 1.98 | 55.05 | 26.17 | 16.80 | 100.00 |  |  |
|  | 各项动态单位投资（元/kW） | 0.67 | 18.66 | 8.87 | 5.70 | 33.90 |  |  |

## 5.2 成本分析

脱硝系统年总成本见表10-19。

表10-19　　　　　　脱硝系统年总成本估算

| 序号 | 内容 |  | 单位 | 数值 |
|---|---|---|---|---|
| 1 | 工程静态总投资 |  | 万元 | 1388.5 |
| 2 | 年利用小时 |  | h | 6000 |
| 3 | 厂用电率 |  | % | 3.80% |
| 4 | 年售电量 |  | GW·h | 5772 |
| 5 | 生产增加的成本 | 折旧费 | 万元 | 90 |
|  |  | 修理费 | 万元 | 28 |
|  |  | 脱硝还原剂费用（增量） | 万元 | 96 |
|  |  | 年用电费用（增量） | 万元 | 2.5 |
|  |  | 低压蒸汽费用 | 万元 | 48 |
|  |  | 年平均催化剂更换费用 | 万元 | 15 |
|  |  | 年催化剂检测费用 | 万元 | 20 |
|  |  | 年均催化剂处理费用 | 万元 | 5 |
|  |  | 总计 | 万元 | 304.5 |
| 6 | 财务费用（平均） |  | 万元 | 31 |
| 7 | 生产成本+财务费用 |  | 万元 | 335.5 |
| 8 | 增加上网电费 |  | 元/(MW·h) | 0.58 |

注　本项年总成本考虑整个自然年的成本及发电量，不考虑建设年份机组投运时间及发电量。

除尘系统年总成本见表10-20。

表 10-20　除尘系统年总成本估算

| 序号 | 内容 | 单位 | 改造方案 |
|---|---|---|---|
| 1 | 机组 | MW | 1000 |
| 2 | 年利用小时 | h | 6000 |
| 3 | 厂用电率 | % | 3.8 |
| 4 | 年售电量 | GW·h | 5772 |
| 5 | 工程静态投资 | 万元 | 7152 |
| 6 | 折旧费 | 万元 | 465 |
| 7 | 运行维护费用 | 万元 | 143 |
| 8 | 厂用电费 [0.42元/(kW·h)] | 万元 | 346 |
| 9 | 总计 | 万元 | 954 |
| 10 | 年平均财务费用 | 万元 | 159 |
| 12 | 生产成本+财务费用 | 万元 | 1113 |
| 13 | 单位发电增加成本 | 元/(MW·h) | 1.93 |

注　1. 成本电价按0.4元/kW计算；
　　2. 修理维护费率按2%考虑；
　　3. 还款期和折旧年限按10年计。

脱硫系统年总成本见表10-21。

表 10-21　脱硫系统年总成本估算

| 序号 | 项目名称 | 单位 | 数值 |
|---|---|---|---|
| 1 | 脱硫工程静态总投资 | 万元 | 3304 |
|  | 建设期贷款利息 | 万元 | 86 |
|  | 脱硫工程动态总投资 | 万元 | 3390 |
| 2 | 年利用小时数 | 小时 | 6000 |
| 3 | 装机容量 | MW | 1000 |
| 4 | 年发电量 | GW·h | 5772 |
| 5 | 石灰石耗量（增量） | t/h | 1.4 |
|  | 石灰石价格（不含税） | 元/t | 103 |
|  | 年石灰石费用（增量） | 万元 | 86 |
| 6 | 用电量（增量） | kW·h/h | 2250 |
|  | 成本电价 | 元/(kW·h) | 0.42 |
|  | 年用电费用 | 万元 | 756 |
| 7 | 用水量（增量） | t/h | 0 |
|  | 水价 | 元/t | 3.6 |
|  | 年用水费（增量） | 万元/年 | 0 |
| 8 | 修理维护费（增量） | 万元/年 | 66 |
| 9 | 折旧费（增量） | 万元/年 | 215 |

续表

| 序号 | 项目名称 | 单位 | 数值 |
|---|---|---|---|
| 10 | 贷款利息（增量） | 万元/年 | 147 |
| 11 | 总成本增量 | 万元/年 | 1270 |
| 12 | 单位成本增加值 | 元/(MW·h) | 2.22 |

# 6 性能试验与运行情况

## 6.1 脱硝

8号机组脱硝超低排放改造工程性能考核试验于2016年12月完成，试验结果见表10-22。

表10-22　　　　　　脱硝性能考核试验结果

| 序号 | 项 目 | | 单位 | 保证值/设计值 | 100%负荷率测试结果 |
|---|---|---|---|---|---|
| 1 | 前提条件测试结果 | 烟气量 | m³/h | 3 017 735 | 3 162 593 |
| 2 | | 入口烟气温度 | ℃ | 356 | 371 |
| 3 | | SCR入口$NO_x$浓度 | mg/m³ | 400 | 385 |
| 4 | | SCR入口烟尘浓度 | mg/m³ | 47 000 | 27 522 |
| 5 | | SCR入口$SO_3$浓度 | mg/m³ | 34 | 24.1 |
| 6 | 性能指标测试结果 | SCR烟气温降 | ℃ | 3 | 3 |
| 7 | | SCR出口$NO_x$浓度 | mg/m³ | ≤50 | 27 |
| 8 | | SCR出口$SO_3$浓度 | mg/m³ | — | 47.5 |
| 9 | | 逃逸氨浓度 | mL/m³ | ≤3 | 2.10 |
| 10 | | 脱硝效率 | % | ≥87.5 | 93.1 |
| 11 | | 氨耗量 | kg/h | ≤450.5 | 439 |
| 12 | | 氨氮摩尔比 | | | 0.942 |
| 13 | | $SO_2/SO_3$转化率 | % | ≤1 | 0.81 |
| 14 | | 系统压力损失 A反应器 | Pa | ≤800 | 608 |
| | | B反应器 | Pa | ≤800 | 585 |

## 6.2 除尘

8号机组除尘超低排放改造工程性能考核试验于2016年12月完成。

1. 除尘效率

在100%负荷率工况下，A侧低低温电除尘器入口平均烟气量为1 646 012m³/h（标态、湿基、实际$O_2$），入口平均粉尘浓度为36 981mg/m³（标态、干基、6%$O_2$），出口平均粉尘浓度为29mg/m³（标态、干基、6%$O_2$），除尘效率为99.92%。B侧低低温电除尘器入口平均烟气量为1 679 084m³/h（标态、湿基、实际$O_2$），入口平均粉尘浓度为

36 734mg/m³（标态、干基、6%$O_2$），出口平均粉尘浓度为 11mg/m³（标态、干基、6%$O_2$），除尘效率为 99.97%。

在此条件下，两台低低温电除尘器入口平均粉尘浓度为 36 858mg/m³（标态、干基、6%$O_2$），出口平均粉尘浓度为 20mg/m³（标态、干基、6%$O_2$），不满足出口粉尘排放小于 15mg/m³（标态、干基、6%$O_2$）的要求；烟囱入口平均粉尘浓度为 3.2mg/m³（标态、干基、6%$O_2$），满足烟囱入口粉尘排放<5mg/m³（标态、干基、6%$O_2$）的要求；脱硫除尘一体化装置综合除尘效率为 99.99%，满足综合除尘效率达到 99.99%的要求。

2. 烟气温度

在 100%负荷率工况下，A 侧烟气冷却器入口平均烟气温度为 111℃，出口平均烟气温度为 90℃；B 侧烟气冷却器入口平均烟气温度为 119℃，出口平均烟气温度为 90℃。

两侧烟气冷却器出口平均烟气温度为 90℃，满足除尘器入口烟温为 90℃左右的性能要求。

烟气再热器出口平均烟气温度为 81℃，满足烟囱入口烟气温度不低于 80℃的性能要求。

3. 本体阻力

烟气冷却器本体平均阻力为 313Pa，满足烟气冷却器阻力不大于 450Pa 的性能要求；低低温电除尘器本体平均阻力为 436Pa；烟气再热器本体平均阻力为 533Pa，满足烟气再热器阻力不大于 750Pa 的性能要求；烟气冷却器本体与烟气再热器本体合计阻力为 846Pa，满足两者本体合计阻力不大于 1200Pa 的性能要求。

4. 本体漏风率

A 侧低低温电除尘器本体平均漏风率为 3.96%；B 侧低低温电除尘器本体平均漏风率为 4.06%。

5. 电耗

低低温电除尘器系统平均电耗量为 2112kW。

6. 噪声

低低温电除尘器本体噪声最大值为 76dB，烟气冷却器本体噪声最大值为 78dB，烟气再热器本体噪声最大值为 78dB，满足最大噪声级小于等于 80dB 的性能要求。

## 6.3 脱硫

8 号机组脱硫超低排放改造工程性能考核试验于 2016 年 12 月完成，试验结果见表 10-23。

表 10-23　　　　　　　脱硫性能考核试验结果

| 序号 | 项目 | | 单位 | 保证值/设计值 | 结果（性能修正后数据） |
|---|---|---|---|---|---|
| 1 | 脱硫装置烟气量（标态、湿基、实际$O_2$） | | m³/h | 3 484 109 | 3 459 573 |
| 2 | 原烟气 | 温度 | ℃ | 93 | 99 |
| | | $SO_2$浓度（标态、干基、6%$O_2$） | mg/m³ | 2876 | 2075 |

续表

| 序号 | 项目 | | 单位 | 保证值/设计值 | 结果（性能修正后数据） |
|---|---|---|---|---|---|
| 2 | 原烟气 | 烟尘浓度（标态、干基、6%$O_2$） | mg/m³ | ≤30 | 27.9 |
| | | $SO_3$浓度（标态、干基、6%$O_2$） | mg/m³ | — | 4.62 |
| | | HCl浓度（标态、干基、6%$O_2$） | mg/m³ | — | 17.53 |
| | | HF浓度（标态、干基、6%$O_2$） | mg/m³ | — | 14.36 |
| 3 | 净烟气 | 温度 | ℃ | ≥80 | 81 |
| | | $SO_2$浓度（标态、干基、6%$O_2$） | mg/m³ | <35 | 18.4 |
| | | 烟尘浓度（标态、干基、6%$O_2$） | mg/m³ | <5 | 4.3 |
| | | $SO_3$浓度（标态、干基、6%$O_2$） | mg/m³ | ≤5 | 4.57 |
| | | HCl浓度（标态、干基、6%$O_2$） | mg/m³ | ≤1 | 0.87 |
| | | HF浓度（标态、干基、6%$O_2$） | mg/m³ | ≤1 | 0.93 |
| 4 | 脱硫效率 | | % | ≥98.78 | 99.11 |
| 5 | $SO_3$脱除效率 | | % | — | 1.08 |
| 6 | HCl脱除效率 | | % | — | 95.02 |
| 7 | HF脱除效率 | | % | — | 93.49 |
| 8 | 石膏品质 | 含水量 | % | <10 | 9.95 |
| | | $CaSO_4 \cdot 2H_2O$含量 | % | >90 | 91.71 |
| | | $CaSO_3 \cdot 1/2H_2O$含量（以$SO_2$计） | % | <1 | 0.73 |
| | | $CaCO_3$含量 | % | <3 | 1.98 |
| | | $Cl^-$含量 | % | <0.01 | 0.1317 |
| 9 | 噪声（设备附近位置） | 增压风机A | dB(A) | ≤85 | 91 |
| | | 增压风机B | dB(A) | ≤85 | 93 |
| | | 氧化风机A | dB(A) | ≤85 | 95 |
| | | 氧化风机B | dB(A) | ≤85 | 93 |
| | | 循环泵A | dB(A) | ≤85 | 95 |
| | | 循环泵B | dB(A) | ≤85 | 93 |
| | | 循环泵D | dB(A) | ≤85 | 92 |
| | | 循环泵E | dB(A) | ≤85 | 86 |
| | | 循环泵F | dB(A) | ≤85 | 85 |
| | | 脱硫控制室 | dB(A) | ≤55 | 53 |
| 10 | 热损失（所有保温设备的表面最高温度） | | ℃ | ≤50 | 26 |
| 11 | 石灰石消耗量（干态） | | t/h | ≤17.5 | 12.49 |
| 12 | 水耗量 | | t/h | ≤150 | 113 |
| 13 | FGD装置电耗（低压脱硫变） | | kW | ≤1618 | 237 |
| 14 | 压力损失（吸收塔本体阻力） | | Pa | ≤1900 | 1882 |

## 7 项目特色与经验

2015 年 10 月,该电厂 8 号机组环保改造工程开始立项建设,改造技术路线如图 10-1 所示,内容涉及脱硫、脱硝和除尘改造,其中,脱硫、脱硝均为常规改造,低低温除尘器+高效脱硫系统+烟气再热器改造则成为本项目亮点。该项目的实施,在实现烟气超低排放的同时,消除了"白烟"的视觉污染。

## 案例11

自主烟道雾化蒸发处理技术实现脱硫废水零排放在某25MW机组上应用

## 1 电厂概况

某电厂现有三台 25MW、一台 12MW 和一台 15MW 供热机组，3 台 220t 电站锅炉和 2 台 64MW 供热锅炉，发电总装机容量 102MW，年发电量 6 亿 kW·h，供热量 449 万 GJ，供热面积 780 万 m² 以上。

### 1.1 锅炉概况

该电厂 1~3 号锅炉是哈尔滨锅炉厂生产制造并于 1988 年相继投产运行的高温、高压煤粉锅炉，型号为 HG-220/100-10。该锅炉为单汽包、自然循环、集中下降管、倒 U 型布置的固态排渣煤粉炉，锅炉构架采用全钢结构，按 6 度地震烈度设计。炉膛、过热器，上级省煤器全部悬吊在顶板梁上。锅炉采用角式煤粉燃烧器正四角切向布置，假想线切圆直径为 800m，采用钢球磨中间储仓制的乏汽送粉系统，除渣设备采用水力除渣装置。

4、5 号锅炉同样为哈尔滨锅炉厂生产制造的 DHL64-1.6/110/70-AⅡ锅炉，为单锅炉筒横置、层燃链条炉排强制循环热水炉。锅炉本体分为受热面、金属结构部分、燃烧系统部分和炉墙部分。受热面部分由锅炉筒、水冷壁、顶棚管、省煤器范围内管道及空气预热器组成；金属结构部分包括柱和梁、平台楼梯护板及烟道等。

### 1.2 废水水质水量和烟气条件

该电厂脱硫废水的水量、水质情况见表 11-1。

表 11-1　　　　　　　某电厂脱硫废水水量水质情况

| 项 目 | | 单位 | 数值 |
|---|---|---|---|
| 水量 | | m³/h | 2.8 |
| 平均密度 | | t/m³ | 1.00~1.04 |
| 固体浓度 | | % | ≤5 |
| 粒径分布 | | μm | — |
| 黏度 | | Pa·s | 0.002 |
| 固体物成分 | $CaCO_3$ | % | — |
| | $MgCO_3$ | % | — |
| | $SO_3$ | % | — |
| | $Al_2O_3$ | % | — |
| | $Fe_2O_3$ | % | — |
| | MnO | % | — |
| | $CaSO_4 \cdot 2H_2O$ | % | ≤5 |
| | 灰 | % | — |
| | 其他 | % | — |

续表

| 项目 | 单位 | 数值 |
|---|---|---|
| Cl⁻ | mg/L | 20 000 |
| pH |  | 5~6 |
| 温度 | ℃ | 30~60 |

除尘器入口的烟气条件见表 11-2。

表 11-2　　　1~3 号机组除尘器入口烟气参数（单台炉烟气参数）

| 项目 | 单位 | 参数 | 备注 |
|---|---|---|---|
| 烟气量 | m³/h | 280 000 | 标态、干基、6%$O_2$ |
| 烟气量 | m³/h | 294 713 | 标态、湿基、实际$O_2$ |
| 烟气量 | m³/h | 272 374 | 标态、干基、实际$O_2$ |
| 大气压 | Pa | 99 220 |  |
| 工艺设计烟温 | ℃ | 140 |  |
| $H_2O$ | % | 7.58 | 标态、湿基、实际$O_2$ |
| $O_2$ | % | 5.58 | 标态、干基、实际$O_2$ |
| $N_2$ | % | 79.12 | 标态、干基、实际$O_2$ |
| $CO_2$ | % | 15.3 | 标态、干基、实际$O_2$ |
| $SO_2$ | % | 0.019 | 标态、干基、实际$O_2$ |
| $SO_2$ | mg/m³ | 950 | 标态、干基、6%$O_2$ |
| $SO_3$ | mg/m³ | 20 | 标态、干基、6%$O_2$ |
| HCl | mg/m³ | 50 | 标态、干基、6%$O_2$ |
| HF | mg/m³ | 30 | 标态、干基、6%$O_2$ |
| 灰尘 | mg/m³ | 40 | 标态、干基、6%$O_2$ |

## 2　脱硫废水处理设施概况

该电厂脱硫废水水量约为 2.8t/h（三台机组，满负荷运行）。目前，脱硫废水用于冲渣后通过渣溢水外排，没有设置相应的处理设施予以处理。

## 3　脱硫废水烟道雾化蒸发处理改造工程进度概况

由于废水量较小，烟道雾化蒸发处理系统相对简单，脱硫废水"零排放"改造工程量较小。可行性研究报告的编制完成时间为 2015 年 12 月 20 日，初设完成时间为 2016 年 1 月 15 日，开工时间为 2016 年 2 月 20 日，完成 168 h 调试时间为 2016 年 3 月 25 日。改造过程中不需要停机。

## 4　技术路线选择

脱硫废水"零排放"处理的技术路线主要有灰场喷洒蒸发、蒸发塘蒸发、烟道雾化蒸发以及多效强制循环蒸发、蒸汽机械再压缩蒸发等。

1. 灰场喷洒蒸发

将脱硫废水输送至灰场，通过雾化喷嘴将废水雾化后均匀喷洒至灰场，利用灰场环境自然蒸发，盐分随废水渗入灰中并与灰混合在一起。灰场喷洒需要考虑当地环保政策要求，考察喷洒灰厂对周边环境造成的影响。此外，为了避免脱硫废水不能及时蒸发而渗入地下水，需要对灰场地面做防渗处理。

2. 蒸发塘蒸发

蒸发塘是利用自然蒸发的原理将脱硫废水中的水分蒸发，使盐分浓度达到饱和而结晶析出的一种技术。自然蒸发具有处置成本低、运营维护简单、使用寿命长、抗冲击负荷好、运营稳定等优点。由于该电厂所在地区冬季较长、气温较低，水面结冰将大大制约蒸发塘的作用。此外，为了防止脱硫废水下渗，污染地下水，还要对蒸发塘底部进行防渗设计。同时，蒸发塘占地面积较大，要求在项目厂址旁边具有场地平整、可耕价值低的土地资源作为蒸发塘用地，而该电厂周边不具备这些条件。因此，不建议采用蒸发塘处理技术。

3. 烟道雾化蒸发

将脱硫废水雾化后喷入锅炉尾部烟道内，利用烟气余热将雾化后的废水蒸发；也可以引出部分烟气到单独的喷雾干燥器中，利用烟气的热量对脱硫废水进行蒸发。在烟道雾化蒸发处理工艺中，雾化后的废水蒸发后以水蒸气的形式进入脱硫吸收塔内，冷凝后形成纯净的蒸馏水，进入脱硫系统循环利用。同时，脱硫废水中的溶解性盐在废水蒸发过程中结晶析出，并随烟气中的灰一起在除尘器中被捕集。

目前脱硫废水在烟道内的雾化蒸发处理技术在工程实际中已有一些应用，但需要进行详细计算论证，确定合理的运行方式及运行参数。根据已有案例的运行经验，脱硫废水雾化喷入烟道蒸发过程中，未出现烟道腐蚀、盐分结垢堵塞喷射系统等问题，废水蒸发系统投运后未见对后续电除尘造成影响，对灰品质及输灰系统运行也未见影响。系统运行中间断性出现喷射系统压力不稳定、烟道底部积灰等问题，可以通过改进喷射系统相关设备选型和加装吹灰器解决。

烟道雾化蒸发处理工艺需根据烟气流量、烟气温度等参数来计算确定烟道的蒸发容量，并根据雾化喷射装置的性能试验数据，结合烟道内流场变化特点，优化布置雾化喷射装置。基于烟道蒸发的末端废水"零排放"处理技术工艺如图 11-1 所示。

根据电厂机组冬季摸底试验结果，在除尘器入口烟气条件（见表 11-2）下，2.8t/h 的脱硫废水均匀分配在 3 台机组内雾化蒸发后，烟气温度将会降低 5℃ 左右，烟气湿度增加 0.5% 左右。脱硫废水在烟道内雾化蒸发后，烟气仍处于不饱和状态，高于酸露点温度，不会对烟道和电除尘器产生腐蚀，因此，理论上不需要对脱硫废水喷入点后烟道及除尘器进行改造处理。但为了避免在异常工况下，喷出的水雾在烟道壁上凝结造成腐蚀，

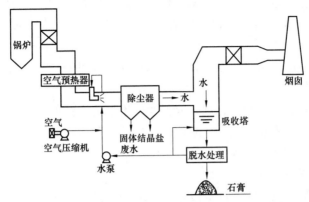

图 11-1　脱硫废水烟道蒸发处理技术工艺流程图

本工程拟在脱硫废水喷入点后的烟道部分做防腐处理。同时，烟气湿度的增加和烟气温度的降低，也降低了电除尘器中灰的比电阻，有利于提高除尘效率，减少脱硫系统的水耗。烟气温度的降低使得烟气量有一定幅度的下降，进而可以降低引风机的出力，从而减少能耗。

4. 多效强制循环蒸发

多效强制循环蒸发（MED）是在单效蒸发的基础上发展起来的蒸发技术，其特征是将一系列的水平管或垂直管与膜蒸发器串联起来，用一定量的蒸汽通过多次的蒸发和冷凝从而得到多倍于加热蒸汽量的淡化过程。多效蒸发中效数的排序是以生蒸汽进入的那一效作为第一效，第一效出来的二次蒸汽作为加热蒸汽进入第二效……依次类推。为了保证加热蒸气在每一效的传热推动力，各效的操作压力必须依次降低，由此使得各效的蒸汽沸点和二次蒸汽压强依次降低。末端废水在多个串联的蒸发器中的加热蒸气的作用下逐渐蒸发，利用前一效蒸发产生的二次蒸汽，作为后一效蒸发器热源。由于后一效废水沸点温度和压力比前一效低，效与效之间的热能再生利用可以重复多次。由于加热蒸汽温度随着效数逐渐降低，多效蒸发器一般只做到四效，四效蒸发器工艺流程如图 11-2 所示。

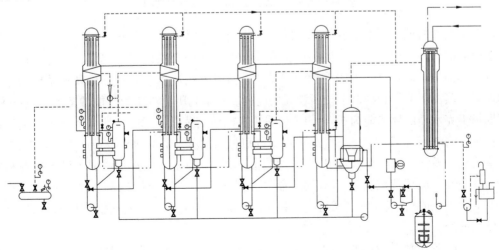

图 11-2　四效蒸发器工艺流程图

虽然多效蒸发把前效产生的二次蒸汽作为后效的加热蒸汽，但第一效仍然需要不断补充大量新鲜蒸汽。多效蒸发过程需要消耗大量的蒸汽，蒸发处理1t水大约需要消耗0.5~1.5t蒸汽。由于末效产生的二次蒸汽需要冷凝水冷凝，整个多效蒸发系统比较复杂。通过多效蒸发后的盐水进入结晶器产生晶体盐，通过分离器实现固液分离，淡水回收利用，固体盐外售。

多效蒸发结晶系统是在制盐、制药等行业应用最为广泛的一种热法蒸发工艺，技术成熟，能够同时实现浓缩和结晶。广东河源电厂就是采用四效立管式强制循环蒸发结晶系统处理脱硫废水，但运行成本较高，约150~180元/$m^3$。

**5. 蒸汽机械再压缩蒸发**

蒸汽机械再压缩蒸发系统在高盐废水的浓缩和结晶处理中有较多的应用，其原理和工艺流程如图11-3所示。常用的降膜式蒸汽机械再压缩蒸发系统，由蒸发器和结晶器两个单元组成。废水首先送到机械蒸汽再压缩蒸发器（BC）中进行浓缩。经蒸发器浓缩之后，浓盐水再送到强制循环结晶器（MVR）系统进行进一步浓缩结晶，将水中高含量的盐分结晶成固体，出水回用，固体盐分经离心分离、干燥后外运回用。

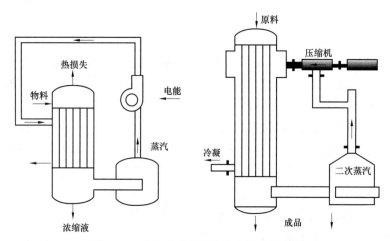

图11-3 蒸汽机械再压缩蒸发技术原理图

对于蒸汽机械再压缩蒸发技术，除了初次启动时需要外源蒸汽外，正常运行时蒸发废水所需的热能主要由蒸汽冷凝和冷凝水冷却时释放或交换的热能提供，在运行过程中没有潜热损失。运行过程中所消耗的仅是驱动蒸发器内废水、蒸汽、冷凝水循环和流动的水泵、蒸汽压缩机和控制系统所消耗的电能。对于利用蒸汽作为热能的多效蒸发技术，蒸发每千克水需消耗热能为554kcal，而采用机械压缩蒸发技术时，典型的能耗为蒸发每千克水仅需28kcal或更少的热能。即单一的机械压缩蒸发器的效率，理论上相当于20效的多效蒸发系统。采用多效蒸发技术，可提高效率，但是多效蒸发增加了设备投资和操作的复杂性。机械蒸汽再压缩蒸发结晶系统是国际上广泛应用的蒸发结晶技术，美国GE、EVATHERM、威立雅公司可提供相关的产品及专业设计，目前国内部分公司也可以提供相关的产品。

多效强制循环蒸发结晶工艺需要较多的蒸汽量，并且其存在占地面积大、运行费用高的问题。而机械蒸汽再压缩蒸发结晶工艺具有占地面积小、投资和运行成本低的优点，广泛应用于废水处理领域。虽然机械蒸汽再压缩蒸发结晶工艺的运行成本稍高于低温常压蒸发结晶，但机械蒸汽再压缩蒸发结晶系统整套设备的国产化率较高，后续维护方便。

以处理量 $5m^3/h$ 计，三种蒸发结晶技术的投资运行费用比较情况见表 11-3。

表 11-3　　　　　三种机械式蒸发结晶技术的技术经济比较

| 技术类型 | MED（4效）+结晶器 | MVR+结晶器 | 烟道雾化蒸发 |
|---|---|---|---|
| 设备投资（进口） | 1280 万元 | 1350 万元 | 180 万元 |
| 设备投资（国产） | 650 万元 | 720 万元 | — |
| 运行费用 | $80\sim120$ 元$/m^3$ | $60\sim90$ 元$/m^3$ | $8\sim10$ 元$/m^3$ |
| 蒸汽量（每吨水） | $0.5\sim1.5$ t | 启动时需用少量蒸汽 | — |
| 电耗（每吨水） | $30\sim80kW\cdot h$ | $30\sim40kW\cdot h$ | $8\sim10kW\cdot h$ |

由表 11-3 可以看出，多效蒸发技术和机械蒸汽再压缩技术的设备投资远远高于烟道雾化蒸发技术，并且运行费用也远高于烟道雾化蒸发处理技术。经综合考虑，推荐烟道雾化蒸发技术作为脱硫废水"零排放"处理的改造方案。

# 5　工艺系统设计

根据本项目的烟气条件、燃煤条件、场地条件、机组情况和性能保证值等，对某电厂脱硫废水改造工程进行了设计，整个系统主要分为废水系统、喷射系统、电伴热系统、压缩空气系统以及冲洗水系统。

（1）废水系统。从浆液溢流箱对应溢流泵出口的母管上，引部分溢流至布置在脱水楼的废水缓冲箱，引出的水量可通过电动调节阀进行调整。废水缓冲箱上设有搅拌器，防止废水中固体小颗粒沉淀。废水缓冲箱还设有溢流管和底部排净管，均引至浆液溢流箱，同时还设有超声波液位计，便于时刻监控液位。废水缓冲箱配备 2 台废水输送泵，1 用 1 备，将缓冲箱中的废水打入深度过滤装置中进行固液分离。经过深度过滤装置处理后，脱硫废水中粒径大于 $10\mu m$ 的固体颗粒被截留下来，处理出水中固体悬浮物含量小于 $200mg/L$。深度过滤装置可以进行自动反冲洗，反冲洗水采用过滤后的脱硫废水，反洗下来的浆液进入污泥箱，并通过污泥泵打入真空皮带脱水机进行脱水处理。深度过滤装置的处理出水进入清水箱，通过废水泵（1 用 1 备）将清水输送至烟道的雾化喷射系统。

废水系统主要包括废水缓冲箱、清水箱、深度过滤装置、污泥箱等。

（2）喷射系统。废水泵将清水箱中的脱硫废水输送到布置在除尘器入口烟道中的喷射系统，废水在喷射系统中通过压缩空气雾化喷入烟道，并在烟气的加热作用下迅速蒸发变成水蒸气。每台机组消纳脱硫废水量为 $1.2m^3/h$，喷射系统选型为单支喷嘴 300L/h，每台机组布置 4 支喷嘴。每台机组有 2 根烟道，每根烟道布置 2 支喷嘴。雾化喷射装置布置在距除尘器入口喇叭口 9m 之外的位置，一般布置在竖直烟道。废水雾化喷射方向与烟气流向相同，喷射角度一般选在30°～45°之间。

（3）电伴热系统。考虑到某电厂所在地为北方寒冷地带，为避免废水在寒冷季节时结冻，特给废水管道加装电伴热带，伴热功率为50W/m。根据清水箱在线温度计的反馈数值，控制电伴热系统的开启。

（4）压缩空气系统。为保证脱硫废水雾化效果，同时保证喷射系统在停用时不被灰尘堵塞，本系统设置了雾化压缩空气系统。压缩空气进废水雾化喷射系统前压力保证在0.35MPa以上，能有效地将废水雾化成60μm以下小雾滴，使废水液滴瞬间蒸发。压缩空气系统设置1台空气压缩机、1个压缩空气稳压罐；或者采用在压缩空气管路上安装自力式压力调节阀，控制调节雾化空气压力。

（5）冲洗水系统。脱硫废水处理系统在停用时，会有少量脱硫废水仍积聚在管道、泵和喷射系统内。为防止废水腐蚀设备和杂质堵塞管路，特设置了冲洗水系统。本系统不单独设置冲洗水箱，而在脱硫工艺水箱附近加设一台冲洗水泵，冲洗水采用脱硫工艺水。

雾化装置故障情况下，为了避免由于废水不能及时蒸发而产生废水"湿壁"现象，可以对雾化喷射装置下游的部分烟道进行防腐处理。本工程合计烟道防腐处理面积为15×6$m^2$。防腐材料采用耐磨、耐腐蚀的树脂陶瓷或者选用钛钢板。

在雾化喷射系统下游3m和6m位置处，水平烟道的底部分别开一个直径为0.1m的孔，可以观察积灰情况，也可以在废水雾化不彻底的情况下作为排水口。

## 6 投资估算与运行成本分析

该电厂脱硫废水"零排放"改造投资估算见表11-4。

表11-4　　　　脱硫废水"零排放"改造工程投资估算　　　　万元

| 序号 | 项目名称 | 建筑工程费 | 设备购置费 | 安装工程费 | 其他费用 | 合计 | 各项占静态投资比例（%） |
|---|---|---|---|---|---|---|---|
| （一） | 烟道雾化蒸发系统 | | | | | | |
| 1 | 工艺系统 | 2 | 98 | 6 | | 106 | 66.25 |
| 3 | 热工控制系统 | | 12 | 1 | | 13 | 8.13 |
| 3 | 调试工程费 | | | 6 | | 6 | 3.75 |
| | 小计 | 2 | 110 | 13 | | 125 | 78.13 |
| （二） | 编制基准期价差 | | | | | | |
| （三） | 其他费用 | | | | | 34 | 21.25 |
| 1 | 建设场地征用及清理费 | | | | | | |
| 2 | 建设项目管理费 | | | | 1 | 1 | 0.63 |
| 3 | 项目建设技术服务费 | | | | 30 | 30 | 18.75 |
| 4 | 整套启动试运费 | | | | 2 | 2 | 1.25 |
| 5 | 生产准备费 | | | | 1 | 1 | 0.63 |

续表

| 序号 | 项目名称 | 建筑工程费 | 设备购置费 | 安装工程费 | 其他费用 | 合计 | 各项占静态投资比例（%） |
|---|---|---|---|---|---|---|---|
| （四） | 基本预备费 | | | | 1 | 1 | 0.63 |
| | 静态投资 | 2 | 110 | 13 | 35 | 160 | 100 |

该电厂脱硫废水烟道雾化蒸发系统年运行总成本估算见表11-5。

表11-5　　脱硫废水烟道雾化蒸发系统年总成本估算

| 序号 | 项目 | | 单位 | 数值 |
|---|---|---|---|---|
| 1 | 项目总投资 | | 万元 | 160 |
| 2 | 年利用小时 | | h | 3000 |
| 3 | 厂用电率 | | % | 9.02 |
| 4 | 年售电量 | | GW·h | 851 |
| 5 | 生产成本 | 工资 | 万元 | 0 |
| | | 折旧费 | 万元 | 3.04 |
| | | 修理费 | 万元 | 3.2 |
| | | 电耗费用 | 万元 | 1.05 |
| | | 节约水费用 | 万元 | -4.83 |
| | | 总计 | 万元 | 2.46 |
| 6 | 增加上网电费 | | 元/(MW·h) | 0.029 |

注　本项年总成本考虑整个自然年的成本及发电量，不考虑建设年份机组投运时间及发电量。

# 7　性能试验与运行情况

2016年3月31日~4月4日的试验结果见表11-6。

表11-6　　脱硫废水烟道雾化蒸发改造工程性能试验结果

| 时间 | 废水流量(t/h) | 废水压力(MPa) | 压缩空气压力(MPa) | 烟气温度下降(℃) | 平均烟气流量($m^3$/h) | 锅炉排烟温度(℃) | 喷枪数量(支) |
|---|---|---|---|---|---|---|---|
| 3月31日 10：40~13：00 | 0.62 | 0.65 | 0.72 | 3.1 | 127 081 | 131/132.2 | 3 |
| 3月31日 14：40~15：40 | 0.81 | 0.65 | 0.66 | 3.4 | 130 150 | 133.4/133.7 | 3 |
| 3月31日 17：30~19：35 | 0.76 | 0.65 | 0.66 | 3.4 | 129 115 | 133.5/133.8 | 3 |
| 4月1日 10：00~11：45 | 0.94 | 0.65 | 0.70 | 5.45 | 133 650 | 136.3/136.3 | 4 |
| 4月2日 09：15~11：30 | 1.1 | 0.65 | 0.68 | 6.54 | 128 785 | 127.4/129.3 | 4 |
| 4月2日 14：00~19：10 | 1.1 | 0.65 | 0.68 | 6.39 | 130 565 | 127.6/128.4 | 4 |
| 4月4日 09：10~20：05 | 0.91 | 0.65 | 0.74 | 5.5 | 131 055 | 127.6/130.0 | 4 |
| 4月4日 20：10~5日17：35 | 0.56 | 0.65 | 0.78 | 3.55 | 132 005 | 126.7/129.0 | 2 |

## 8 对机组的影响

（1）对脱硫系统的影响。废水喷入烟道后会改变烟气温度、烟气含湿量等特性，但是影响不大，在标准状态下，投入 4 只喷枪，喷射 1t 脱硫废水，烟气温度下降约 6℃，湿度略有上升。

（2）对除尘的影响。除尘器的主要运行参数为电气参数，包括一、二电场的一次电流、一次电压、二次电流、二次电压和布袋压差。脱硫废水烟道处理系统启动前，电除尘器一、二电场的电流、电压及布袋压差无明显变化。

（3）烟道内腐蚀及积灰情况。为了观察烟道内废水喷射后积灰和腐蚀情况，2016 年 4 月 18 日，技术人员进入烟道内观察，没有发现腐蚀和烟道壁积灰现象。烟道内情况如图 11-4 和图 11-5 所示。

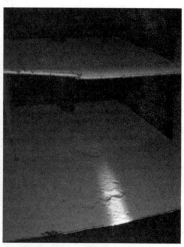

图 11-4 烟道内导流板

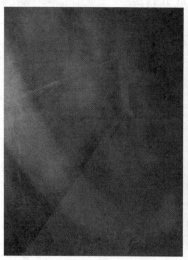
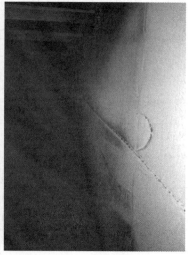

图 11-5 烟道侧壁

(4) 飞灰成分化验。飞灰成分化验结果如图 11-6 和图 11-7 所示。在电厂 A 仓取灰，干基氯含量由 0.014% 上升至 0.018%，变化不大。

---

(2014) 量认（国）字（1670A）号　　　　编号：CHPI-HY-16/389

## 哈尔滨电站设备成套设计研究所

## 化验报告

**一、基本情况**

委托单位：华电电力科学研究院　　　样　　品：哈尔滨发电厂 1#炉电场 A 4.12 9:50 飞灰
委托日期：2016 年 4 月 15 日　　　　完成日期：2016 年 4 月 19 日

**二、化验项目及化验方法**

| 项 目 | 化验方法标准号 |
| --- | --- |
| 制样 | GB 474-2008 |
| 工业分析 | GB/T 212-2008 |
| 煤中氯的测定 | GB/T 3558-1996 |
| 煤中有害元素含量分级 第二部分：氯 | GB/T 20475.2-2006 |

**三、化验结果**

| | | | |
| --- | --- | --- | --- |
| 空气干燥基水分 | $M_{ad}$ | % | 0.19 |
| 空气干燥基氯 | $Cl_{ad}$ | % | 0.014 |
| 干基氯 | $Cl_d$ | % | 0.014 |

煤中氯含量分级

| 级别名称 | 代号 | 氯含量分级范围 $\omega(Cl_d)$ /% |
| --- | --- | --- |
| 特低氯煤 | Cl-1 | ≤0.050 |
| 低氯煤 | Cl-2 | >0.050~0.150 |
| 中氯煤 | Cl-3 | >0.150~0.300 |
| 高氯煤 | Cl-4 | >0.300 |

图 11-6　飞灰样品一成分化验结果

(5) 脱硫岛氯离子浓度。3 月 25 日，1 号吸收塔内 $Cl^-$ 含量为 8950mg/L，4 月 6 日为 6650mg/L，4 月 11 日为 6300mg/L，有明显的下降趋势。

## 化验报告

(2014) 量认（国）字（1670 A）号　　编号：CHPI-HY-16/390

**哈尔滨电站设备成套设计研究所**

**化验报告**

**一、基本情况**

委托单位：华电电力科学研究院　　样　品：哈尔滨发电厂 1#炉电场 A 4.12 15:40 飞灰

委托日期：2016 年 4 月 15 日　　完成日期：2016 年 4 月 19 日

**二、化验项目及化验方法**

| 项　目 | 化验方法标准号 |
|---|---|
| 制样 | GB 474-2008 |
| 工业分析 | GB/T 212-2008 |
| 煤中氯的测定 | GB/T 3558-1996 |
| 煤中有害元素含量分级　第二部分：氯 | GB/T 20475.2-2006 |

**三、化验结果**

| | | | |
|---|---|---|---|
| 空气干燥基水分 | $M_{ad}$ | % | 0.25 |
| 空气干燥基氯 | $Cl_{ad}$ | % | 0.018 |
| 干基氯 | $Cl_d$ | % | 0.018 |

煤中氯含量分级

| 级别名称 | 代号 | 氯含量分级范围 $\omega(Cl_d)$ /% |
|---|---|---|
| 特低氯煤 | Cl-1 | ≤0.050 |
| 低氯煤 | Cl-2 | >0.050~0.150 |
| 中氯煤 | Cl-3 | >0.150~0.300 |
| 高氯煤 | Cl-4 | >0.300 |

图 11-7　飞灰样品二成分化验结果

# 9　项目特色与经验

2015 年 6 月，该电厂脱硫废水"零排放"处理改造工程开始立项建设，改造方案最终选择华电电力科学研究院的专利技术，将脱硫废水经过预处理后喷入除尘器入口烟道内，利用烟气的热量将雾化后的脱硫废水蒸发。该项目实施中采用自主创新的烟道雾化蒸发处理技术，为华电集团内第一家实现脱硫废水烟道雾化蒸发处理的项目，也使该电厂真正实现了脱硫废水的"零排放"。